U0342226

石化用耐热合金管材的
服役行为

张麦仓　彭以超　杜晨阳　曲敬龙　陈思成　著

北　京
冶金工业出版社
2015

内 容 提 要

本书系统地介绍了石化工业用新型耐热合金管材（乙烯裂解管）Cr35Ni45Nb 合金服役过程中的组织演化、氧化、结焦、渗碳、高温应力损伤及剩余寿命评估等。全书由 7 章组成，第 1 章主要介绍了典型乙烯裂解管材料的基本知识；第 2 章介绍了乙烯裂解管材料高温服役过程中的组织演化；第 3 章对炉管内壁的氧化行为及机理进行了阐述；第 4 章介绍了 Cr35Ni45Nb 炉管服役过程的结焦机理和组织特征以及结焦对性能的影响；第 5 章介绍了未服役态和服役态乙烯裂解管材料在真空渗碳试验中的组织转变行为及组织演化机理；第 6 章分析了持久实验过程中的组织损伤；第 7 章建立了基于渗碳及蠕变损伤的 Larson-Miller 曲线寿命评估模型。

本书主要为作者的研究成果，可供材料科学与工程及相关专业的科技工作者和大专院校师生，以及从事石化相关工作的工程技术人员和研究人员参考。

图书在版编目（CIP）数据

石化用耐热合金管材的服役行为/张麦仓等著 . —北京：冶金工业出版社，2015.1

ISBN 978-7-5024-6813-2

Ⅰ. ①石… Ⅱ. ①张… Ⅲ. ①石油化工行业—耐热合金—管材—研究 Ⅳ. ①TG132.3

中国版本图书馆 CIP 数据核字（2015）第 000969 号

出 版 人 谭学余
地 址 北京市东城区嵩祝院北巷 39 号 邮编 100009 电话 （010）64027926
网 址 www.cnmip.com.cn 电子信箱 yjcbs@cnmip.com.cn
责任编辑 李 臻 美术编辑 吕欣童 版式设计 孙跃红
责任校对 卿文春 责任印制 牛晓波
ISBN 978-7-5024-6813-2
冶金工业出版社出版发行；各地新华书店经销；三河市双峰印刷装订有限公司印刷
2015 年 1 月第 1 版，2015 年 1 月第 1 次印刷
169mm×239mm；14.25 印张；277 千字；218 页
48.00 元

冶金工业出版社 投稿电话 （010）64027932 投稿信箱 tougao@cnmip.com.cn
冶金工业出版社营销中心 电话 （010）64044283 传真 （010）64027893
冶金书店 地址 北京市东四西大街 46 号（100010） 电话 （010）65289081（兼传真）
冶金工业出版社天猫旗舰店 yjgy.tmall.com
（本书如有印装质量问题，本社营销中心负责退换）

前　　言

　　乙烯裂解炉管是石化工业生产乙烯的主要装置，辐射段炉管（RCTs）是裂解炉的关键部件，辐射段炉管任何形式的失效都可能导致系统的非计划停车、爆炸或者更加严重的后果。裂解管工作环境恶劣，炉管管壁处在管内烃类渗碳、管内外氧化或硫化及高温环境下，同时又承受内压、自重、温差及开停车所引起的疲劳与热冲击等复杂的应力作用。乙烯裂解炉管常见的失效形式有：渗碳开裂、弯曲、鼓胀、蠕变开裂、热疲劳开裂、热冲击开裂及氧化等，其中由炉管内壁氧化和渗碳引起材料失效的比例最大。鉴于辐射炉管的工作条件如此恶劣，在裂解炉的大型化、高效化、高参数趋势下显著增加经济效益的同时，装置发生各种损伤和事故的可能性势必有所增多，发生问题带来的损失和影响也会十分惊人。因此，避免运行中出现意外损伤，确保裂解系统长周期稳定可靠运行以及准确预测炉管的剩余寿命显得特别重要。

　　基于上述背景，本书系统介绍了乙烯裂解管材料（主要为 HP40Nb 和 Cr35Ni45Nb）服役过程中的组织演化、氧化、结焦、渗碳、高温应力损伤及剩余寿命评估等。全书由7章组成：第 1 章主要介绍了典型乙烯裂解管材料的一些基本背景和相关知识，包括乙烯裂解管材料在国内外的发展现状、裂解管材料强化原理、失效形式以及相关物理与力学性能等；第 2 章介绍了乙烯裂解管材料高温服役过程中的组织演化，主要包括炉管内部服役过程中碳化物的相转变以及形态、大小与分布位置上的变化，合金中元素的扩散及重新分配等；第 3 章具体对炉管内壁的氧化行为及机理进行阐述，包括氧化膜的特征、连续性氧化膜形成机理、复合氧化膜的抗氧化机制、氧化膜黏附性的改善、贫碳化物区形成机理以及渗碳区的形成等；第 4 章介绍 Cr35Ni45Nb 炉管服役过程的结焦机理和组织特征以及结焦对性能的影响；第 5 章采用实验室模拟渗碳重点研究了未服役态和服役态乙烯裂解管材料在真空渗碳试验中的组织转变及相关机理，包括低压真空渗碳工艺（low-pressure vacuum carburizing，LPVC）、真空渗碳过程中的碳化物析出及演变行为、渗碳动力学、氧化膜的抗渗碳行为以及渗碳过程的 DICTRA 模拟等；第 6 章主要介绍持久实验过程中氧化膜破裂损伤、内氧化以及蠕变空洞形成和碳化物粗化等现象，探究了高温腐蚀环境的化学损伤和机械应力损伤对持久寿命的影响；第 7 章首先介绍了持久寿命评估的一些基本方法，然后阐述了分别采用扩散方程以及基于渗碳和蠕变损伤的 Larson-Miller 曲线进行寿命评估，最后讨论了渗碳对持久寿命的影响，并从微观角度分析了炉管材料的断裂特征及裂纹扩展机制等。

本书相关章节主要为作者近年来的研究成果。作者特别感谢研究生宋若康、肖将楚、李伟、王岩等同学在实验进行过程中所作的贡献，同时感谢在研究进行过程中中国特种设备检测研究院、北京科技大学实验中心、清华大学电镜实验室相关人员的大力帮助。

鉴于乙烯裂解管材料服役环境的复杂性，以及乙烯裂解管材料服役过程组织损伤与性能劣化机理的分析涉及材料学、工程力学等诸多领域，而作者水平有限，虽然经过多次整理修改，但仍难免有疏忽之处，恳请读者批评指正。

作　者
2014 年 9 月

目　　录

1 典型乙烯裂解管材料概述

石油化工是推动世界经济发展的支柱产业之一，而乙烯作为石化工业的龙头产品，具有举足轻重的地位，是世界石化工业最重要的基础原料之一。目前约有75%的石油化工产品用乙烯生产，乙烯工业的发展水平总体上代表了一个国家石化工业的实力。

乙烯裂解炉是通过高温裂解生产乙烯的主要装置。近年来，乙烯裂解炉一直向着高温、高压及大型化方向发展。大型化的裂解炉特点是在较短的停留时间内，将裂解原料加热到很高的温度，从而提高其裂解深度，这就要求裂解炉关键的构件——裂解炉管应具有耐高温和高热传导性能，同时也对裂解炉管的安全可靠运行提出了极高要求。由于裂解原料越来越复杂和反应温度越来越高，裂解反应生成的焦炭导致裂解炉管的内壁渗碳加剧，并使其承受更为复杂的高温损伤，即蠕变损伤、渗碳损伤、氧化损伤、弯曲变形等，故裂解炉辐射段炉管一般采用高铬高镍合金，高含量的铬镍保证了材料的耐蚀性；同时在炉管中还含有铌、硅等微量元素以进一步提高材料的抗渗碳和抗高温蠕变性能。过去，一般采用主要成分为 Cr25Ni20 的 HK40 合金钢作为裂解反应管材料，可耐 1050℃ 高温。由于工艺要求进一步提高炉管表面热强度，至 20 世纪 70 年代以后人们又改用含 Cr25Ni35 的 HP40 合金钢，可耐 1100℃ 高温，以及最新的 Cr35Ni45 型合金钢，可耐 1150℃ 高温。

鉴于辐射炉管的工作条件恶劣，在裂解炉的大型化、高效化、高参数趋势下显著增加经济效益的同时，装置发生各种损伤和事故的可能性势必有所增多，发生问题带来的损失和影响也会十分惊人。因此，避免运行中出现意外损伤，确保裂解系统长周期稳定可靠运行以及准确预测炉管的剩余寿命显得特别重要。

1.1 乙烯工业生产现状

1.1.1 全球乙烯工业发展简述

乙烯是石油化学工业最重要的基础原料之一，由乙烯装置及其下游装置生产的"三烯三苯"是生产各种有机化工产品和合成树脂、合成纤维、合成橡胶三大合成材料的基础原料。随着世界经济的迅速发展，国内外市场对乙烯的需求量不断上升，因此乙烯市场潜力巨大，对于世界各国来讲都有着广阔的发展空间[1~7]。

早在 20 世纪 30 年代石油烃高温裂解生产乙烯的研究就已经开展，并在 40 年代初建成了管式炉裂解生产烯烃的装置。经过 60 多年的发展，现在已经确定了石油烷烃管式炉热裂解生产乙烯的方法在乙烯生产中的统治地位，其乙烯产量占乙烯生产总量的 99% 以上，世界乙烯生产技术已经在逐渐走向成熟。

从全球范围来看，美国、西欧和日本等发达国家和地区是世界乙烯的主要生产和消费国家或地区，同时也是乙烯生产技术的垄断国家和地区。从生产装置来看，世界乙烯装置的平均规模在逐年增大。选择建设大规模的乙烯装置，充分发挥装置经济规模的优势，已经成为世界各国发展乙烯过程中的共识[8,9]。全球运行最大规模的乙烯装置是加拿大 130 万吨/年的乙烯装置，以乙烷、丙烷、NGL 为原料；以石脑油和轻柴油为原料规模最大的乙烯装置是美国得克萨斯州的 120 万吨/年的乙烯装置。

目前，世界石化工业的发展重心正在向亚洲和中东地区转移。今后一段时期内，由于欧美地区乙烯新增能力有限，中东以及东北亚和东南亚将成为世界石化工业新一轮投资的热点地区。中东将凭借廉价原料和低成本的显著优势，成为未来世界乙烯工业投资最集中的地区，而亚太地区凭借巨大的市场优势和快速增长的需求将成为世界乙烯投资的另一热点地区。中东和亚太将成为世界乙烯工业发展的主导力量，吸引来众多大型石化投资项目[10~16]。

1.1.2 我国乙烯工业的发展现状及存在的问题

与世界乙烯工业发展相比，我国乙烯工业起步较早，但是由于种种原因发展缓慢，进入 20 世纪 80 年代以后才明显加快。随着中国国民经济持续稳定的发展，尤其是汽车、电子、建材等相关行业的发展，对乙烯及其衍生物的需求十分强劲，不仅超过了国民经济的增长速度，也超过了乙烯及其下游产品产量的增长速度。乙烯需求的增大带动了乙烯工业的发展。近几年来，我国的乙烯工业发展较快，2007 年全球乙烯产量达到 1.17 亿吨，其中我国乙烯产量达到 1156 万吨，较 2006 年的 967 万吨增加 19.5%。虽然我国乙烯存在巨大的市场缺口和消费增长空间，但是国产乙烯的市场占有率一直较低。为了缓解国内乙烯供应紧张的情况，满足国内经济发展需求，中国石油、中国石化和中海油加快实施乙烯扩能计划，从整体情况来看，中国乙烯工业还有较大的发展空间[17~26]。

尽管我国的乙烯工业取得了快速发展，但同时还是存在布局不合理，规模、技术、原料等综合竞争实力不强等一系列问题。我国乙烯裂解技术仍与世界水平有较大的差距，主要表现在以下几点[27~30]：

（1）石油资源矛盾突出。我国的乙烯工业受资源限制，目前原料组成为石脑油 67%、加氢尾油 16%、轻柴油 12%、轻烃 5%。国内乙烯原料 90% 来自炼油厂，原料偏重，这就使得我国乙烯裂解装置单位投资高、能耗高、原料成本较高。2007 年我国原油的进口量占总用量的 53% 左右，对国外的依存度很大，资源不足将会限制乙烯工业的发展。国外乙烯的原料中轻烃和气体原料比例较高，尤其是中东原料质优且价廉，随着近几年世界能源价格的大幅上涨，这种优势更加突出。因此相对世界而言，我国的乙烯平均水平低，综合能耗高，乙烯原料的构成在目前或将来都不占优势。

（2）乙烯装置规模偏小。目前世界乙烯装置经济规模为 800～1000kt/a，美国、英国、沙特阿拉伯、荷兰等国现平均规模已超过 600kt/a；日本、德国、韩国、中国台湾已经超过 400kt/a。我国当前的 21 套乙烯装置平均生产能力为 413kt/a，其中有 11 套的生产能力为 120～240kt/a，即 1/2 以上的装置属于"小乙烯"的范围。

从企业规模上来看：2000 年，美国有炼油厂 158 个，总加工能力为 82560 万吨，单个炼油厂平均年加工能力为 522 万吨；墨西哥有炼油厂 6 个，单个平均年加工能力 1270 万吨；巴西有炼油厂 3 个，单个平均年加工能力 685 万吨；荷兰有炼油厂 6 个，单个平均年加工能力 990 万吨；德国有炼油厂 17 个，单个平均年加工能力 669 万吨；俄罗斯有炼油厂 43 个，单个平均年加工能力 775 万吨；韩国有炼油厂 6 个，单个平均年加工能力 2116 万吨；伊朗有炼油厂 9 个，单个平均年加工能力 818 万吨；而 2000 年，我国共有炼油厂 95 座，炼油企业平均年加工能力仅为 228 万吨，不到世界平均水平 535 万吨的一半。我国炼油厂年加工能力绝大多数在 100 万～500 万吨之间，千万吨级的炼厂只有 3 个。中石油和中石化两大集团下属的 67 家炼油厂平均加工能力仅为 334 万吨。虽然近几年来中国陆续在天津、茂名、抚顺、宁波、武汉等地建立 7 套百万吨乙烯装置，但是生产仍然赶不上下游产品的需要。乙烯装置规模越小，单位产品的投资和生产成本越高，就越缺乏市场竞争能力。因此，必须加快我国乙烯装置和裂解炉扩能改造的步伐。

（3）技术重复引进，开发、创新步伐缓慢。20 世纪 80 年代前，我国的乙烯生产技术基本采用全套引进的建设模式，90 年代后才逐步过渡到只引进工艺包和部分关键设备。但是到目前为止，我国还没有自主设计全套大型乙烯工程的实践经验。虽然我国已开发了自己的裂解炉技术，但 10 多年只建设了十几台裂解炉，大多数裂解炉技术都是引进的，国有技术所占比例很小。从 20 世纪 70 年代开始先后重复引进了 17 套大中型乙烯装置，而对这些引进的大型技术的消化、吸收、创新不够，至今国产化的程度比较低，在引进若干年后，其产品性能、消耗指标落后于国际水平。目前石油石化企业的科研投入不足，技术创新能力小，主要表现在大部分炼厂和乙烯装置的能耗、物耗指标高于世界平均水平，许多大型技术和装备重复引进，消化吸收少，自主知识产权的核心技术少，高新技术和产品应用开发薄弱，在控制技术和信息技术应用方面差距较大。

（4）能耗高和产品成本偏高。乙烯装置能耗中，燃料消耗所占的比例超过了 70%。由于目前裂解炉效率较低、能量回收利用不够和部分乙烯装置的规模较小等，乙烯平均综合能耗还比较高。例如，在裂解炉平均效率上，国际平均水平为 94%，锅炉效率国际先进水平大于 92%；而中国石油裂解炉平均效率仅为 90% 左右，锅炉效率在 88% 左右，与国际水平存在较大差距，并导致燃料的利用效率偏低。

以乙烷为原料的乙烯成本，中东地区 120 美元/吨，马来西亚 170 美元/吨；以石脑油为原料的乙烯成本，美国 210 美元/吨，欧洲 230 美元/吨，韩国 310 美元/吨，日本 350 美元/吨。2000 年以后，沙特阿拉伯能以 239 美元/吨的价格向亚洲出口以乙烷为原料的乙烯，而我国由于乙烯装置建设投资高、能耗高和收率低等，乙烯成本比国外高数百元/吨。

（5）环境保护方面的制约。乙烯工业是高耗能的企业，同时也是工业"三废"的排放量较大的企业，特别是废气中的 CO_2、NO_x、SO_2 等气体会造成环境污染、全球变暖等恶劣的后果，将威胁人类的生存。采用液体原料和蒸汽裂解工业生产乙烯时，每生产 1t 乙烯就要随烟道气向大气排入 1t 左右的 CO_2。因此，要限制温室气体的排放量来保护环境，应该采取多方面的措施，例如，积极开发新技术，优化裂解炉燃料及原料结构，减少能量消耗，减少有害气体排放。在裂解炉中，由燃料燃烧引起的环境污染中，最难处理并且危害最大的就是氮氧化物。而 NO_x 的污染问题已经在世界范围内得到重视，我国已对 NO_x 排放制定了相应的标准，而在工业发达国家则早就制定了严格的排放标准，因此在此约束条件下，不仅烟气处理技术日趋成熟，而且低 NO_x 燃烧技术也在不断地优化。

综上所述，我国的裂解炉技术和世界水平相比还有较大的差距，但随着我国国民经济的迅速发展，国内市场对乙烯的需求不断上升，为了适应市场需要，必须加速发展我国乙烯工业。其中关键是必须加快乙烯技术的国产化技术创新，努力完成大型乙烯装置的工艺设计以及基础设计的攻关，形成具有自主知识产权、开发能力强、选择性高、热效率高、操作周期长的国产裂解炉，同时解决原料、能耗、环境保护等方面的问题，使主要的技术经济指标能接近和达到国际水平。

1.2 乙烯裂解装置

1.2.1 乙烯裂解装置结构与功能

乙烯裂解装置又是乙烯工业的龙头，主要以石脑油、轻柴油、加氢裂化尾油、液化气以及循环的乙烷和碳五等为原料，经过高温裂解、急冷、压缩、分离、汽油加氢精制等几道工序，生产乙烯、丙烯、裂解碳四、加氢汽油、乙炔、氢气、碳九、碳五等产品，以满足下游装置深加工的原料需求[31]。

SRT 管式裂解炉结构示意图如图 1-1 所示。

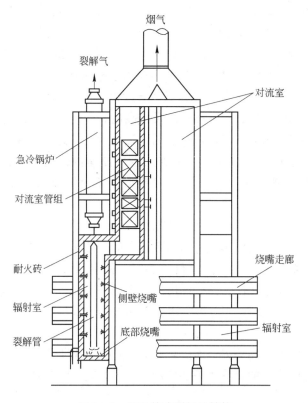

图 1-1　SRT 管式裂解炉结构

　　在生产乙烯的过程中，裂解炉为关键设备之一，目前国内外生产乙烯的裂解炉有如下几种：鲁姆斯（LUMMUS）的 SRT 炉、斯通·韦勃斯特（Stone & Webster）的 USC 炉、凯洛格（Kellogg）的 USRT 炉、福斯特·惠勒（Foster-Wheeler）的 MZPF 炉、西拉斯（SELAS）炉、日本三菱油化的倒梯台炉、我国 BPEC 研制的北方炉等。裂解炉的功用是使各种原料在炉管中并在高温条件下进行裂解反应，通过有效控制裂解反应温度，从而获得所需富含各种烃类的裂解气，再经分离系统生产出乙烯等产品。原料经换热器及裂解炉对流段预热，与一定量的稀释蒸汽混合，进入裂解炉对流段被加热至规定温度，再进入辐射段进行高温裂解反应，通过控制裂解气的炉出口温度来控制裂解反应的深度。原料在裂解炉辐射段的停留时间可随进料量、稀释蒸汽比和裂解压力的改变而变化。裂解气从裂解炉出来后，直接进入废热锅炉，在废热锅炉中迅速冷却至 430～550℃ 以终止裂解反应，同时产生 11.5～12.5MPa 的高压蒸汽。裂解炉的操作压力，由保持吸入压力为一定值的裂解气压缩机压力调节器进行控制。

　　裂解炉主要由辐射段、对流段、燃烧器、吹灰器、集烟罩、引风机、废热锅炉、钢结构等部分组成。裂解炉辐射段主要由辐射炉管、炉墙板、耐火衬里、燃烧器组成，其中辐射炉管为裂解炉辐射段的关键部件。裂解炉辐射炉管均选用高铬高镍合金钢管，如 Cr25Ni20 材质的炉管，其最高使用温度为 1050℃；Cr25Ni35 型材料的炉管，其最高使用温度为 1100℃；Cr35Ni45 型材料的炉管，其最高使用温度为 1150℃。辐射炉管的表面温度是非常重要的，它是制约裂解炉运行时间长短的一个重要因素，在炉管制造过程中加入微量元素 V、W、Ti、Nb 等，可有效提高辐射炉管的抗渗碳性能及抗高温蠕变性能，有效延长炉管的使用寿命。高浓度的铬和镍元素可保证材料的耐蚀性，尤其是镍含量越高，越有利于改善钢的抗渗碳能力[32~41]。铌元素的加入可以提高钢的蠕变断裂强度，钨元素可以改善钢的抗渗碳能力、耐高温变形能力，还使钢能抵抗结焦引起的材料损伤。

裂解炉对流段的主要作用是回收从辐射室而来的烟气热量，同时加热锅炉给水、原料、稀释蒸汽、高压蒸汽等以达到预期的工艺指标。对流段由多组盘管组成，一般分为锅炉给水预热段、原料预热段、稀释蒸汽过热段、高压蒸汽过热段、原料和蒸汽高温过热段，由于温度及压力条件不同，各段盘管的材料各不相同。温度较低区域的盘管一般选用翅片管或钉头管以增大换热面积，提高热效率。

今后裂解炉的发展趋势为：裂解炉的大型化，新型炉管的应用，新高温合金材料的应用，不同类型的急冷锅炉的应用，新型燃烧器的应用，抑制结焦。

1.2.2 裂解炉的开发

乙烯裂解技术目前被认为是一项比较成熟的技术，但是对乙烯裂解炉的设计方案的优化和改进一直未中断过，裂解炉的开发主要有两种趋势：

一种是开发大型裂解炉。目前，乙烯装置的设计朝向大型化发展，同时也促使了裂解炉向大型化发展。单台裂解炉的生产能力已达目前的 175~200kt/a，某些裂解炉其至可以达到 280kt/a。例如，Stone & Webster 公司设计的 175kt/a 液体进料裂解炉和 235kt/a 气态原料裂解炉已经分别在墨西哥湾和加拿大 NOVA 公司投用。中国石油化工集团公司和美国 Lummus 公司也共同开发了 100kt/a 大型裂解炉，并将其命名为"SL"裂解炉，该裂解炉是目前我国单炉生产能力最大的裂解炉。其中的 10 台 100kt/a 的 SL-1、SL-2 型炉已经在中国石化第二轮乙烯改扩建中建成投产，另有 11 台大型裂解炉正处于设计开发阶段。目前两家公司还共同开发单炉生产能力达 150~200kt/a 的新型裂解炉。Lummus 公司还正在开发命名为 SRT-X 型裂解炉，其生产能力可达 230~280kt/a，近期还有可能实现 300kt/a 的裂解炉生产能力。

大型裂解炉结构的特点为紧凑，占地面积小，操作和维修简便，投资少。据了解，1 台 150kt/a 的裂解炉会比 2 台 75kt/a 的裂解炉节省投资 10%~

15%。由于大型炉节省投资，所以国外一些公司均朝着乙烯裂解炉大型化方向发展[42]。

国内是否采用超大型裂解炉，还是要根据原料价格、操作难易、投资成本等各方面及乙烯装置规模来确定，不能盲目追求大型化。

另一种发展方向是开发新型裂解炉。应用超高温裂解，提高乙烷裂解制备乙烯的转化率，并防止焦炭的生成，主要有超高温裂解制备乙烯的陶瓷炉以及选择性裂解最优回收技术。陶瓷炉是裂解炉技术发展的一个飞跃，开发动力在于可超高温裂解，大幅提高了裂解苛刻度，且不易结焦，采用该陶瓷炉，乙烷制备乙烯的转化率可以达到90%，而传统炉管仅为65%~70%。Exxon-Mobil公司正采用与Kellogg Brown & Root（KRB）共同开发的选择性裂解最优回收乙烯技术建设1台200kt/a蒸汽裂解炉。它的优点包括：将乙烷转化率从传统的65%提高至75%；高选择性，低生产费用，在相同的裂解炉中具有可裂解乙烷或石脑油的灵活性，省略了1台循环乙烷裂解炉[43]。

另外，过去辐射段炉管材料大多为Cr25Ni20、Cr25Ni35以及Incoloy800H（对单程炉管）。为了延长裂解炉的运转周期及炉管寿命，现在多采用Cr35Ni45。它具有较好的抗蠕变、防渗碳性能。另外，S&W公司还对新的Incoloy956进行了实验，它具有高蠕变强度、高熔点、防渗碳及因无Ni而降低催化结焦能力的特点。

美国Oak Ridge国家实验室开发的新材料，与普通的铬镍不锈钢炉管相比，在抑制结焦和防渗碳性能方面提高了一个数量级。这种新材料炉管在表面上有一层3.2mm厚的铝化物覆盖层，在炉管制造过程中，通过共挤出、共铸造把铝化物掺入炉管中。美国Exxon Mobil化学公司正在和该实验室合作研究这种新型炉管材料的工业化。S&W公司正在开发一种不结焦的"陶瓷裂解炉管"，可以从根本上避免炉管结焦，该技术得到了美国政府的支持。德国Linde公司也在开发类似的陶瓷裂解炉管技术。

1.3 乙烯裂解管材料发展现状

1.3.1 乙烯裂解管材料的发展历程

乙烯工业作为石化工业的重要分支，在国民经济中具有举足轻重的地位，如图1-2所示，近些年世界范围内的乙烯需求及生产能力也逐年升高。图1-3是常见的工业乙烯高温裂解装置，高温裂解是工业上获得乙烯的主要工艺，即在高温环境下，让石脑油烃类原料发生碳链断裂或脱氢反应，生成烯烃等产物[44]。近年来为提高乙烯的收得率，并且降低成本，乙烯裂解装置的规模在不断地扩大，炉管操作温度也在不断地提高[14,45]。

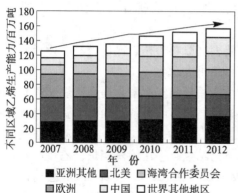

图 1-2　世界各区域乙烯生产能力　　　　图 1-3　工业用乙烯高温裂解装置

现在最常见的高温裂解装置是管式裂解炉，图 1-4 为管式裂解炉的结构示意图，裂解炉主要分为对流段和辐射段。对流段的主要作用是回收烟气热量，该热量用于预热裂解原料和加热蒸汽，使裂解原料氧化并过热至裂解反应起始温度。对于辐射段，辐射室的两侧和底部有多排火嘴喷射燃料气，流经辐射段的裂解原料被高温燃烧气体加热并发生裂解反应。辐射段炉管垂直悬吊于炉膛中心，长度 25～120m，炉管直径 5～12cm，裂解气的流速达 100m/s 以上，停留时间 0.1～0.7s，裂解气出口温度为 800～900℃[46]。辐射段出来的裂解气从炉管出来后马上进行急冷。急冷操作主要有两个优点：一是减少了促进结焦的二次反应的发生；二是对裂解后产生的高压蒸汽进行二次再利用以节省能源[47,48]。

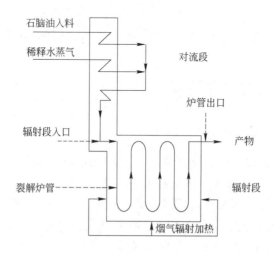

图 1-4　裂解炉的结构示意图[49]

　　裂解炉管内由于发生强烈吸热的裂解反应，并且裂解过程中原料的流速大时间短，在单位面积单位时间内要给反应物提供大量热量，因此必须提高热强度[48]。目前技术进展主要是[50]：（1）为了能在极短的时间内将裂解原料加热到很高的温度，关键是要提高炉管的热强度（单位时间单位面积通过的热量），故缩小辐射段炉管的直径，即提高炉管表面积与体积之比，如毫秒炉；（2）除尽可能提高炉管的传热强度外，还应加大稀释水蒸气的用量，并将蒸汽温度提高到1000℃；（3）提高裂解温度和炉管热强度，就要改进炉管的材质，已由20世纪50年代的不锈钢管（耐温800℃），改进为80年代的含钨合金钢管（耐温高达1150℃）；（4）为适应裂解原料的多样化，解决裂解炉的结焦、堵塞、清焦和急冷等技术问题，裂解炉管材料已选用高Cr-Ni系耐热合金。裂解炉工艺与材料发展的进程示于图1-5中。

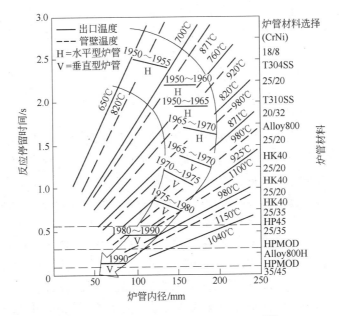

图1-5　裂解炉工艺与材料的发展进程[50]

1.3.2　乙烯裂解管材料的分类

　　乙烯裂解炉管材料的不断发展是工作环境温度提高的必然要求，随着乙烯裂解技术的逐渐成熟及乙烯裂解装置的大型化，寻求更高性能的炉管材料日益成为人们关注的焦点。

　　20世纪50年代，早期的乙烯裂解装置主要为生产效率低下的水平管式炉，工作温度较低，大多数采用304不锈钢（18Cr/8Ni系列）作为裂解炉管用材料，但其使用温度和压力都不高（600℃以下方可保证耐热强度）。60年代中早期，随着石油化工技术的提高，对工作温度和停留时间提出了更高的要求，高强度的离心铸造的 HK40（"H"代表 heat-resistant，"K"与 Ni 含量相关）被应用于裂解炉管中，HK40（25Cr20Ni）出现后，以其优异的抗蠕变性能迅速成为化工生产中广泛应用的炉管材料。同时，离心铸造技术也被应用于生产炉管，大大提高了其使用性能和寿命。但 HK40 材料本身存在着很多不足，如耐热温度和高温强度较低，并且在 800℃ 左右时易析出有害的 σ 相。20 世纪 70 年代初，裂解炉技术有了巨大发展，立式炉取代了卧式炉，进而对炉管材料的抗氧化、抗渗碳能力有了更高的要求。裂解炉管在乙烯裂解过程中起着极重要的作用，其工作环境是含碳介质，炉管内壁在高温下极易发生严重渗碳[51,52]。这些裂解技术的进一步发展对炉管材料的抗渗碳能力提出了更高要求。随着裂解技术的不断提高，炉管材料相应由 HK40 向 HP（Cr25Ni35）、KHR45（Cr35Ni45）以及它们的各种改良型合金转变。主要是通过进一步加大 Cr、Ni 含量，并适当添加少量的 Mo、W、Nb 等元素，发展为现在的 KHR45A、KHR35CT-HiSi 等[53]。炉管成分设计从单纯提高 Cr、Ni 含量到日益重视发挥其他微量合金元素的作用，使炉管的允许温度由 950℃ 提高到 1150℃，微量合金元素发挥着巨大作用，主要是为了提高合金的高温强度和抗氧化与抗渗碳能力[54]，从多方面改善了炉管材料的性能。

在裂解炉管材料的开发研究中，众多的研究者们大都致力于提高其高温强度，而对炉管服役过程中频繁出现且影响较为严重的结焦渗碳和成本问题未予以足够的重视。尽管人们研制出多种炉管材料，并且也在抗结焦、抗渗碳性能方面进行了一些改进和提高，但实际效果并不显著，炉管寿命仍远低于设计寿命，在抗结焦防渗碳方面并无突破性进展[55]。

近年来随着我国钢铁产业的蓬勃发展，冶金用高温合金也得到了迅速的发展，自 20 世纪 90 年代末以来，我国相继落成玛努尔（烟台）工业有限公司，烟台百思特炉管厂，江苏标新久保田工业有限公司等高温合金生产厂家。国际上生产 HP 系列高温合金的公司有美国先进离心铸管有限公司（Advanced Centrifugals Ltd.），德国施密特 – 克莱门斯特殊钢厂（Schmidt & Clemens GmbH & Co.）、法国玛努尔工业集团（Manoir Industries）、日本久保田金属公司（Kubota Metal Corporation）和住友金属工业公司（Sumitomo Metal Industries）等[56]。目前，国内成熟应用于石化装置的炉管材质主要是 HP 系列耐热合金，另外，通过添加微量元素来进一步达到强化作用。HP 系列耐热合金的化学成分见表 1 – 1。

美国材料试验（ASTM）标准采用美国合金铸造研究所（ACI）的牌号，共有 HA、HC、HD、HE、HF、HH、HI、HK、HL、HN、HP、HT、HU、HW、HX 等 15 种标准铸造耐热合金，这 15 种合金的基本成分见表 1 – 2。

表1-1 HP系列耐热合金的化学成分 (%)

钢 号	C	Si	Cr	Ni	其他成分	制 作 厂
HP	0.50	1.0	25	35		ASTM-A297
HiSi-HP	0.50	1.8	25	35		ASTM-A297
HP-Nb	0.35/0.45	≤0.20	23/27	33/37	(0.7~1.5)Nb	神户制钢
HiSi-HP-Nb	0.50	1.8	25	35	(0.5~1.5)Nb	FAM，久保田，神户制钢
Manauite36 Xs	0.40	1.8	25	35	1.5W，0.7Nb	FAM
2Si-32-35	0.50	2.0	32	35		神户制钢
KHR-35-H	0.42	1.0	25	35	(1~1.5)Mo	久保田
KHR-35CW	0.45	1.0	25	35	$w(W+Mo+Nb)≤3$	久保田
HP-50CW	0.50	≤2.5	25	35	5W，(0.1~1.0)Zr	Blaw-Knox
HP-AA	0.50	1.8	29	35	W+Mo+Nb+Ti	神户制钢
Manaurite XU	0.40	≤0.20	24/27	32/35	W+Nb+Cu	FAM
Manaurite XA	0.50	≤0.20	20/27	33/40	Nb+其他	FAM
Manaurite XT	0.40	≤0.20	32/37	42/46	W+Nb+Cu	FAM

表1-2 标准铸造合金的牌号和化学成分

系列	类型	化学组成（质量分数）/%							
		碳	锰	硅	磷	硫	钼	铬	镍
HC	Cr28	≤0.50	≤1.00	≤2.00	≤0.04	≤0.04	≤0.50	26.0~30.0	≤4.0
HD	Cr28Ni5	≤0.50	≤1.50	≤2.00	≤0.04	≤0.04	≤0.50	26.0~30.0	4.0~7.0
HE	Cr29Ni9	0.20~0.50	≤2.00	≤2.00	≤0.04	≤0.04	≤0.50	26.0~30.0	8.0~11.0
HF	Cr19Ni9	0.20~0.40	≤2.00	≤2.00	≤0.04	≤0.04	≤0.50	18.0~23.0	8.0~12.0
HH	Cr25Ni12	0.20~0.50	≤2.00	≤2.00	≤0.04	≤0.04	≤0.50	24.0~28.0	11.0~14.0
HI	Cr28Ni15	0.20~0.50	≤2.00	≤2.00	≤0.04	≤0.04	≤0.50	26.0~30.0	14.0~18.0
HK	Cr25Ni20	0.20~0.60	≤2.00	≤2.00	≤0.04	≤0.04	≤0.50	24.0~28.0	18.0~22.0
HL	Cr29Ni20	0.20~0.60	≤2.00	≤2.00	≤0.04	≤0.04	≤0.50	28.0~32.0	18.0~22.0
HN	Cr20Ni25	0.20~0.50	≤2.00	≤2.00	≤0.04	≤0.04	≤0.50	19.0~23.0	23.0~27.0
HP	Cr26Ni35	0.35~0.75	≤2.00	≤2.50	≤0.04	≤0.04	≤0.50	24~28	33~37
HT	Cr15Ni35	0.35~0.75	≤2.00	≤2.50	≤0.04	≤0.04	≤0.50	15.0~19.0	33.0~37.0
HU	Cr19Ni39	0.35~0.75	≤2.00	≤2.50	≤0.04	≤0.04	≤0.50	17.0~21.0	37.0~41.0
HW	Cr12Ni60	0.35~0.75	≤2.00	≤2.50	≤0.04	≤0.04	≤0.50	10.0~14.0	58.0~62.0
HX	Cr17Ni66	0.35~0.75	≤2.00	≤2.50	≤0.04	≤0.04	≤0.50	15.0~19.0	64.0~68.0

注：表中数据来源于标准 ASTM A 297/A 297M-03 《Standard Specification for Steel Castings, Iron-Chromium and Iron-Chromium-Nickel, Heat Resistant, for General Application》。

我国化工行业标准 HT/T 2601—2011 《高温承压用离心铸造合金炉管》规定

有 35 种合金炉管。ZG45Ni35Cr25 是 Cr25Ni35 成分的 HP 合金基本牌号，添加不同微量元素形成新的 HP 合金，有 ZG40Ni35Cr25Nb、ZG40Ni35Cr25NbW、ZG10Ni35Cr25Nb、ZG45Ni35Cr25NbM（M 表示 microalloying，微合金化）、ZG40Ni35Cr25W4 等[23]。Cr35Ni45 添加某些微量元素后有 ZGNi45Cr35NbM。

　　乙烯裂解管用高温合金的 Ni、Cr 含量在不断增加，增加 Ni 的出发点是为了适应装置的高温区的需要，提高高温裂解、转化管的抗氧化和抗渗碳能力[24]。增加 Cr 的出发点是提高材料的抗氧化性及抗渗碳能力。由基本成分发展而来的衍生合金是通过添加各种微量元素来实现的，从而获取不同的性能，如图 1-6 所示，第一类是添加 Nb 和 W 来改进蠕变断裂性能，典型的合金如 HP40Nb，第二类是在第一类的基础上进一步添加 Ti 等微合金元素，从而实现更高的断裂性能[18,25,26]。在第二类合金中有时为了适用于碳化环境可增加 Si 的含量，但蠕变断裂性能有所下降。

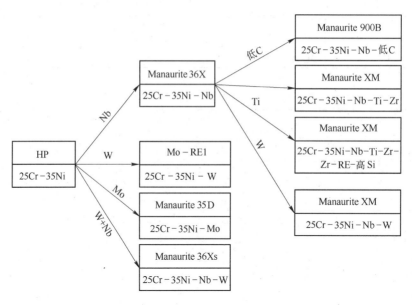

图 1-6　玛努尔烟台工业有限公司生产的 HP 系列合金

1.4　乙烯裂解管材料强化原理

1.4.1　乙烯裂解管材料中基体元素的作用

　　为了提高材料的性能，目前主要依靠提高材料中的镍、硅含量以及加入铌、钨、钛等微合金元素。图 1-7 为铸造耐热钢中的主要合金元素，为了合理地设计性能优良的新型炉管材料，应该合理地选择合金元素以及其配比。因此，了解合金元素在炉管材料中的作用尤为重要，以下简单地介绍各元素在炉管材料中的作用。

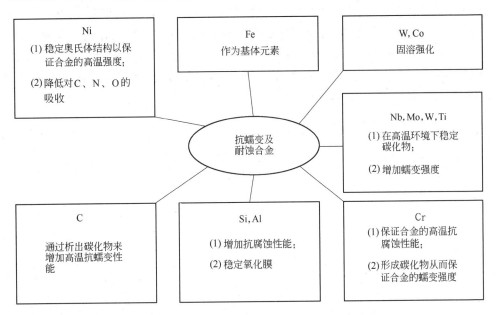

图 1-7 铸造耐热钢中的主要合金元素[57]

1.4.1.1 Ni

Ni 是耐热钢中最重要的合金元素之一，Ni 的主要作用是稳定 γ 区，使合金获得完全的奥氏体组织，从而使合金具有很高的强度和塑性、韧性的配合，并且保证合金具有较好的高温强度及蠕变抗力[58]。在奥氏体不锈钢中，Ni 含量的增加不仅可以完全消除残余的铁素体，而且也可以显著降低 σ 相形成的倾向，如图 1-8 所示；此外 Ni 含量的增加会降低 C、N 在奥氏体钢中的溶解度，从而使碳氯化合物脱溶析出的倾向增强[58]。

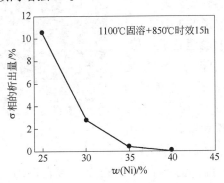

图 1-8 Ni 对 0Cr25Ni25Si2V2Nb 钢中 σ 相析出量的影响[58]

有人对纯 Ni + HK40 双层金属渗碳行为的研究结果表明，纯 Ni 仅仅是一层过滤网，而丝毫不能成为渗碳的障碍。但很有趣的是，由于 Ni 可以减少 C 在 Fe 基合金中的固溶度，所以 Ni 对提高材料的渗碳抗力又起着重要的作用，如图 1 – 9 所示。可见 Ni 在炉管材料中具有两面性，在合金设计中应优化其含量，充分利用其积极的一面。因为 HP 合金的高镍含量，所以 HP 合金对 σ 相形成不敏感，如图 1 – 10 所示。

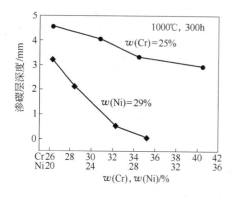

图 1 – 9   Ni、Cr 对抗渗碳性的影响[53]

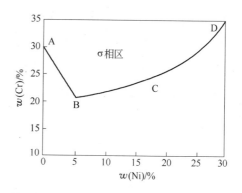

图 1 – 10   Cr、Ni 含量对 σ 相形成的影响[59]

1.4.1.2   Fe

Fe 是 Fe-Cr-Ni 系合金的基本平衡元素，主要作用是构成基体。合金表面的铁含量对结焦渗碳有重要的影响。高温状态下 Fe 可催化裂解气分解，加速丝状炭的沉积。

1.4.1.3   Cr

Cr 是耐热钢中抗高温氧化和抗高温腐蚀的主要元素，并能提高耐热钢的热强性[48,60]。钢中含铬量足够高时，能在其表面形成一层致密的 Cr_2O_3。这种氧化膜在一定程度上能阻止氧、硫、氮等腐蚀性气体向钢中扩散，也能阻碍金属离子向外扩散。对于乙烯裂解炉管钢，稳定致密的 Cr_2O_3 层还能有效地抑制催化焦炭的沉积和渗碳的发生。

图 1 – 11   高 Ni、Cr 合金表面的尖晶石氧化膜

随 Cr 含量增加，保护性氧化层越发紧密和富有黏着力，渗碳抗力也增加。在一定的温度范围内还能形成一层保护性良好的尖晶石型的复合氧化膜，如含镍、铬的耐热钢在其表面上形成一层 NiO · Cr_2O_3 复合氧化膜（图 1 – 11），增强了钢的抗高温氧化能力。

Cr 含量对钢的抗渗碳性的影响如图 1 – 9 所示。Cr 也是中强碳化物形成元素，形成的 $Cr_{23}C_6$、Cr_7C_3 等碳化物会起到时效强化和晶界强化的作用。高铬钢中碳化物相的结构随含铬量与铬碳比（Cr/C）的提高按 $M_3C \rightarrow Cr_7C_3 \rightarrow Cr_{23}C_6$ 的方向发展，铬含量太低时，形成 M_3C（渗碳体）。若铬含量过低，由于含铬碳化物的沉淀析出则会产生贫铬区，使临近晶界贫铬，降低抗氧化能力和耐蚀性，使钢的塑性、韧性及强度降低，脆性增加。实践证明，为消除贫铬区，当碳含量为 0.2% ~ 0.3% 时，铬含量应为 17% ~ 20%[61]

1.4.1.4　Nb、Ti

Nb 是强碳化物形成元素，Nb 的碳化物在高温下十分稳定，只比钛的碳化物略为逊色。Nb、Ti 能形成碳氮化物，改变晶界碳化物形态，细化 $M_{23}C_6$，使其均匀弥散分布，从而提高合金的高温蠕变强度。Shibasaki 等[62]给出了 Nb 合金化材料的蠕变试验结果（图 1 – 12），发现对于 HP40Nb 蠕变强度和蠕变伸长率的最佳匹配是 Nb 含量为 0.8% ~ 1.0%。

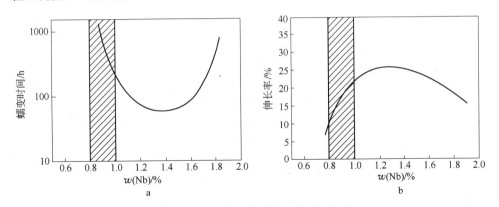

图 1 – 12　Nb 含量对 HP40Nb 合金蠕变性能的影响
a—蠕变时间；b—伸长率

1.4.1.5　Si

Si 是冶炼时必要的脱氧剂，适当的 Si 含量对抗氧化有一定的作用，因为 Si 与 O 的结合力要大于 Cr，在合金中与 Cr 一样可以形成钝化氧化膜 SiO_2，它的抗氧化性能高于 Cr_2O_3 膜，从而提高合金的抗氧化性能。一般合金中的 Si 含量达到 1% ~ 2% 之间，就有明显的抗氧化效果，高于 2%，会导致合金的力学性能变坏[60]。适量的 Si 与 Cr 合用，可改善合金氧化物保护膜的弹性，含硅氧化物层能像釉一样紧密地黏附在合金基体表面，明显地提高合金的抗渗碳与抗氧化和硫化的能力。研究表明，在 Fe-Cr-Ni 奥氏体耐热合金中添加 Si 可显著提高抗渗碳性能[63]。但同时 Si 是促进 σ 相析出元素，加入量过多将降低持久寿命[64]。

1.4.1.6 C

C 与中强碳化物形成元素（Cr、Mo、W）或强碳化物形成元素（Ti、V、Nb）等形成碳化物 M_7C_3、$M_{23}C_6$ 和 MC 等。在高温时效过程中，基体中过饱和的固溶碳以细小弥散的 $M_{23}C_6$ 形式析出，从而提高合金的强度。但碳含量过高，二次碳化物大量析出，会降低合金的韧性、恶化焊接性。因此，HP 型合金中碳含量不超过 0.5%[65]。

1.4.1.7 Mn

Mn 能改善焊接性能，减慢碳的扩散，但是促进 σ 相析出，加入量过多会降低合金的抗氧化性能，一般控制在 1.5% 以下。

1.4.2 乙烯裂解管材料的固溶强化

耐热钢中由于加入了大量的合金元素，形成了单相奥氏体固溶体，从而使得合金基体强度升高。HK、HP、Cr35Ni45 等合金中加入的与基体尺寸不同的元素（Cr、Mn、Co 等）能引起合金基体点阵发生畸变。合金元素对基体的固溶强化作用主要取决于溶质、溶剂原子之间在尺寸、弹性性质、电学性质和其他相关物理化学性质之间的差异，也与溶质原子的浓度和分布有关。乙烯裂解管材料主要用于高温环境（$T \geqslant 0.6T_\text{熔}$）下，此时，固溶强化表现为降低了合金的蠕变速率，提高合金的高温蠕变强度。这是由于高温环境下经常发生扩散性蠕变，此时，合金元素的作用在于提高了原子结合力，降低了合金元素在固溶体中的扩散能力，从而阻碍扩散式蠕变过程的进行[66]。

1.4.3 乙烯裂解管材料的晶界强化

室温环境下，晶界强度一般高于晶内强度，而在高温环境下（当温度大于等强温度时），强化效果恰好相反，晶界表现为薄弱环节。特别是在高温蠕变条件下，一般首先在晶界产生空洞和裂纹，因而提高晶界强度对于耐热钢具有重要的意义。

1.4.4 乙烯裂解管材料的第二相强化

乙烯裂解管用耐热钢管在离心铸造制备过程中快速冷却，使得合金基体中的元素来不及扩散，形成了过饱和的固溶体。过饱和固溶体在高温下服役过程中即伴随着时效，析出了大量细小弥散的第二相。

图 1-13a 为尚未服役的 Cr35Ni45Nb 合金时效 1h 后析出的第二相粒子的组织形貌，主要为 $M_{23}C_6$。第二相粒子分布在合金基体中会阻碍位错运动，从而使合金基体产生强化效应。第二相强化效应的程度大小主要取决于沉淀析出相的晶体结构、成分、析出相与基体之间的共格程度，以及析出相的尺寸、数量、热稳

定性等。乙烯裂解管用耐热钢一般以析出的碳化物作为主要强化相，碳化物颗粒硬且难于变形，且晶格复杂，一般非共格析出。然而，由于碳的易扩散性，高温下碳化物经常发生相转变及聚合粗化从而失去强化效果，如图 1-13b 所示。

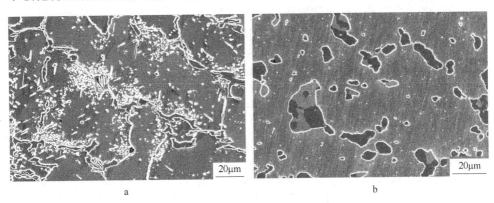

图 1-13　Cr35Ni45Nb 合金分别时效 1h（a）和 6 年（b）后的第二相粒子

　　一般而言，第二相粒子与位错的交互作用产生第二相强化，普遍来说存在两种机制：（1）位错切割第二相粒子；（2）位错绕过第二相粒子留下位错环的 Orowan 机制。位错切割机制一般在第二相粒子较软且存在共格界面时比较普遍，而对于耐热钢而言，由于析出的碳化物颗粒强度很高且不存在共格界面，运动位错难以切割，所以一般为 Orowan 绕过机制，在第二相粒子周围留下一个位错环，如图 1-14 所示。当然，在高温蠕变环境下，位错的攀移机制也起到了很重要的作用。

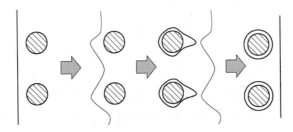

图 1-14　位错绕过第二相质点的 Orowan 机制

1.5　裂解炉炉管的失效

1.5.1　炉管组织损伤研究现状

　　在石油化工行业中，乙烯的生产占有极其重要的地位。乙烯裂解炉是乙烯生产的核心设备，而作为裂解炉重要配件的裂解炉管的运行状态直接制约着乙烯厂的生产和经济效益。乙烯裂解炉管的发展趋势是提高裂解温度、缩短工艺气停留时间、提高烯烃的效率。随着裂解技术的发展，炉管所处工况条件更为苛刻，炉管不仅工作温度高，而且内壁受物料的硫化和强烈的渗碳气体作用，外壁承受高温氧化作用，很容易发生早期损坏。

日本曾对乙烯裂解炉管的失效形式进行过调查统计，其结果见表 1-3[67,68]。由该表可以看出：对于直管部分，由渗碳引起的开裂失效几乎占总失效数的 50%；对于弯管部分，因热疲劳引起的开裂失效约占总数的 48%。

表 1-3　乙烯裂解炉管失效形式统计表

失效形式		裂解炉管				炉管弯头			
		失效件数		所占比例/%		失效件数		所占比例/%	
弯　曲		23		10.30		0		0	
蠕　胀		32		14.30		0		0	
开裂	渗　碳	116	60	52	27.00	27	1	93	3.30
	蠕　变		10		4.50		9		30
	热疲劳		20		9		14		46.60
	热冲击		24		11		1		3.30
	未　知		2		0.90		2		6.60
渗　碳		49		21.90		0		0	
氧　化		0		0		1		3.30	
机械侵蚀		1		0.45		2		6.60	
其　他		2		0.90		0		0	
总　计		223		100		30		100	

中国石油化工股份有限公司对 10 家中国石化乙烯企业开展乙烯裂解炉管使用情况调研。经调研发现，我国乙烯裂解炉管的使用寿命仅为 3～5 年，且运行期间发生意外失效的现象更是屡见不鲜，而国外同类炉管均能普遍使用 8 年左右，而且运行期间很少有意外失效的情况发生。因此，相比较而言，我国乙烯裂解炉管的使用寿命偏短。为了延长炉管的使用寿命，首先要了解我国乙烯裂解炉管的主要失效模式和失效机理。经统计发现，更换炉管的主要原因包括渗碳、蠕变伸长、弯曲、断裂、鼓包、结焦堵塞和冲刷和腐蚀减薄等。图 1-15 为根据统计结果得到的中石化某企业炉管失效原因的比例。由图 1-15 可以看出，蠕变伸长、渗碳超标占 83%，由此可知导致我国乙烯裂解炉管失效的主要原因是蠕变和渗碳。

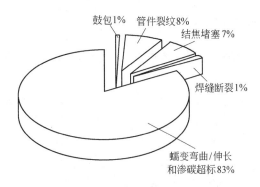

鼓包1%　管件裂纹8%

结焦堵塞7%

焊缝断裂1%

蠕变弯曲/伸长
和渗碳超标83%

图1-15　中石化某企业炉管/管件更换原因比例对比

裂解炉管在裂解炉内要承受高温、渗碳、热疲劳及结焦的联合作用而造成的损伤，影响了裂解炉的安全正常运行，制约了乙烯的生产，降低了乙烯厂的经济效益。为此，国内外开展了乙烯裂解炉管渗碳、结焦、热疲劳及渗碳后炉管性能的研究，并在研究的基础上开发了渗碳层检测仪和各种损伤情况下炉管剩余寿命评估方法，确保了乙烯裂解炉管的安全运行。然而有关炉管渗碳的常温、高温下的拉伸试验、冲击试验及常温断裂韧性试验和扫描电子显微分析试验等方面的研究工作有待于继续进行。

随着乙烯在石油化工工业中的应用日益广泛和重要性的日益提高，作为乙烯裂解炉炉管用料的奥氏体耐热钢和耐热合金钢的高温渗碳腐蚀问题日益受到国内外的高度重视。随着裂解炉管的运行时间的延长，炉管渗碳层加厚，渗碳层基体中的铬大量形成碳化物，使材料的塑性、韧性下降，抗氧化能力降低。同时渗碳层与非渗碳层在物理性能方面存在较大差异，所产生的附加应力将引起炉管局部蠕变的损伤和渗碳层内疲劳裂纹产生，导致炉管产生裂纹开裂[33,34]。因此人们一直在不断地对渗碳炉管的各种性能变化进行研究。研究证明，裂解炉炉管损坏的原因是复杂的，最终导致裂解炉炉管失效是多种因素共同作用的结果，其中合金渗碳引起材质劣化在炉管损坏中占22%，渗碳等会导致炉管出现膨胀、弯曲等变形。受渗碳和各种热应力的影响，炉管往往会发生过早损伤，其主要原因是碳氢化合物在炉管内表面分解形成的碳原子进入合金并向内部扩散形成劣化材质的碳化物。裂解炉管在高温（1050℃左右，有渗碳可能性）下运行，管内介质主要为轻柴油和乙烯，管外为燃烧气氛，因此要求炉管有较好的高温强度和塑性、高温抗氧化性、高温抗蠕变性、抗渗碳性、良好的高温持久性能和焊接性。正常服役的高温炉管在由内外管壁温差所引起的热应力（随时间的推移将会发生松弛）与内压引起的蠕变稳态应力（恒定应力）联合作用下，内壁始终处于最大拉应力状态，因此蠕变裂纹在近内壁处萌生，并逐步向外壁扩展，最后穿透管壁而导致失效。

1.5.2　裂解炉炉管的失效形式

裂解炉炉管的工作环境恶劣，炉膛烟气温度在1100℃左右，而炉管外壁温度大概为1050~1100℃，炉管内介质温度为900℃左右，炉管管壁处在管内烃类渗碳、管内外氧化或硫化及高温环境下，同时又承受内压、自重、温差及开停车所引起的疲劳、热冲击等复杂的应力作用，所以常常发生高温损伤、热疲劳、热应力开裂、应力腐蚀开裂、化学腐蚀、冲刷磨损等失效事故。

裂解炉炉管的主要失效形式有弯曲失效、穿孔失效、开裂失效和结焦失效等[69]。在炉管的众多失效形式中，裂解炉炉管弯曲失效是最常见的，大概占了全部更换总量的一半以上。炉管的弯曲，轻则影响炉膛内的热量对炉管的均匀、有效的辐射传热，重则造成炉管损毁，酿成事故。炉管发生穿孔失效的大多原因是腐蚀作用，结焦和渗碳更会促进穿孔失效的发生。炉管开裂失效的主要原因有腐蚀（露点腐蚀、氧化腐蚀、应力腐蚀）、渗碳和蠕变等。其中，蠕变是金属材料在高温下发生的缓慢塑性变形，最常见的蠕变失效现象就是炉管局部鼓胀。对裂解炉炉管而言，绝大多数早期发生的蠕变失效都是超温运行引起的。在乙烯裂解炉中，烃类裂解反应进行的同时也伴有结焦的产生。随结焦层变厚，炉管压强逐渐增大，管壁温度上升，到一定程度就需停炉清焦。

无论是轻烃炉还是石脑油炉，其主要特点都是操作压力低，烧焦频繁及使用温度高。正常使用过程中，管壁温度最高可达到1100℃或者会更高，这就导致了裂解炉炉管内表面同介质之间存在着严重的高温氧化和渗碳现象，这对裂解炉炉管损伤影响很大。另外，在裂解炉运行的过程中，管内壁会不断地结焦积碳，需要定期进行烧焦，这就使裂解炉需要周期性地开停炉。而裂解炉周期性地升温、降温，致使炉管受到反复的冲击，其中热应力变化的幅度也相当大。

裂解炉炉管的上述使用特点要求所用材料除了要具有较好的抗高温蠕变和热疲劳性能外，还须有较好的抗高温氧化、渗碳和抗热冲击性能。而现今的材料很难同时满足这样高的要求，这也是裂解炉炉管频繁失效的最根本的原因。

下面列举几种常见的损伤影响因素。

1.5.2.1　结焦、清焦造成炉管损伤

高温环境下乙烯裂解管内在发生裂解反应的同时会在炉管内壁发生结焦，如图1-16所示。当结焦体达到一定厚度时，必须进行停炉清焦。焦层热导率低于合金，使得在内壁附近发生炉管超温[70]。然而，炉管定期的清焦如果无法将局部的焦炭清除，则该处会由于超温而产生"鼓胀"，从而导致炉管的破断。严重的内壁结焦还经常使得炉管发生堵塞，很容易造成炉管报废。

图 1-16 裂解炉管内壁的结焦

　　裂解炉管防结焦技术一直是乙烯工业的世界性问题，乙烯业每年由结焦造成的损失达 20 亿美元。因此，如何防止生产过程中的结焦以及减少其造成的损失成为近年来业界关注的课题，近几年公布的与蒸汽裂解法制乙烯技术相关的专利也大多是防止裂解炉结焦的专利。

　　烃类在辐射段炉管发生裂解反应时会同时在炉管表面结焦，结焦机理有两种：一是原料烃在裂解过程中发生结合反应，生成轻质芳烃并脱氢缩合生成多环芳烃，再进一步转变为稠环芳烃，由液体焦油转变为沥青质，最终脱氢成为炭；二是乙炔与芳烃自由基形成片状体，在高温下形成焦炭核心。Wysiekierski 等人提出结焦机理为催化结焦和渐近结焦（类似芳烃结焦）。催化结焦发生在干净炉管的表面，主要是因为 Fe 和 Ni 的催化作用，烃类脱氢而形成丝状焦；渐近结焦发生在表面已覆盖的炉管表面，气态烃在其表面上反应生成焦油，并形成无孔形焦，随着时间的推移，焦层增厚。

　　对裂解炉进行周期性清焦，既降低了运转在线率和生产能力，又影响炉管的使用寿命。因此，一些专利商、生产厂家和研究单位都在寻找延长运转周期的措施。普遍方法是在辐射段炉管的内表面喷涂特定的涂层来抑制和减弱结焦，延长运转周期。许多抑制结焦技术均基于降低焦的生成速度，提高焦的清除速度即减小焦的先兆物的生成速度，主要有：采用新炉管材料 Cr35Ni45；在原料中注入二甲基二硫（DMDS）、二甲基硫（DMS）或 H_2S；采用结焦抑制剂；将焦催化气化为 CO 和 H_2；炉管渗铝；在炉管表面涂 Mg、S、Al、Cr 等其他材料；对炉管内表面进行预处理。

　　在早些时候，荷兰壳牌集团与日本钢铁公司合作开发了用等离子焊接技术在炉管内表面形成 2~4mm 的保护性合金涂层的裂解炉防结焦技术，该技术可将乙烯裂解炉的反应管寿命由通常的 3~6 年延长到 6~10 年。为防止裂解炉管结焦，加拿大 Westaim 表面工程加固产品公司开发了 Coat Alloy 稳定氧化物形成技术，具有可降低结焦率、高温稳定、不剥落及对合金的力学性质基本无影响等特点。

当炉管内壁结焦层达到一定厚度时，需要进行清焦处理。裂解炉管所用的清焦方法主要包括不停炉清焦法、在线烧焦法和机械清焦法[71]。

不停炉清焦法是在裂解炉运行一段时间后，裂解炉有较多的焦需要清理时，切换为轻质原料，并加大水蒸气通入量，当压力减小后（一般认为焦已经被大部分清除），再切换为原始物料，该方法便于操作、节省能量。

在线烧焦法是使管式炉内结焦层受到高温蒸汽和空气的冲击而崩裂、粉碎和燃烧，燃烧后的产物和尚未燃烧的焦粉被气流带走，直到将炉管内结焦物清除干净。由于烧焦过程是放热反应，该过程中放出大量的热，为了防止管壁温度过高，烧焦过程通常采用水蒸气和空气混合气体。在烧焦过程中首先通入水蒸气，然后通入空气，并逐渐加大空气含量。实际清焦过程中，裂解炉辐射盘管中的焦垢大部分被剥落为碎块，经吹扫后便得以清理。烧焦期间，必须不断检查出口尾气的二氧化碳含量，当二氧化碳浓度低于 0.2% 时，可以认为在此温度下的烧焦过程结束。烧焦过程中也必须严格控制炉管出口温度，清焦温度一般在 780 ~ 800℃，烧焦蒸汽用量一般为 12t/h，清焦时间一般为 24 ~ 32h。

在清焦过程中，焦与水蒸气或空气反应的同时，炉管内壁也与氧接触，从而在炉管内壁形成金属氧化物。这样的金属氧化物促进了焦的形成，而且随着清焦次数的增多，结焦速率更快。频繁的清焦影响乙烯产量，增加费用，降低了企业效益，而且引起热疲劳现象，并在清焦周期内，使炉管渗碳现象更加严重，严重影响其寿命。

1.5.2.2 渗碳造成炉管损伤

在高温下碳原子由碳势高的管内气体向炉管壁扩散的现象称之为渗碳。碳渗入合金材料中将造成组织和成分分布的变化。渗碳层中碳浓度分布是不均匀的，渗碳浓度因渗碳层深度而异。渗碳层的厚度由组织上的差异来定，用侵蚀剂可显示出渗碳层与未渗碳区域的分界面。

渗碳后材料的物理性能会发生变化，渗碳使体积膨胀和密度减小，且含碳量越高，密度越小。渗碳使线膨胀系数降低，在相同的温度下，含碳量越高，线膨胀系数越低。渗碳使磁导率升高，根据此原理可进行渗碳层厚度的测量。另外渗碳会使合金的力学性能发生变化，主要是蠕变强度和韧性减小，从而使蠕变断裂和热循环疲劳故障增加。炉管渗碳与使用温度密切相关，因此为防止炉管渗碳而适当控制炉管的使用温度是十分重要的。尤其是在裂解炉运行末期，由于管壁结焦积碳较厚影响传热，会使管壁温度明显上升。据有关资料介绍，温度每提高55℃，会使炉管渗碳加剧一倍。国外有人提出，当渗碳层达到壁厚的 60% 时，可将炉管判废，国内目前都以渗碳层达到壁厚的 60% 作为判废依据。但是，实际情况是纯粹由渗碳产生裂纹导致炉管发生破坏的情况极为罕见，渗碳主要是改变了炉管的力学性能，如高温蠕变断裂强度及中低温韧性下降，材质劣化从而导致炉管失效[72]。

裂解炉管的各种损伤中，炉管渗碳最常见，且危害最大。因此，深入研究乙烯裂解炉管的渗碳与抗渗碳具有十分重要的意义。长期以来，为延长炉管的使用寿命，人们进行了大量的合金化研究工作。从早期的锻造材质及耐热镍铬铁合金到离心铸管，炉管成分设计从单纯提高 Cr、Ni 含量到日益重视发挥其他微量合金元素的作用，使炉管的允许温度由 950℃ 提高到 1150℃。炉管材料的这种发展，不仅提高了炉管的高温力学性能，也在一定程度上改善了管材的抗渗碳性能。炉管内表面的光滑程度不仅影响流体运动，疏松、粗糙的表面还易于使碳积聚。对于离心浇铸的炉管，其铸态内表面是疏松多孔的，孔内不易形成氧化膜，渗碳气氛扩散进入孔内会形成气体封闭区域，利于渗碳，因此炉管内壁必须经过机械加工，研究表明，机加工质量对渗碳也有影响。

1.5.2.3 蠕变应力造成炉管损伤

裂解炉炉管长期在高温和应力状态下使用易发生蠕变应力断裂，是常见的问题。在裂解炉故障中有很大一部分是蠕变断裂破坏[73]。其特点是：

（1）典型的塑性断裂，断裂前有明显的蠕变塑性变形，如炉管直径蠕胀变大、局部鼓包（见图 1-17）、炉管蠕变变长等。

（2）炉管切片情况表明，裂纹发生于内壁，在即将穿透炉管时，炉管外表面有时会产生在裂纹方向的凹陷。

（3）裂纹断口有明显的减薄及氧化变亮。

（4）裂纹分布以轴向为多（图 1-18），焊缝附近热影响区裂纹也多呈轴向。

（5）断口截面为梨形和条形挤压状。

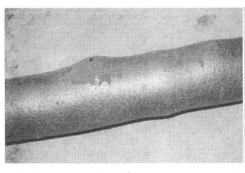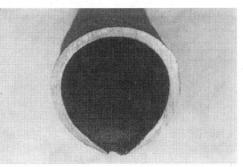

a   b

图 1-17　蠕胀炉管
a—整体形态；b—横截面形态

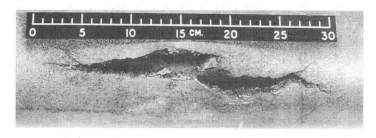

图1-18 乙烯裂解炉管服役过程中的蠕变失效[74]

1.5.2.4 热循环和热疲劳导致炉管损伤

热疲劳是指部件在反复加热冷却时，由于在内部形成了不均匀的温度场，产生了循环热应力而导致的疲劳破坏。热应力是由于温度分布不均匀以及热胀冷缩方面受到限制或不协调而形成的。由于裂解炉每运行一段时间，就需要停炉烧焦，频繁的升降温操作，以及由事故而造成的紧急停车，均会造成温度的急剧变化，产生很大的交变热应力。炉子运行期间，炉管处在其材料敏化温度区域内，很大程度上降低了材料的疲劳强度。

在裂解炉正常运行时，炉热量从炉管的外壁传向内壁，产生由外壁向内壁的温差，相应地产生一定的热应力。尤其当管内壁产生结焦后，低传热系数的结焦层会使管壁温度上升，产生的热应力也相应增大。当停炉时或对炉管内壁烧焦时，热的流动趋近于零。烧焦过程的放热反应甚至会使管内壁温度高于外壁温度，产生与运行时相反的温度梯度和热应力，如图1-19所示。高温下使用的大多数炉管为奥氏体材料，线膨胀系数大，热导率低，容易产生较大的热应力。炉子周期性的操作，其温度、压力的变化会引起炉管的应力变化，长时间后会导致炉管材料的热疲劳。事实上作用于炉管的应力是相当复杂的，不仅包括管壁温差引起的热应力和炉子升、降温过程的温度、压力变化产生的应力变化，还包括炉管重力、弯曲和约束等引起的机械应力。

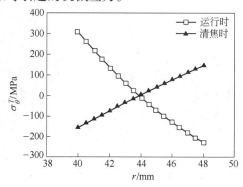

图1-19 正常操作和烧焦时渗碳炉管沿半径方向的温差应力

裂解炉需要定期地进行停炉烧焦和清焦,裂解炉炉管及弯头的热疲劳损伤相对来讲比较严重。根据经验,高碳离心铸造炉管材料的热疲劳抗力可以达 160 ~ 180MPa 以上。但由碳化物析出等造成的材料的劣化会使炉管的热疲劳损伤加快[75],如图 1-20 所示。

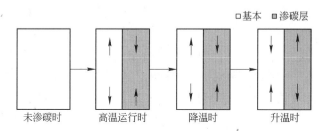

图 1-20　渗碳加速热疲劳产生示意图

在高温下,蠕变、腐蚀、疲劳经常是共生的,而且会发生相互作用,如图 1-21 所示。根据交互作用的不同可分为蠕变 - 疲劳、蠕变 - 腐蚀、腐蚀 - 疲劳和蠕变 - 腐蚀 - 疲劳这四种情况。比如在疲劳循环中引入保持时间,则在保持时间段内会发生蠕变松弛,从而使得循环寿命缩短。此外,由环境因素(热、腐蚀等)导致的加速蠕变断裂的情况也经常发生。

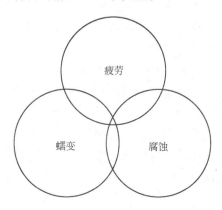

图 1-21　蠕变 - 疲劳 - 腐蚀的交互作用

1.5.2.5　弯曲失效

在炉管的众多失效形式中,裂解炉炉管弯曲失效是最常见的,占全部炉管更换总量的一半以上。在裂解炉运行过程中存在的弯曲问题,轻则影响炉膛内的热量对炉管的均匀、有效的辐射传热,重则造成炉管损毁,酿成事故,是影响裂解炉正常运行的常见问题。炉管弯曲是由相连的两程炉管因温度不同而导致的纵向热膨胀量不同所造成的,就像双金属片升温时会弯曲一样。造成裂解炉弯曲失效的原因有很多,但无论什么原因使炉管受到影响而产生变形,都与炉管的受力有关。

一种情况是忽略炉管膨胀量及弹簧吊架失效，支吊炉管的衡力弹簧吊架，其弹簧的刚度和载荷是依照炉管的热应力计算结果选定的。如果弹簧出厂时的刚度和载荷与设计值偏差较大，或受环境影响产生锈蚀，或长时间高温工作产生应力松弛，使刚度和有效承载能力变小，就起不到支吊炉管和平衡炉管热膨胀的作用，可能造成炉管弯曲。

另一种情况是炉管结构不合理及弹簧吊架失效，乙烯裂解炉发生弯曲失效，可能存在的原因为：裂解炉辐射炉管结构的不合理性导致裂解炉炉管弯曲，或者是弹簧吊架的失效使得裂解炉热应力大大增加，直接导致裂解炉炉管弯曲变形等。

1.5.2.6 穿孔失效

具体包括如下两种情况：

（1）腐蚀及结焦。裂解炉在运行过程中，曾发生裂解炉对流段底部炉管穿孔的现象，穿孔的形貌不规则。炉管内腐蚀物质主要为黄白色的盐类以及铁红色的垢物，整个垢物层较厚。垢物层的表层是一层相对较硬的氧化皮，而内层相对疏松，且含有较多盐类。失效原因主要是稀释蒸汽携带液体，而液态水中的碱与炉管内由于吹扫不彻底产生的酸性物质反应生成盐，盐的结晶导致对流管的导热性能大大降低，从而引起烧焦过程中的过烧氧化减薄且发生穿孔。而对流段炉管内裂解原料的结焦使过烧氧化减薄问题进一步加剧。

（2）腐蚀。乙烯装置裂解炉炉管在运行3年后，经常出现多处较大面积的腐蚀，甚至厚度减薄导致穿孔破损。炉管内壁出现大面积腐蚀坑，部分腐蚀已由内壁发展至外壁面，甚至出现较大面积的孔洞。发生失效是各种腐蚀综合作用的结果，其主要原因为高温下发生碱腐蚀，特别是弯头焊缝周围发生应力腐蚀。由于裂解炉需停炉烧焦，频繁的升降温操作，造成温度的急剧变化，产生很大的交变热应力，产生热疲劳腐蚀。

1.5.3 失效实例

具体失效实例如下：

（1）实例1[75]：

某裂解炉炉管外表面出现浅的多条平行的裂纹，每条裂纹均较短。裂纹均为周向方向，出现在裂解炉温度最高的部位。出现裂纹的炉管使用不到4年，属非正常破坏。

从裂纹形貌看，裂纹尖端较为圆钝，裂纹表面布满氧化物，裂纹均分布在外表面且均较浅，内表面并未发现裂纹。最外层有薄层氧化膜，靠近最外层有轻微的脱碳现象，脱碳层深度约0.2mm。大部分裂纹深度都不超过0.2mm，并且位于脱碳层内,最深处裂纹约为 1mm。奥氏体和碳化物都正常分布,没有出现碳化物聚集长大的现象。没有大量碳化物聚集和蠕变空洞,外表面有轻微的脱碳层,表明炉管没有超温迹象。炉管外表面有平行的、浅的小裂纹,是热疲劳所致。

(2) 实例 2[76]:

上海石化股份有限公司 2 号乙烯装置,原设计能力为 300kt/a 乙烯,现扩容改造为 800kt/a 乙烯。原装置采用 SRT-Ⅲ型裂解炉,共有 8 台:BA-101 ~ BA-107 为柴油裂解炉,BA-108 为乙烷裂解炉。其中 BA-107 炉运行 17520h 后,由于炉管外壁超温(高达 1050℃),发现出口端炉管有较多开裂。

对样品进行宏观检查发现,炉管内壁结有一层厚度约为 6 ~ 7mm 的焦垢,焦垢下管内壁有点蚀坑,而且坑蚀面积较大,并有一定深度。此外,渗碳层深度已达到 3 ~ 4mm,碳化物的大量析出并在晶界聚集,使得材料严重脆化。经检查发现断口为脆性断口,并且从内壁向外壁扩展,在断口的能谱分析中有 S、Cl、Ca、Al 等元素的存在,Nb 的含量偏低。Nb 的存在可以防止发生晶间腐蚀,并且形成稳定的 NbC,从而阻止 C 的进一步扩散,防止渗碳。

由于炉管长期处于高温使用过程中,铸态组织将发生变化,即 M_7C_3 向 $M_{23}C_6$ 转化,骨架状碳化物向网链状变化。随着时间的推移,它们将发生聚集和长大。

气氛中有一定量的 S 和 Cl 共同存在时,就会导致氧化膜的破坏。S 对金属氧化物有很强的渗透能力。它可能以硫溶解而后扩散的模式进行,也可能以气体分子硫的形式通过氧化物的缝隙、晶界、微裂纹等直接渗透的方式穿透氧化物,这就导致 S 在氧化层与基体界面上集聚。此外,硫化物的分子体积大于一般的氧化物,氧化层中夹杂着一定量的硫化物会增加膜的应力,促使氧化膜的剥落和开裂。Cl 的存在可使这个破坏过程加快 1 ~ 2 个数量级,Cl 不仅自身对氧化膜破坏起作用,同时又加快了 S 的扩散速度。高温 $CaSO_4$ 的存在是产生热腐蚀的先决条件,高温熔融的硫酸盐使管内壁的保护性氧化膜熔化。而氧化膜的破坏无疑会加速渗碳进程,使管材早期渗碳。

BA-107 炉管发生断裂是由于严重的渗碳,并在渗碳处形成裂纹。裂纹在各种应力的作用下不断长大,在超高温、急热急冷下产生热应力冲击,使炉管发生脆性断裂。BA-107 炉管内的工艺介质为轻柴油与蒸汽,是一种强烈的还原性气氛,炉管内的气体在高温下也是一种低氧势、高碳势的环境气氛。在这种气氛中,金属表面形成大量活性碳原子的堆积,加速了金属对碳的吸收。另外,炉管内壁的结焦,S、Cl 引起的内壁点蚀坑及周围的晶间腐蚀,高温下熔融的硫酸盐使炉管内壁保护性氧化膜溶解等都促使析碳,加速合金渗碳。在较低温度下碳化物硬而脆,材料塑性下降,内壁的氧化造成基体的铬含量降低,产生贫化区。这样使渗碳层与合金基体相比其膨胀系数低,密度小,从而产生渗碳应力,再加上升温冷却产生的热应力和工作应力联合作用,使之在渗碳层产生裂纹。

（3）实例 3[77]：

上海赛科石化股份有限责任公司一台满负荷运行的裂解炉，在投产不足两个月时就被烧焦，烧焦后使用不长时间因故障停车，发现炉管多处泄漏，其中几根出口管在 6m 高度处出现纵向裂缝，甚至有的裂成了碎片；1 根进口管出现环向断裂。

金相观察可以看出其组织已发生很大的变化，晶粒变粗，奥氏体晶粒内的弥散二次碳化物已聚集长大，晶内分布着较多颗粒状的碳化物，晶界原始骨架状的共晶碳化物粗化，呈块状或条状形态。奥氏体晶界上的碳化物呈颗粒状，相互连接很弱，导致高温下晶界强度严重下降，在炉管温差应力和内压的作用下，裂纹沿着碳化物扩展，使裂纹两侧均有残余的碳化物。在炉管内压的高温膨胀作用下，裂纹变得很宽，因而炉管在超温下未表现出蠕胀现象。裂纹沿晶扩展，并未观察到明显的蠕变孔洞，而蠕变产生的裂纹是蠕变空洞连接而成的，在裂纹的前端应分布有蠕变空洞，这也说明裂纹不是蠕变产生的。此外，内表面的渗碳也不明显。整个样品均可观察到粗大的碳化物析出，说明该段炉管均处于超温状态，超温使得晶界、晶内的碳化物聚集粗化，并且部分溶解，使得晶界弱化，材料的性能急剧下降，在应力的作用下，炉管发生沿晶开裂。

另外，NbC 相退化成 Ni-Nb-Si 相，某些晶界的碳化物完全消失，导致合金的抗拉强度下降，这都与超温运行导致材料过早失效有关。超温熔化形成的球形晶粒如图 1 - 22 所示。

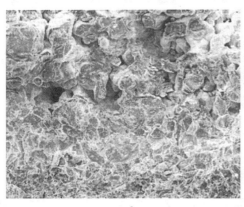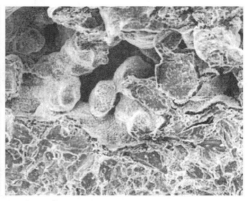

a   b

图 1 - 22 超温熔化形成的球形晶粒[78]
a—整体；b—局部

（4）实例 4[79]：

某乙烯厂 E-BA-110 柴油裂解炉，由于操作电源波动，计算机失控，短时超温超载，部分炉管破裂起火。在破裂处缺口附近内壁金属已发生严重的剥落，造成此区域严重减薄，承载能力严重降低。经检查，渗碳层的厚度平均在 0.19mm 左右。渗碳使晶界 Cr 含量下降，引起抗氧化性和抗腐蚀性降低。渗碳氧化两种过程使内壁金属的体积发生不均匀变化，局部区域内产生很高的内应力，使金属耗损，管壁厚度减薄；加之渗碳层内碳化物大量生成，造成组织脆化，增加脆性断裂的敏感性，在偶然的外来超温过载作用下，高温综合力学性能下降，管壁薄弱处产生断裂。

(5) 实例 5[80]：

BA1101 裂解炉辐射段炉管材质为 Cr35Ni45，压力为低压。服役 12 年后，辐射段炉管在运行过程中发生泄漏。停车检查发现，辐射段炉管母材发生严重的纵向开裂。

炉管外表面氧化比较严重，表面覆盖较厚的深色氧化物。裂纹沿炉管纵向呈不规则状，断口表面覆盖黑色物质，根据断口表面情况分析，应为运行中高温下断裂。

对断口处进行细致观察后发现，裂纹应是在内壁发生，向外壁扩展，直至穿透，造成断裂失效。断口分析结果表明：整个断口呈现脆性的沿晶以及解理特征，表现为沿晶和穿晶混合开裂。

此外，炉管内壁存在严重的渗碳，渗碳层厚度超过壁厚的 11%。炉管外壁也存在一定程度的氧化。从组织上看，基本组织是奥氏体和一次骨架状共晶碳化物，但晶界碳化物已经出现较为严重的粗化，呈现出块状碳化物，晶粒内部原本弥散分布的碳化物也出现聚集长大现象。观察发现，由于高温长期服役，炉管材料中已出现少量的孔洞，主要集中在碳化物的位置上，但是尚未形成裂纹。

失效原因是渗碳导致炉管材料的硬度提高，塑性下降；而且渗碳后基体 Cr 含量下降，导致材料抗氧化能力的降低，渗碳造成炉管材料中渗碳层和非渗碳层的线膨胀系数不同，使得裂解炉炉管在运行和开停车过程中产生较大的应力。炉管在高温下长期运行，材料已经发生较为严重的劣化，组织状态较差，炉管的寿命已经到了中后期。在这个阶段，材料的高温性能有较大的降低，渗碳还使得炉管在厚度方向上各项物理性能不均匀，在运行过程中，内压和热应力的共同作用造成 BA111 辐射段炉管内壁产生轴向裂纹并扩展，导致炉管最终开裂泄漏。

1.6 典型乙烯裂解管材料的性能

1.6.1 物理性能

典型 HK40、HP40 和 Cr35Ni45 合金在不同温度下的热导率如图 1-23 所示，从图中可以看出，HK40 和 Cr35Ni45 的热导率在 800 ~ 1000℃ 之间较为接近，HP40 合金在高温下的热导率相对而言较差。

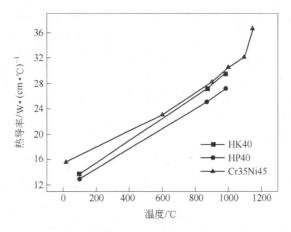

图 1 - 23　各耐热钢不同温度下的热导率

表 1 - 4 为典型 HK40、HP40 和 Cr35Ni45 合金在不同温度区间内的线膨胀系数，可以看出，HK40 和 HP40 的线膨胀系数较为接近，三种合金中 Cr35Ni45 合金的线膨胀系数最小。

表 1 - 4　各耐热钢不同温度区间的线膨胀系数　　　　　　($℃^{-1}$)

温度/℃	HK40	HP40	Cr35Ni45
21.1 ~ 760	1.76×10^{-5}		
21.1 ~ 871.1	1.80×10^{-5}	1.80×10^{-5}	
21.1 ~ 982.2	1.84×10^{-5}	1.85×10^{-5}	
21.1 ~ 1093.3		1.91×10^{-5}	
20 ~ 800			1.55×10^{-5}
20 ~ 900			1.60×10^{-5}
20 ~ 1000			1.78×10^{-5}
20 ~ 1100			1.69×10^{-5}

图 1 - 24 为 Cr35Ni45 合金的比热容随温度的变化情况，可以发现，随着温度升高，该合金的比热容逐渐增加，且增长速率加快。图 1 - 25 为 Cr35Ni45 合金的弹性模量随温度的变化情况，随着温度升高，弹性模量逐渐下降。

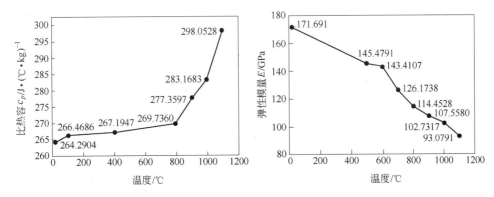

图1-24 Cr35Ni45的比热容随温度的变化关系 图1-25 Cr35Ni45的弹性模量随温度的变化关系

1.6.2 常规力学性能

表1-5～表1-7为离心铸造的典型HK40、HP40和Cr35Ni45合金在不同温度下的抗拉强度、屈服强度及伸长率。可以看出，在常温下HK40合金的抗拉强度、屈服强度及伸长率皆最高，因而在耐热钢发展的早期，由于HK40具有较为良好的力学性能而获得了广泛的应用，但是其高温下（1000℃以上）的性能表现最差，当裂解温度逐渐提高时，其使用受到了限制。Cr35Ni45在三种合金中高温下的力学性能表现最佳，保证了高温裂解过程中炉管的稳定性。

表1-5 离心铸造HK40合金的力学性能（典型值）

力学性能	温度/℃				
	21.1	760.0	871.1	982.2	1093.3
抗拉强度/MPa	579.16	262.00	165.47	103.42	38.61
屈服强度/MPa	303.37	165.47	110.32	62.05	34.47
伸长率/%	137.90	89.63	110.32	289.58	379.21

表1-6 离心铸造HP40合金的力学性能（典型值）

力学性能	温度/℃			
	21.1	871.1	982.2	1093.3
抗拉强度/MPa	489.53	179.26	103.42	51.71
屈服强度/MPa	262.00	124.11	75.84	41.37
伸长率/%	75.84	186.16	317.16	475.74

表 1 - 7　离心铸造 Cr35Ni45 合金的力学性能（典型值）

力学性能	温度/℃				
	21.1	760.0	871.1	982.2	1093.3
抗拉强度/MPa	517.11	351.63	206.84	124.11	68.95
屈服强度/MPa	282.69	165.47	117.21	72.39	44.82
伸长率/%	75.84	158.58	220.63	268.90	275.79

1.6.3　蠕变极限

对于在高温下服役的零部件，当要求在服役期内不允许产生过量的蠕变变形时，定义蠕变极限来评价材料在高温下受到应力长时间作用时对蠕变变形的抗力。蠕变极限既用来表示材料对高温蠕变变形的抗力，又是高温服役条件下材料选用及零部件设计的主要依据之一。

蠕变极限表示在一定温度下，在规定时间内材料发生一定量总变形的最大应力值，是高温长期载荷作用下材料对塑性变形抗力的指标[81]。

蠕变极限包括两种表示方法：

（1）在规定温度及规定时间内使试样产生的稳态蠕变速率不超过规定值的最大应力。用 $\sigma_{\dot{\varepsilon}}^{T}$ 表示，其中 T 为温度（℃），$\dot{\varepsilon}$ 为第 Ⅱ 阶段的稳态蠕变速率。

（2）在规定温度及规定时间内使试样产生的蠕变伸长率不超过规定值的最大应力。用 $\sigma_{\varepsilon_{T}/t}^{T}$ 或 $\sigma_{\varepsilon_{p}/t}^{T}$ 来表示，其中 T 为温度（℃），ε_{T}/t 表示规定时间 t 内产生的总应变为 $\varepsilon_{T}(\%)$，ε_{p}/t 表示规定时间 t 内产生的塑性应变为 $\varepsilon_{p}(\%)$。表 1 - 8 ~ 表 1 - 10 为三种合金在不同规定温度下的蠕变极限。

表 1 - 8　HK40 的蠕变极限　　　　　　　　（MPa）

$\frac{\varepsilon_{T}}{t}$/% · h^{-1}	数值类型	温度/℃					
		760	815.6	871.1	926.7	982.2	1037.8
0.01	AVG		81.36	68.26	55.16	43.78	32.75
0.001	AVG	79.98	65.50	51.02	39.30	27.10	18.48
0.0001	AVG	62.05	47.23	34.47	23.10	14.13	7.24

注：AVG 表示平均值。

表 1 - 9　HP40 的蠕变极限　　　　　　　　（MPa）

$\frac{\varepsilon_{T}}{t}$/% · h^{-1}	数值类型	温度/℃							
		760	815.6	871.1	926.7	982.2	1037.8	1093.3	1148.9
0.01	AVG		80.67	58.95	45.85	34.13	25.51	14.34	11.51

$\dfrac{\varepsilon_T}{t}$/% · h^{-1}	数值类型	温度/℃							
		760	815.6	871.1	926.7	982.2	1037.8	1093.3	1148.9
0.001	AVG	88.25	60.67	42.75	31.03	24.82	14.13	11.03	6.34
0.0001	AVG	66.88	48.61	35.85	26.06	16.89	10.76	6.21	3.65

注：AVG 表示平均值。

表 1 - 10　Cr35Ni45 的蠕变极限　　　　　　　　　　（MPa）

$\dfrac{\varepsilon_T}{t}$/% · h^{-1}	数值类型	温度/℃					
		760	815.6	871.1	926.7	982.2	1037.8	1093.3
0.001	AVG			37.02	29.03	21.03	13.03	7.65

注：AVG 表示平均值。

　　蠕变极限表征了金属材料在高温长期载荷作用下对塑性变形的抗力，但不能反映断裂时的强度及塑性。材料在高温下的变形抗力和断裂抗力是两种不同的性能指标。对于一些高温下工作的部件，如果蠕变量很小或者对变形量要求不严格，而对其高温长期载荷作用下抵抗断裂的能力有要求，则一般采用持久强度作为材料选用及零部件设计的主要依据。

　　采用持久强度作为主要依据时，试样在规定温度下达到规定的时间而不发生断裂的最大应力，用 σ_t^T 来表示，其中 T 表示温度（℃），t 表示不发生断裂的规定时间。表 1 - 11 ~ 表 1 - 13 为离心铸造的典型 HK40、HP40 和 Cr35Ni45 合金在不同规定温度、规定时间下的蠕变断裂强度。金属材料的持久强度是通过持久试验测定的。持久试验与蠕变试验类似，区别在于没有引伸计，不需要测定试验过程中试样的伸长量，只要测定给定温度、应力下的断裂时间。

表 1 - 11　HK40 的蠕变断裂强度　　　　　　　　　　（MPa）

时间/h	数值类型	温度/℃					
		760	815.6	871.1	926.7	982.2	1037.8
1000	AVG	82.05	60.33	42.61	29.92	21.03	14.41
	MIN	64.74	48.06	34.34	23.99	16.20	10.62
10000	AVG	60.33	41.64	28.27	18.41	12.00	7.24
	MIN	47.99	33.37	22.55	14.48	9.24	5.86
100000	AVG	42.13	28.41	17.79	10.96	6.62	
	MIN	33.37	22.06	14.20	8.83	5.38	

注：AVG 表示平均值，MIN 表示最小值。

表 1 – 12　HP40 的蠕变断裂强度　　　　　　（MPa）

时间/h	数值类型	温度/℃							
		760	815.6	871.1	926.7	982.2	1037.8	1093.3	1148.9
100	AVG			65.50	48.26	35.51	26.20	18.96	8.62
	MIN			62.05	45.51	33.78	24.82	17.93	7.58
1000	AVG		67.57	48.61	34.82	25.17	17.93	7.52	5.31
	MIN		63.43	45.51	33.09	24.13	16.55	6.76	4.69
10000	AVG	71.71	50.19	35.51	25.03	17.58	9.51	4.83	
	MIN	65.50	47.57	33.78	23.79	16.55	8.62	4.27	
100000	AVG	52.61	37.09	25.79	18.13	9.51	4.69	2.28	
	MIN	49.99	35.16	24.61	17.24	8.62	4.27	2.07	

注：AVG 表示平均值，MIN 表示最小值。

表 1 – 13　Cr35Ni45 的蠕变断裂强度　　　　　　（MPa）

时间/h	数值类型	温度/℃							
		760	815.6	871.1	926.7	982.2	1037.8	1093.3	1148.9
100	AVG			63.02	52.81	40.20	29.23	20.20	13.10
	MIN			56.19	46.47	35.92	26.13	17.79	11.72
1000	AVG		64.40	53.78	40.40	29.03	19.58	12.48	7.72
	MIN		57.02	47.02	35.99	25.92	17.03	10.89	6.76
10000	AVG	65.98	55.02	41.99	29.72	19.72	12.27	7.45	4.48
	MIN	59.02	48.40	37.51	26.41	17.10	10.82	6.55	3.86
100000	AVG	56.88	44.20	31.10	20.48	12.69	7.58	4.41	2.48
	MIN	51.02	39.23	27.72	18.27	11.24	6.62	3.79	2.21

注：AVG 表示平均值，MIN 表示最小值。

参 考 文 献

[1] 孟庆武，刘丽双，王学增，等. 裂解炉炉管的失效形式 [J]. 失效分析与预防，2009，4
　　（3）：178 ~ 181.

[2] 李乐新，毛福荣. 乙烯裂解炉管渗碳应力的计算 [J]. 机械设计与制造，2009（6）：
　　42 ~ 44.

[3] 李海英，祝美丽，张俊善，等. 渗碳、蠕变共同作用下 HK40 和 HP 钢乙烯裂解炉管损伤
　　过程模拟 [J]. 机械工程材料，2006，29（11）：17 ~ 20.

[4] 冯忠亮，葛晶，刘全夫. 乙烯裂解炉技术进展 [J]. 安徽化工，2008，34（2）：17 ~ 19.

[5] 安俊超，荆洪阳，徐连勇，等. 乙烯裂解炉管 HP40 合金的蠕变性能 [J]. 天津大学学

报，2011，44（10）：930～935.

［6］ 邵明增，崔立山，郑雁军，等. 用低氧分压法在 35Cr45Ni 合金表面制备防结焦氧化膜
　　　［J］. 中国石油大学学报（自然科学版），2010，34（4）：127～130.

［7］ 宋旭日，王惜宝. HP 型耐热铸钢锅炉用管板的失效分析［J］. 山东理工大学学报（自然
　　　科学版），2008，22（1）：45～48.

［8］ 王文和，沈士明. 基于风险的乙烯裂解炉炉管失效概率分析［J］. 石油化工高等学校学
　　　报，2007，20（2）：77～79.

［9］ 李沛远，涂国敏，肖立祯. 乙烯裂解炉炉管失效原因分析［J］. 石化技术与应用，2007，
　　　25（5）：446～449.

［10］ Li G，Yang L，Tian L. Coke formation and coke inhibition technology of ethylene steam crack-
　　　ing furnace［J］. Shihua Jishu yu Yingyong（Petrochemical Technology & Application），2007，
　　　25（1）：75～79.

［11］ 姚年善，丁晓非，谢忠东，等. HP40 和 HK40 反应管状态分析［J］. 化工设备与管道，
　　　2009，46（3）：56～58.

［12］ 龙国文，路永明. 国产回炼乙烯裂解炉管渗碳分析及寿命预测［J］. 石油机械，1999，
　　　27（7）：13～14.

［13］ 李国威，杨利斌，田亮. 乙烯裂解炉的结焦及其抑制技术［J］. 石化技术与应用，2008，
　　　25（1）：75～79.

［14］ 沈利民，巩建鸣，唐建群，等. Cr25Ni35Nb 和 Cr35Ni45Nb 裂解炉管的抗高温渗碳能力
　　　［J］. 上海交通大学学报，2010，44（5）：48～52.

［15］ 吴欣强，杨院生. 25Cr35Ni 耐热合金表面结焦机制［J］. 腐蚀科学与防护技术，1999，
　　　11（5）：274～278.

［16］ Mostafaei M，Shamanian M，Purmohamad H，et al. Microstructural degradation of two cast heat
　　　resistant reformer tubes after long term service exposure［J］. Engineering Failure Analysis，
　　　2011，18（1）：164～171.

［17］ Borjali S，Allahkaram S R，Khosravi H. Effects of working temperature and carbon diffusion on
　　　the microstructure of high pressure heat-resistant stainless steel tubes used in pyrolysis furnaces
　　　during service condition［J］. Materials & Design，2012，34：65～73.

［18］ Kaya A A，Krauklis P，Young D. Microstructure of HK40 alloy after high-temperature service in
　　　oxidizing/carburizing environment：Ⅰ. Oxidation phenomena and propagation of a crack［J］.
　　　Materials Characterization，2002，49（1）：11～21.

［19］ Kaya A A. Microstructure of HK40 alloy after high-temperature service in oxidizing/carburizing
　　　environment：Ⅱ. Carburization and carbide transformations［J］. Materials Characterization，
　　　2002，49（1）：23～34.

［20］ Khodamorad S H，Haghshenas Fatmehsari D，Rezaie H，et al. Analysis of ethylene cracking
　　　furnace tubes［J］. Engineering Failure Analysis，2012，21：1～8.

［21］ Voicu R，Andrieu E，Poquillon D，et al. Microstructure evolution of HP40-Nb alloys during ag-
　　　ing under air at 1000℃［J］. Materials Characterization，2009，60（9）：1020～1027.

［22］ Laigo J，Christien F，Le Gall R，et al. SEM，EDS，EPMA-WDS and EBSD characterization of carbides in HP type heat resistant alloys [J]. Materials Characterization, 2008, 59 (11): 1580~1586.

[23] Sustaita-Torres I A, Haro-Rodríguez S, Guerrero-Mata M P, et al. Aging of a cast 35Cr-45Ni heat resistant alloy [J]. Materials Chemistry and Physics, 2012, 133 (2): 1018~1023.

[24] Shi S, Lippold J. Microstructure evolution during service exposure of two cast, heat-resisting stainless steels—HP-Nb modified and 20-32Nb [J]. Materials Characterization, 2008, 59 (8): 1029~1040.

[25] 沈利民，巩建鸣，姜勇，等. 时效时间对 Cr35Ni45Nb 离心铸造奥氏体钢力学性能与微观组织的影响 [J]. 南京工业大学学报（自然科学版），2011，2: 6.

[26] Piekarski B. Effect of Nb and Ti additions on microstructure, and identification of precipitates in stabilized Ni-Cr cast austenitic steels [J]. Materials Characterization, 2001, 47 (3): 181~186.

[27] Wang W, Xuan F, Wang Z, et al. Effect of overheating temperature on the microstructure and creep behavior of HP40Nb alloy [J]. Materials & Design, 2011, 32 (7): 4010~4016.

[28] Swaminathan J, Guguloth K, Gunjan M, et al. Failure analysis and remaining life assessment of service exposed primary reformer heater tubes [J]. Engineering Failure Analysis, 2008, 15 (4): 311~331.

[29] Ul-Hamid A, Tawancy H M, Mohammed A-RI, et al. Failure analysis of furnace radiant tubes exposed to excessive temperature [J]. Engineering Failure Analysis, 2006, 13 (6): 1005~1021.

[30] Ribeiro A, De Almeida L, Dos Santos D, et al. Microstructural modifications induced by hydrogen in a heat resistant steel type HP-45 with Nb and Ti additions [J]. Journal of Alloys and Compounds, 2003, 356: 693~696.

[31] Zhu Z, Cheng C, Zhao J, et al. High temperature corrosion and microstructure deterioration of KHR35H radiant tubes in continuous annealing furnace [J]. Engineering Failure Analysis, 2012, 21: 59~66.

[32] Al-Meshari A, Al-Rabie M, Al-Dajane M. Failure analysis of furnace tube [J]. Journal of Failure Analysis and Prevention, 2013, 13 (3): 282~291.

[33] Chauhan A, Anwar M, Montero K, et al. Internal carburization and carbide precipitation in Fe-Ni-Cr alloy tubing retired from ethylene pyrolysis service [J]. Journal of Phase Equilibria and Diffusion, 2006, 27 (6): 684~690.

[34] Freire R M, De Sousa F F, Pinheiro A L, et al. Studies of catalytic activity and coke deactivation of spinel oxides during ethylbenzene dehydrogenation [J]. Applied Catalysis A: General, 2009, 359 (1): 165~179.

[35] Gascoin N, Gillard P, Bernard S, et al. Characterisation of coking activity during supercritical hydrocarbon pyrolysis [J]. Fuel Processing Technology, 2008, 89 (12): 1416~1428.

[36] Holmen A, Lindvåg OA. Coke formation on nickel-chromium-iron alloys [J]. Journal of Materials Science, 1987, 22 (12): 4518~4522.

[37] Jackson P, Trimm D, Young D. The coking kinetics of heat resistant austenitic steels in hydro-

gen-propylene atmospheres [J]. Journal of Materials Science, 1986, 21 (9): 3125~3134.

[38] Jackson P, Young D, Trimm D. Coke deposition on and removal from metals and heat-resistant alloys under steam-cracking conditions [J]. Journal of Materials Science, 1986, 21 (12): 4376~4384.

[39] Li C, Yang Y. A glass based coating for enhancing anti-coking and anti-carburizing abilities of heat-resistant steel HP [J]. Surface and Coatings Technology, 2004, 185 (1): 68~73.

[40] Mertinger V, Benke M, Kiss G, et al. Degradation of a corrosion and heat resistant steel pipe [J]. Engineering Failure Analysis, 2013, 29: 38~44.

[41] Mitchell D, Young D. A kinetic and morphological study of the coking of some heat-resistant steels [J]. Journal of Materials Science, 1994, 29 (16): 4357~4370.

[42] Wu X, Yang Y, He W, et al. Morphologies of coke deposited on surfaces of pure Ni and Fe-Cr-Ni-Mn alloys during pyrolysis of propane [J]. Journal of Materials Science, 2000, 35 (4): 855~862.

[43] Zhang J, Young D J. Coking and dusting of Fe-Ni alloys in $CO-H_2-H_2O$ gas mixtures [J]. Oxidation of Metals, 2008, 70 (3~4): 189~211.

[44] 马琳. 乙烯裂解炉技术的进展 [J]. 化工设备与管道, 2010, 47 (1): 12~15.

[45] 林学东, 孙源. 乙烯裂解炉管材料高温渗碳行为研究 [J]. 机械工程材料, 1994, 18 (6): 28~30.

[46] 颜磊. 25Cr35Ni 合金表面原位制备复合氧化膜方法及性能研究 [D]. 上海: 华东理工大学, 2013.

[47] 陈滨. 乙烯工学 [M]. 北京: 化学工业出版社, 1997.

[48] 朱日彰, 卢亚轩. 耐热钢和高温合金 [M]. 北京: 化学工业出版社, 1996.

[49] 高晓丹. 乙烯裂解炉的模拟和优化方法研究 [D]. 北京: 清华大学, 2008.

[50] 涂善东. 高温结构完整性原理 [M]. 北京: 科学出版社, 2003.

[51] Grabke H, Jakobi D. High temperature corrosion of cracking tubes [J]. Materials and Corrosion, 2002, 53 (7): 494~499.

[52] Tawancy H, Abbas N. Mechanism of carburization of high-temperature alloys [J]. Journal of Materials Science, 1992, 27 (4): 1061~1069.

[53] 王成. HP 耐热合金的焊接及高温时效对其组织和性能影响的研究 [D]. 兰州: 兰州理工大学, 2007.

[54] 徐自立. 高温金属材料的性能、强度设计及工程应用 [M]. 北京: 化学工业出版社, 2006.

[55] 曾丽. 基于 HP40 合金的低镍高铝炉管材料组织性能研究 [D]. 兰州: 兰州理工大学, 2008.

[56] 杨亮. Nb 对 HP40 合金抗氧化和高温力学性能影响的研究 [D]. 包头: 内蒙古科技大学, 2009.

[57] 祝志超. 在役连退炉辐射管材质的高温损伤分析 [D]. 大连: 大连理工大学, 2012.

[58] 程晓农, 戴起勋. 奥氏体钢设计与控制 [M]. 北京: 国防工业出版社, 2005.

[59] 陆世英, 张廷凯, 康喜范. 不锈钢 [M]. 北京: 原子能出版社, 1998.

［60］滕长岭. 钢铁材料手册（第6卷）：耐热钢［M］. 北京：中国标准出版社，2001.

［61］王执福，刘俊诚. 碳及铬碳比对铁铬镍高温合金性能的影响［J］. 铸造，1993（11）：5～7.

［62］Shibasaki T，Takemura K，Kawai T，et al. Experiences of niobium-containing alloys for steam reformers［J］. Ammonia Plant Safety and Related Facilities，1987，27：56～68.

［63］Kane R. Effects of silicon content and oxidation potential on the carburization of centrifugally cast HK-40［J］. Corrosion，1981，37（4）：187～199.

［64］刘俊诚，张继承. 硅对铁铬镍高温合金性能的影响［J］. 铸造，1993（4）：14～18.

［65］刘致远，郝远，李笑一，等. HP40-Nb耐热合金在石化装置离心铸管上的应用［J］. 中国铸造装备与技术，2006（2）：31～34.

［66］蔡元兴，刘科高，郭晓斐. 常用金属材料的耐腐蚀性能［M］. 北京：冶金工业出版社，2012.

［67］Kinniard S，Young D，Trimm D. Effect of scale constitution on the carburization of heat resistant steels［J］. Oxidation of Metals，1986，26（5～6）：417～430.

［68］王富岗，王焕庭. 石油化工高温装置材料及其损伤［M］. 大连：大连理工大学出版社，1991.

［69］Wu X，Yang Y，Than Q，et al. Structure degradation of 25Cr35Ni heat-resistant tube associated with surface coking and internal carburization［J］. Journal of Materials Engineering and Performance，1998，7（5）：667～672.

［70］王德存，刘树青，张延斌. "80U"型裂解炉炉管结焦堵塞采取的措施［J］. 乙烯工业，2007，19（2）：36～38.

［71］栾小建. 退役炉管和预氧化表面结焦行为与抑制技术研究［D］. 上海：华东理工大学，2011.

［72］崇凤娇. TP304H服役炉管的组织变化研究及寿命预测［D］. 兰州：兰州理工大学，2012.

［73］韩月辉. 裂解炉炉管使用寿命延长的措施［J］. 乙烯工业，1998，10（1）：54～58.

［74］Whittaker M，Wilshire B，Brear J. Creep fracture of the centrifugally-cast superaustenitic steels，HK40 and HP40［J］. Materials Science and Engineering：A，2013，580：391～396.

［75］尤兆宏. 裂解炉管热疲劳失效分析［J］. 乙烯工业，2009，21（3）：49～51.

［76］龚春欢. 乙烯裂解炉管开裂原因分析［J］. 石油化工腐蚀与防护，2004，21（5）：23～26.

［77］尤兆宏. 乙烯裂解炉炉管失效分析［J］. 化工机械，2008，34（6）：346～348.

［78］Guan K，Xu H，Wang Z. Analysis of failed ethylene cracking tubes［J］. Engineering Failure Analysis，2005，12（3）：420～431.

［79］季新生，戴煜. 乙烯装置裂解炉管高温断裂失效分析［J］. 乙烯工业，1999，11（2）：34～37.

［80］耿鲁阳，巩建鸣，姜勇. 对多起乙烯裂解炉HP型炉管失效原因的分析总结［J］. 压力容器，2012，28（12）：48～53.

［81］赵杰. 耐热钢持久性能的统计分析及可靠性预测［M］. 北京：科学出版社，2011.

2　高温服役过程中的组织演化

随着石化工业的飞速发展，对乙烯裂解装置的要求越来越高，乙烯裂解炉管的工作温度也在不断提高，其工作环境变得非常恶劣，工作温度高达 900～1150℃。温度的升高会使得炉管的微观组织劣化加快、程度加深，从而大大缩短了炉管的服役寿命。通常，采用离心铸造工艺制造的乙烯裂解炉管直接在铸态下使用，因而必须有良好的高温性能及良好的抗腐蚀能力。炉管材料的高温使用性能与材料的铸态组织和时效组织密切相关，因此，乙烯裂解管材料的组织结构特征是众多研究人员关心和探究的主要方面之一。

为了解决乙烯裂解炉管在高温服役环境中出现的各种组织性能问题，科研工作者从改善炉管材料方面入手，不断研制新的炉管材料，炉管材料选用的高 Ni-Cr 合金从 20 世纪 60 年代的 HK40（Cr25Ni20）、HP40（Cr25Ni35）到 80 年代改进的 HP40Nb（Cr35Ni45Nb），逐渐发展到 90 年代以后进一步提高 Cr、Ni 含量进行微合金化的 Cr35Ni45Nb 合金。裂解炉管材料的研究方向和发展趋势主要有两个：（1）材料中的 Ni、Cr 含量逐渐提高；（2）参与合金化的元素种类逐渐增多。显然前者的目的是提高炉管材料的高温性能，尤其是高温强度；后者的主要目的是改善材料的组织结构，其最终目的也是提高材料的高温强度。高温强度中重要的一个方面是高温蠕变性能，通常影响耐热合金高温蠕变性能的因素有：（1）溶质元素，比如基体中的固溶碳；（2）晶界形貌；（3）弥散析出的二次碳化物；（4）初始或铸态组织，如枝晶或胞状结构。

由于长期高温服役，因而合金的长期时效组织是决定炉管使用寿命的关键因素之一。时效组织中最常见的组织变化包括晶界一次碳化物的形态及结构类型发生明显变化，二次碳化物析出后逐渐聚集粗化。通常合金中会加入一定量的 Nb 或 Ti 来改善晶界组织，形成的一次 MC 型碳化物粗化速度较慢，对蠕变强度的降低起到了一定的延缓作用。长期服役过程中，合金组织中碳化物的相转变以及形态、大小及分布位置上的变化，蠕变空洞及裂纹的萌生和发展，内氧化和内渗碳等组织转变以及伴随着的合金中元素的扩散及重新分配，皆会造成最终炉管材料性能上的变化，直至炉管最后发生失效，因而炉管材料长期时效后的组织和性能需要引起人们足够的重视。

2.1 未服役乙烯裂解管材料的典型显微组织

2.1.1 未服役 HP40 合金的显微组织

未服役 HP40 合金炉管外壁为密密麻麻的点状突起，俗称"杨梅粒子"，如图 2-1 所示。"杨梅粒子"可以增大外壁的受热面积，增强导热性。

对未服役 HP40 炉管的横截面进行显微组织观察发现，炉管从外到内依次为柱状晶和等轴区。其中，内层等轴区域分布很宽，约 3.5mm，等轴晶晶界碳化物的链状分布如图 2-2 所示。由文献可知一次碳化物为 M_7C_3 和 NbC，在这些析出量最大的时候进行固溶处理，可以使碳化物沿晶界呈链状析出。等轴晶区域晶界为网链状，这种碳化物反应在晶界上产生的碳化物对合金的性能有重要作用，链状碳化物可以阻止晶界滑移。

图 2-1 离心铸造 HP40 炉管外壁的"杨梅粒子"

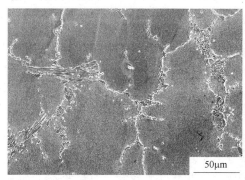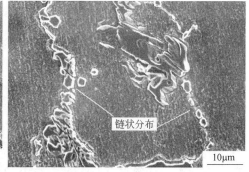

a   b

图 2-2 未服役态 HP40 炉管的显微组织
a—宏观；b—微观

共晶碳化物 MC（主要为 NbC）在晶界析出，如图 2-3 所示。这种碳化物是在熔炼过程中形成的单一碳化物，为面心立方结构，其在较宽的温度范围内都比较稳定，难以溶解到固溶体中。Nb 为强碳化物形成元素，在耐热合金中先于 Cr 与 C 形成碳化物，部分替代 Cr 的碳化物，该相能抑制碳化物的聚合粗化，并且在高温服役时形成稳定 Nb 的二次碳化物，阻止位错运动，提高蠕变强度[1,2]。共晶 NbC 可以使相界更加曲折，不利于裂纹的连接和扩展，因而延长了断裂时间，提高了合金的持久强度，进一步维持了高温时效下合金力学性能的稳定性。另外，铌能提高炉管表面氧化膜的致密性和附着性，在炉管的表面形成较好的保护膜，阻碍了碳向炉管中扩散，从而提高炉管的渗碳抗力[3]。

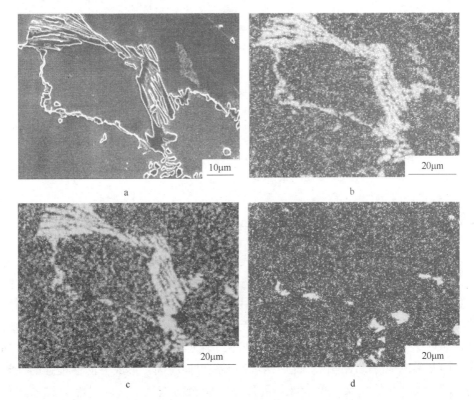

图 2-3　未服役态 HP40 显微组织的元素面分布
a—SEI；b—C；c—Cr；d—Nb

图 2-4 为利用 Jmat-Pro 软件计算出的 HP40 合金热力学平衡条件下各相析出量与析出温度的关系。可见，该合金在奥氏体基体中的主要平衡析出相为 M_7C_3、MC 和 $M_{23}C_6$。可以看出，平衡条件下在液态凝固形成奥氏体的最后阶段首先析出 MC（约 1306℃），当温度下降至约 1299℃时开始有 M_7C_3 析出，但从 1220℃开始，随着温度的降低，M_7C_3 的稳定性逐渐下降，由 M_7C_3 逐渐转化为 $M_{23}C_6$，终了转变温度为 1197℃。因而在炉管实际服役温度区间（约 900～1100℃）内，HP40 合金的相为奥氏体基体和 $M_{23}C_6$（M 主要为 Cr、Fe）、MC（M 主要为 Nb）。在约 696℃时，

奥氏体中开始析出了 α-Cr，这是一种 bcc_ A2 的体心立方相[4]。但是，由于实际生产过程中离心铸造技术使得 HP40 合金在高温下急冷，使得平衡相 $M_{23}C_6$ 来不及析出，α-Cr 也需要较长的孕育期[5]，因而实际上常温下合金中的相主要为 MC 和 $M_{23}C_6$。

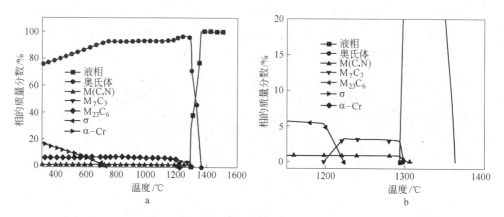

图 2-4　HP40 合金热力学平衡条件下各相析出量与析出温度的关系
a—计算曲线图；b—局部放大图

2.1.2　未服役 Cr35Ni45 合金的显微组织

未服役 Cr35Ni45Nb 炉管的横截面从外到内分别是柱状晶区和等轴晶区，各占 1/2 左右，如图 2-5 所示。在管外侧树枝晶生长的方向性十分明显，基本是垂直管外壁沿径向生长，这种方向性是由炉管的制备方法——离心铸造的定向快速凝固决定的。浇注时，合金首先凝固到最外层的型筒模壁上，由于冷却速度较大，靠近模壁的薄层液体产生极大的过冷，加上模壁可以作为非均匀形核的基底，因此形成很薄的细晶区。此后钢水逐渐在里面凝固，形成方向性很强的柱状晶。随着柱状晶的发展，剩余液体温度全部降至熔点以下，同时冷却失去方向性，因此形成等轴晶。

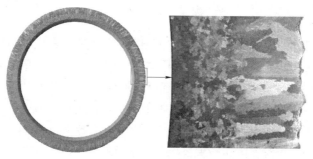

图 2-5　未服役 Cr35Ni45Nb 炉管横截面的宏观组织

图 2-6 为未服役 Cr35Ni45Nb 炉管的显微组织特征。可以看出，在光学显微镜（图 2-6a）下，未服役状态的炉管为典型粗大树枝晶组织。进一步使用扫描电镜分析表明，原始铸态炉管的枝晶间有两种组织，即图 2-6b 所示的二次电子像中的亮白色鱼骨状组织和灰黑色长条状组织，图 2-6c 的背散射电子像表明图 2-6 中的黑色及白色相为两种不同的析出相；对金相试样横截面进行电解深浸蚀，得到各种碳化物的三维背散射形貌，如图 2-6d 所示，结果显示晶界或枝晶间的碳化物主要有两种典型形态：白色的片层状及灰色的长条状。对试样表面进行进一步的能谱面分析可以得到各元素在组织中的分布，如图 2-7 所示，可以看出片层状碳化物富 Nb，长条状碳化物富 Cr，其余为奥氏体基体。图 2-8 为从未服役 Cr35Ni45Nb 合金中萃取出的碳化物的 XRD 衍射谱，可以看出裂解炉管中的碳化物主要以 M_7C_3 和 MC（主要为 NbC）为主。结合进一步的电子探针定量成分分析（表 2-1）发现，白色片层状组织为富 Nb 的 MC 共晶碳化物，灰黑色长条状组织为富 Cr 的 M_7C_3 型碳化物。

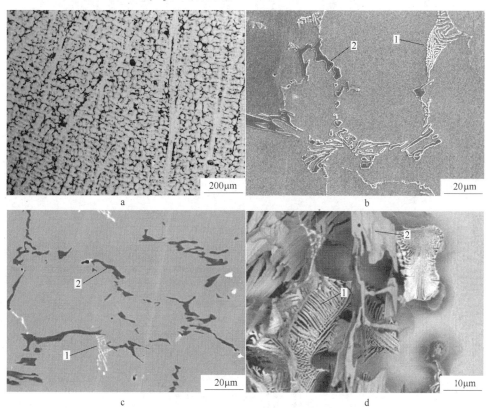

图 2-6 未服役 Cr35Ni45Nb 炉管的显微组织特征

a—宏观金相组织；b—二次电子相形态；c—背散射电子相形态；d—深侵蚀组织

（1、2 代表所选两个试样）

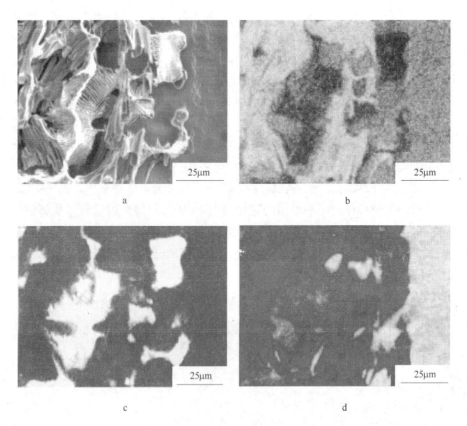

图 2-7 未服役 Cr35Ni45Nb 合金经深浸蚀后的显微组织能谱元素面分布
a—SEI; b—Cr; c—Nb; d—Ni

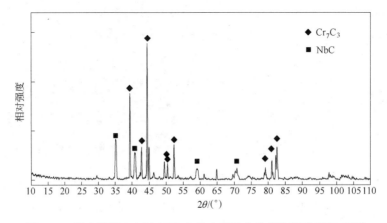

图 2-8 从未服役 Cr35Ni45Nb 合金中萃取出的碳化物的 XRD 图谱

表 2 – 1　未服役 Cr35Ni45Nb 组织电子探针定点分析（WDS）结果（原子分数）（%）

元　素		C	Si	Cr	Ni	Fe	Nb	相
位置	1	38.01	0.79	8.17	7.32	2.24	43.46	NbC
	2	34.48	0.06	62.45	0.88	1.67	0.46	M_7C_3

但是，利用 Thermo-Calc（或 Jmat-Pto）软件计算得出的热力学平衡相图（图 2 – 9）却显示出在平衡条件下 Cr35Ni45Nb 合金的相主要是奥氏体、$M_{23}C_6$、MC 和 Laves 相。碳化铬存在状态的差异性源自于炉管的制备过程，由于炉管采用离心铸造工艺制造，冷却速度很快，先结晶的亚稳态 M_7C_3 来不及转化为 $M_{23}C_6$[12]，Laves 相也尚未析出，因而室温铸态组织主要为图 2 – 6 所示的过饱和奥氏体、呈长条状的过渡亚稳相 M_7C_3 和呈片层状的 MC。

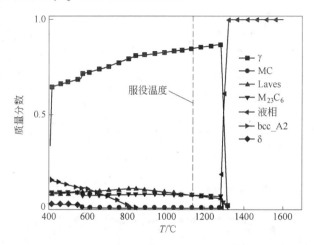

图 2 – 9　Cr35Ni45Nb 合金热力学平衡条件下各相析出量与析出温度的关系

2.1.3　Nb 含量对耐热钢中碳化物析出的影响

合金中 Nb 元素的含量影响各相的析出量，对各相在高温下的析出温度也有一定的影响。在合金凝固的过程中，由于 Nb 是强碳化物形成元素，因而碳元素首先结合熔融液中的 Nb 形成 NbC，其次再结合中等强度碳化物形成元素 Cr 形成富 Cr 的碳化物。

如图 2 – 10c 所示，对于 HP40，Nb 含量越高，M(C，N) 的析出量越多，M(C，N) 的析出量与 Nb 含量基本呈正相关变化关系，尤其在 Nb 含量达到 2.0% 左右时，M(C，N) 的析出量已经在所有一次析出物中占有很大的比例，对材料的组织性能产生较为重大的影响；同时其析出温度也有一定的升高，Nb 含量为 2.0% 时析出温度为 1320℃，含量为 0.4% 时析出温度为 1298℃。M(C，N) 析出温度的提高固定了相对较多的 C，使得 M_7C_3 的初始析出温度下降，并且影响 M_7C_3 的高温稳定性，使得其稳定存在温度区间缩小，析出量也显著减少，如图 2-10b 所示。在 Nb 含量为 0.4% 的时候，M_7C_3 的稳定存在区间为 1179～1304℃，在 Nb 含量为 2% 时 M_7C_3 的稳定存在区间缩减至 1230～1298℃。而且 $M_{23}C_6$ 的析出量也随着 M_7C_3 析出量的下降而下降，只是初始析出温度升高，如图 2-10a 所示。

对于 Cr35Ni45，Nb 含量对平衡条件下 $M_{23}C_6$ 和 $M(C，N)$ 的初始析出温度影响不大，主要影响合金中各相的析出量。由图 2-11 可以明显看出，当合金中 Nb 含量从 0.4% 升至 2.0% 时，$M(C，N)$ 的质量分数由 0.15% 升至 1.90%，$M_{23}C_6$ 的质量分数由 7.44% 降至 4.28%。

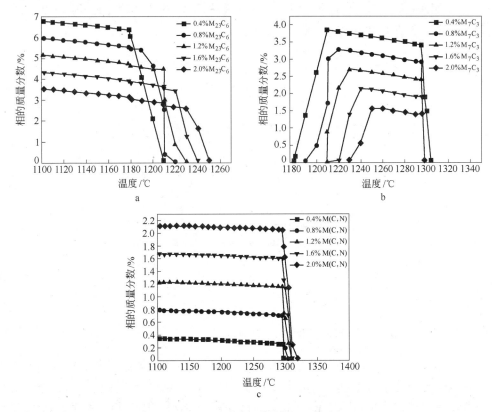

图 2-10 Nb 含量对 HP40 合金碳化物析出规律的影响

a—$M_{23}C_6$；b—M_7C_3；c—$M(C，N)$

Nb 含量对乙烯裂解管材料组织及性能的改性起到了较为重要的作用。一定浓度水平的 Nb 可以保证合金中的碳化铬和碳化铌在炉管内枝晶间保持空间上的共生关系，从而改变晶界碳化物形态，细化 $M_{23}C_6$，提高合金的高温蠕变强度。大连理工大学详细研究了国产 HP-Nb 耐热合金的铸态组织和时效组织。结果表明，HP 中添加 Nb 后不仅改变了共晶碳化物类型，即出现了 NbC 共晶碳化物，而且还改变了晶内析出相的类型，出现了细小弥散的 NbC 析出相，并且 NbC 共晶碳化物的数量及 NbC 析出相的数量都随 Nb 含量的增加而增加，如图 2 – 12 所示。图 2 – 13 为不同铌含量对 HP 合金的抗渗性能的影响，由图可见，随着材料中铌含量的增加，在相同渗碳时间内，渗层厚度减小。

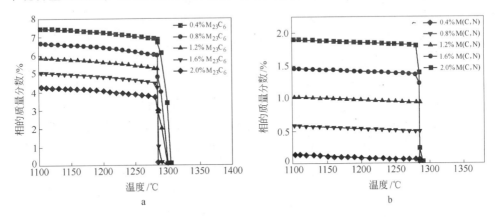

图 2 – 11 Nb 含量对 Cr35Ni45 合金碳化物析出规律的影响

a—$M_{23}C_6$；b—M(C, N)

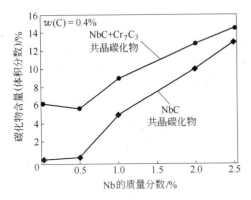

图 2 – 12 HP-Nb 耐热合金中共晶碳化物量与合金中 Nb 含量的关系[6]

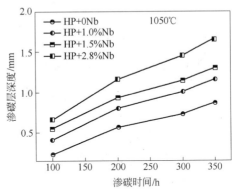

图 2 – 13 Nb 含量对 HP 合金渗碳抗力的影响[6]

2.2 服役态乙烯裂解管材料的典型显微组织

2.2.1 服役态 HP40 合金显微组织

HP40Nb 合金组织在长期高温服役中，无论是形态、数量、尺寸还是结构均发生了很大的变化，碳化物在长时高温下的形状由骨架状变为条状、块状，同时奥氏体基体上也析出一些点状、短棒状的深灰色相。尽管 $M_{23}C_6$ 是一种比较稳定的平衡相，但长时间处于高温也是非常不稳定的，可以产生部分回溶或全部回溶，然后在晶界及奥氏体基体上重新析出，在晶界析出的二次 $M_{23}C_6$ 与未回溶的 $M_{23}C_6$ 碳化物合并形成连续的条索状或链状，布满整个晶界，两种碳化物共生在一起。奥氏体内析出的二次 $M_{23}C_6$ 明显粗化，形成较大颗粒状或短棒状。

图 2-14 为 HP40 炉管材料中心横截面的显微形貌，基本特征为枝晶间为一次碳化物及晶内为二次碳化物。枝晶间碳化物的主要成分为 Cr、Fe，根据实际服役情况判断，应该为 $(Fe，Cr)_{23}C_6$。炉管中心仅受时效因素的影响，随时效时间的增加，枝晶间的一次碳化物发生聚合和粗化，二次碳化物析出后也粗化成块状，如图 2-15 所示。

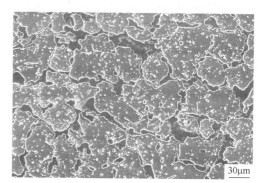

图 2-14 服役态 HP40 内部显微组织

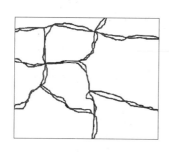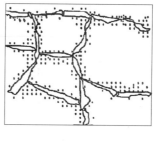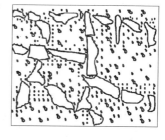

a b c

图 2-15 HP40Nb 合金材料碳化物形态随时效时间变化[7]

a—未时效；b—短期时效；c—长期时效

图 2-16 中聚集分布的白色相颗粒为 HP 合金中的含 Nb 相，对图 2-16a 进行能谱面分析，结果见图 2-17。可以发现，聚集的白色相颗粒主要仍然含 Nb 和 C，因而可以认为仍然是尚未发生相转变的 NbC 相。但是 NbC 的相形态已经发生变化，由未服役时的连续整体离散颗粒转变成若干堆积而成的球状颗粒。这种转变可能与 Gibbs-Thomson 效应所引起的片层状结构球粒化过程有关。

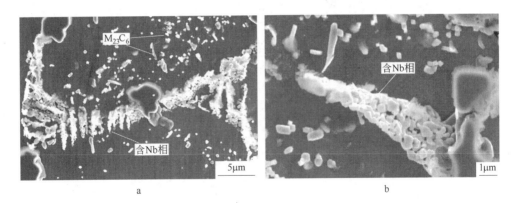

图 2-16 HP40Nb 合金中的含 Nb 相形态

a—整体；b—局部

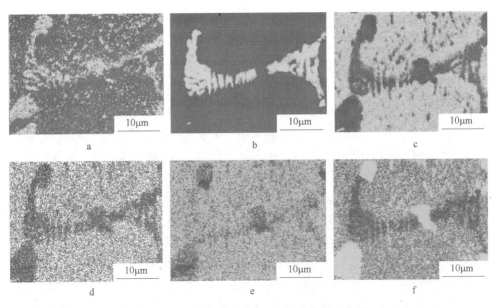

图 2-17 HP40 合金中含 Nb 相的能谱面分析

a—C；b—Nb；c—Ni；d—Fe；e—Si；f—Cr

由于 NbC 片层非常细[11]，片层中的位错在高温回复下可获得足够的能量产生攀移，从而胞内高密度位错不仅重新排列和对消，而且胞壁锋锐规整化促使小角度亚晶界的形成。NbC 和奥氏体之间的亚晶界接触处会形成凹坑（如图 2-18 所示），造成该处渗碳体的曲率半径小于平面处的渗碳体[12]。与粒子粗化机制类似，此时出现毛细管效应（Gibbs-Thomson effect）会产生浓度梯度，即固态转变中饱和浓度随曲率增大而增大的现象，其数学解析表达式可用下式表示：

$$C_r^\gamma = C_\infty^\gamma \left(1 + \frac{2\sigma V}{RT} \cdot \frac{1}{r} \right) \tag{2-1}$$

式中，C_∞^γ 是曲率半径无穷大时的饱和浓度；r 是曲率半径。图 2 – 18 为片层状 NbC 球化示意图，由于毛细管效应产生浓度梯度，凹处的 γ 固溶体的碳向平面处扩散，为了维持平衡，渗碳体尖角逐渐溶解，使曲率半径更大，如此不断循环往复，NbC 片层将被溶穿。

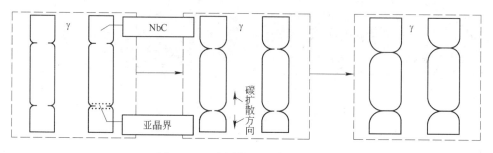

图 2 – 18　片层状 NbC 球化示意图

2.2.2　服役态 Cr35Ni45 合金的显微组织

从图 2 – 19a 可以看出，炉管在使用 1.5 年后仍保留树枝晶组织的特点，但枝晶间共晶碳化物已经发生转变，即由原来的白色骨状碳化物 NbC 变成块状或长条状，且枝晶间长条状富 Cr 碳化物有明显的长大，并且有连接成网状的趋势。图 2 – 20 的电子探针波谱面扫描分析显示服役过程中 NbC 转变成一种铌镍硅化物，从图中可以清楚地看出该硅化物中元素的分布情况，图 2 – 21a 中 XRD 结果显示这种铌镍硅化物是 Nb_3Ni_2Si，它在背散射电子像中呈灰白色，且使用 1.5 年后还未转变完全，因此图 2 – 19c 中黑色、灰白色和亮白色三种组织共存。XRD 分析结果显示富 Cr 的 M_7C_3 型碳化物在服役过程中完全转变成 $M_{23}C_6$ 型碳化物（表 2 – 2）。同时，在高温服役过程中晶内析出大量弥散分布的颗粒状 $M_{23}C_6$ 型二次碳化物，并趋于在枝晶间聚集。

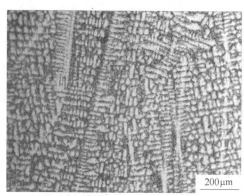

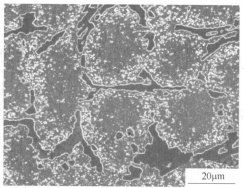

a

b

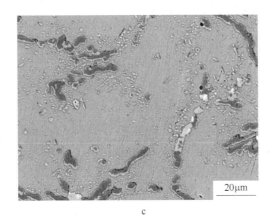

c

图 2 - 19 服役 1.5 年炉管的组织特征

a—宏观光镜组织；b—二次电子相；c—背散射电子相

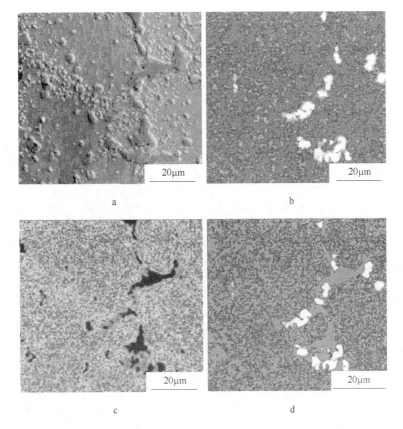

图 2 - 20 服役 1.5 年炉管的电子探针波谱面扫描图谱

a—SEI；b—Nb；c—Ni；d—Si

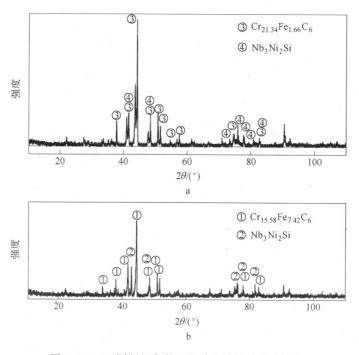

图2-21 不同服役条件下的碳化物结构演化情况

a—服役1.5年；b—服役6年

表2-2 电子探针定点分析（WDS）结果（质量分数） （%）

C	Si	Cr	Ni	Fe	Nb	相
21.26	0.00	69.82	3.53	5.33	0.05	$M_{23}C_6$

结合图2-22及图2-21b还可以看出，炉管服役6年后铸态树枝晶特征已经

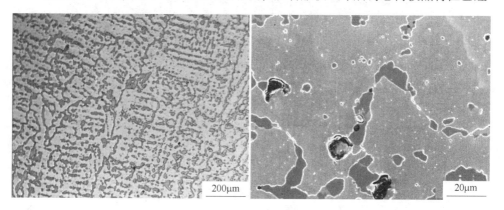

a   b

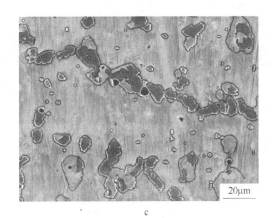

图 2-22 服役 6 年炉管的组织特征

a—宏观光镜组织；b—二次电子相；c—背散射电子相

不明显，碳化物不再发生结构转变，但形态从长条状变成块状并逐渐连接成网状，而且，晶内的二次碳化物数量明显变少，大部分溶解或在晶界上合并。图 2-22c 中的亮白色相已经消失，只剩下黑色和灰白色两种析出相，这表明 NbC 向铌镍硅化物的转变基本已经完成，亮白色的共晶 NbC 消失。

2.3 乙烯裂解炉管材料高温服役下的组织演化机理

2.3.1 枝晶间碳化铬的组织演变

从上述组织特征可以看出，Cr35Ni45 耐热钢在使用过程中奥氏体基体上析出相的结构和形态随服役时间的增长发生如下变化：初始的共晶碳化物 M_7C_3 转化成 $M_{23}C_6$ 碳化物，并伴有其形态的粗化，此过程完成较快；共晶碳化物 NbC 转变成铌镍硅化物 Nb_3Ni_2Si，其形态从鱼骨状变成条块状，且这种转变直到使用 6 年后才完成；服役过程中晶内会析出弥散的二次 $M_{23}C_6$ 碳化物，但随着服役时间的延长，这种二次碳化物会发生溶解或在晶界上合并，导致晶内的二次碳化物减少，组织转变示意图如图 2-23 所示。

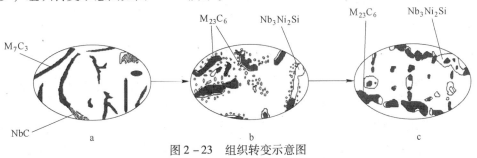

图 2-23 组织转变示意图

a—未服役；b—短期服役；c—长期服役

根据材料学的基本理论，Cr35Ni45 耐热钢在使用过程中的相演化由以下两个因素决定：

（1）钢管的铸造工艺。图 2 - 24 为利用 JMatPro3.0 软件计算的 Cr35Ni45 耐热钢的平衡相图，可以看出，在热力学平衡条件下，与奥氏体共存的碳化物是 $M_{23}C_6$ 型和 MC 型碳化物。但炉管材料是通过离心铸造制得的，冷却速度很快，凝固为不平衡过程，因此，未服役态炉管材料的析出相主要为奥氏体基体 + M_7C_3 型碳化物 + MC 型碳化物，共晶碳化物主要有两种形态，即骨架状和细长条状，主要分布在晶界上和树枝晶间，而 M_7C_3 型碳化物是亚稳定相。

（2）炉管的实际服役条件。根据 R. Petkovic-Luton 等人[8,9]的研究，铬在 Fe-Cr-C 体系中的分配系数 $y_{Cr}^{M_7C_3}/y_{Cr}^{\gamma}$ 和铬在 Fe-Cr-Ni-C 体系中的分配系数基本相同，镍对它的影响很小，而且镍在 $M_{23}C_6$ 和 M_7C_3 中的含量很少，所以可以用图 2 - 25 所示 Fe-Cr-C 体系在 1000℃ 下的等温截面图判断 Fe-Cr-Ni-C 体系中碳化物的类型[10]。从图 2 - 25 可以看出，当铬的含量大于 12.5% 时，$M_{23}C_6$ 是稳定相，当铬含量小于 12.5% 时 M_7C_3 是稳定相，因此，本实验材料在 1080℃ 下长期服役后稳定的碳化物类型是 $M_{23}C_6$ 型。因此，经过高温长时服役后，逐渐发生平衡相转变，碳化物主要为 $M_{23}C_6$ 型。

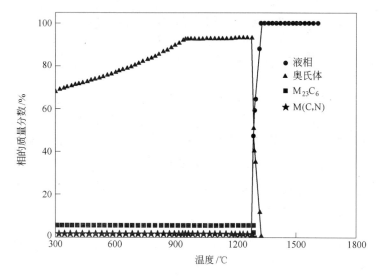

图 2 - 24 Cr35Ni45 耐热钢的热力学平衡相图

需要指出的是，Cr35Ni45 耐热钢在使用过程中的相演化具有特殊性，即服役 1.5 年时弥散分布的二次碳化物大量产生，但随着服役时间的延长，这种二次碳化物会发生溶解或在晶界上合并，导致晶内的二次碳化物减少。主要原因在于：Cr35Ni45 耐热钢的碳含量较高，原始铸态奥氏体基体中的碳是过饱和的。在管材高温使用过程早期，原子在高温下的扩散速率提高，过饱和的碳原子与合金元素结合成富 Cr 的 $M_{23}C_6$ 碳化物沉淀析出，形成弥散分布的二次碳化物，而在高温下细小的碳化物颗粒不能稳定存在，从而溶解合并导致二次碳化物粗化且数量减少。

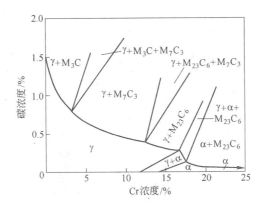

图 2-25 1000℃时碳在 Fe-Cr-C 体系中的溶解度

此外，从图 2-19b 还可以看出，弥散分布的二次碳化物主要分布在条状 $Cr_{23}C_6$ 附近。主要原因在于：（1）由于原始共晶碳化物主要分布在晶界和枝晶间，这些区域附近的缺陷较多，自由能较高，易于二次碳化物的形核。（2）高温长时服役过程中，$Cr_{23}C_6$ 的脱溶沉淀降低了合金基体中铬和碳的浓度，使附近不稳定的 Cr_7C_3 溶入基体后再以 $Cr_{23}C_6$ 碳化物形式在其附近析出，从而使弥散颗粒二次碳化物聚集在条状 $M_{23}C_6$ 碳化物附近。（3）NbC 向铌镍硅化物的转变会向附近区域排除多余的碳原子，也促进了二次碳化物在其附近析出。

总之，随着服役时间的延长，二次碳化物的析出数量会达到一个峰值，而部分二次碳化物由于体积太小在高温下不能稳定存在，又会逐渐溶解合并，使弥散二次碳化物的数量大幅减少，相应地，条状 $M_{23}C_6$ 碳化物则粗化长大。

2.3.2 枝晶间含 Nb 相的组织演变

铌元素是强碳化物形成元素，所以在炉管材料中 NbC 是一个相对比较稳定的相，但在高温长时间的使用过程中会转变成铌镍硅化物 Nb_3Ni_2Si，其中硅元素可促进 NbC 向 Nb_3Ni_2Si 的转变。根据 L. H. de Almeida 等人[9]的研究，在 HP-Nb 合金中铌镍硅化物的温度-时间-析出曲线（见图 2-26）上，在 950℃附近存在一个"鼻尖"，覆盖了 700~1000℃的范围，而在 1100℃时 NbC 是合金中唯一一个富 Nb 相，即随着温度的升高 NbC 会在 700~1000℃范围内向铌镍硅化物转变，但当温度高于 1100℃后铌镍硅化物又转变成 NbC。本书用炉管的工作温度约 1080℃，材料内部的 NbC 在此温度下不稳定，会向铌镍硅化物转变。文献［11］~［13］中指出，这种铌镍硅化物叫做 G 相或 η 相，一般 G 相指的是化学计量为 $Nb_6Ni_{16}Si_7$ 的硅化物，η 相指的是化学计量为 Nb_3Ni_2Si 的硅化物，且这两个相有时能相互转化，结合图 2-21 的 XRD 分析结果，在本研究中的铌镍硅化物为 η 相[11,12]。由于 NbC 向 η 相的转变促进 $M_{23}C_6$ 碳化物的形成，两者经常出现共生的位置关系，且 η 相尺寸较小，因此在测定它的成分时很容易受到其他相的影响，很难准确测定其成分。NbC 向 η 相的转变速度较 M_7C_3 向 $M_{23}C_6$ 的转变速度要慢得多，除了因为 NbC 比较稳定外，还受 Si 元素迁移速率的影响较大[14]。表 2-3 为乙烯裂解炉管材料中析出相的结构参数。

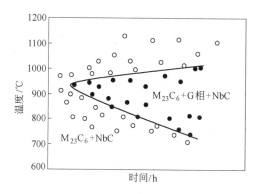

图 2-26 铌镍硅化物的 TTP 曲线

表 2-3 乙烯裂解管材料中析出相的结构参数

相名称	结构类型	结构参数					
		a_1/nm	a_2/nm	a_3/nm	α_1/(°)	α_2/(°)	α_3/(°)
Cr_3C_2[15]	正交晶系	0.55329	0.2829	1.1472	90	90	90
Cr_7C_3[16]	正交晶系	0.45265	0.70105	1.2142	90	90	90
$Cr_{23}C_6$[17]	立方晶系	1.065	1.065	1.065	90	90	90
NbC[18]	立方晶系	0.447	0.447	0.447	90	90	90
Nb_2Ni_3Si[19]	六方晶系	0.480	0.480	0.780	90	90	120
$Nb_6Ni_{16}Si$[20]	立方晶系	1.125	1.125	1.125	90	90	90

综上，Cr35Ni45 耐热钢中 M_7C_3 碳化物向 $M_{23}C_6$ 碳化物的转变，NbC 向 η 相的转变及弥散二次碳化物的析出与条状二次碳化物粗化之间存在相互影响，三者之间的关系可用图 2-27 表示。而造成 Cr35Ni45 钢高温长时服役过程中析出相结构及形貌变化的主要原因在于该合金钢在 1080℃左右的服役条件及高温下析出相的稳定性。

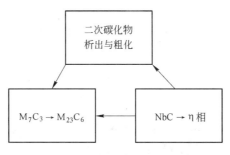

图 2 – 27 三个过程的相互影响关系

（→代表促进）

2.3.3 晶内二次碳化物的组织演变

与图 2 – 6b、c 的未时效的原始组织相比，炉管中心服役态组织中晶内析出了大量弥散分布的颗粒状二次碳化物，二次碳化物主要分布在一次碳化物附近的基体中。由于离心铸造过程中合金的冷却速度极快，碳在奥氏体基体中处于过饱和状态，因此一旦暴露在高温环境下，随着合金元素扩散能力的提高，碳元素将结合铬形成细小的二次 $M_{23}C_6$ 型碳化物，从基体中共格析出。

对于二次碳化物主要分布在一次碳化物附近的基体，有部分研究者认为，其原因是晶界附近或共晶碳化物附近区域的位错密度较高，利于 $M_{23}C_6$ 形核，因而这些地方析出物较稠密[21]。有人用 TEM 研究铸态耐热钢合金组织结构时发现，奥氏体基体中存在三维缠结位错网，位错偶极子和多极子是这种材料位错结构的显著特点，它们常常密堆在一起构成局部条带形貌。在离心铸造时，由于离心力、陡峭的温度梯度以及共晶碳化物与奥氏体基体之间线膨胀系数不同而造成内应力，引起奥氏体基体变形，使枝晶胞附近的局部应变较大，从而产生较高密度的位错。在枝晶胞的心部位错密度相对较低，而在胞的边界附近较高，且频繁出现偶极子阵列，类似于变形金属。

张俊善等通过对时效基体中的显微偏析进行测定和修正后指出：时效过程中二次碳化物的不均匀析出主要和碳的偏析有关。由于离心铸造时，晶粒生长过程中不断向固/液界面前沿的液相中排出溶质原子，因而晶界和枝晶间等较迟凝固区域成为过饱和度较大的富碳区，时效时析出速度较快，所以先于晶界和枝晶心部等贫碳区析出二次碳化物。

另外，初生碳化物 M_7C_3 在时效中会发生分解，形成 $M_{23}C_6$，即：

$$M_7C_3 =\!\!=\!\!= \frac{7}{23}M_{23}C_6 + \frac{27}{23}C \qquad (2-2)$$

多余的碳原子扩散进入基体，与 Cr 原子形成细小的沉淀相 $M_{23}C_6$[22]，即：

$$6C + 23Cr =\!\!=\!\!= Cr_{23}C_6 \qquad (2-3)$$

在长期服役炉管组织中的一次碳化物附近区域，出现了宽度为 2～4μm 的无碳化物析出区，如图 2-28a 所示。这是由于一次碳化物在聚合粗化过程中，吸收了周围基体中大量的 Cr 形成碳化铬，使得附近基体中 Cr 含量下降，形成贫 Cr 区，贫 Cr 区的形成降低了碳化物的稳定性，使得该区域的二次碳化物无法析出，如图 2-28b 所示。

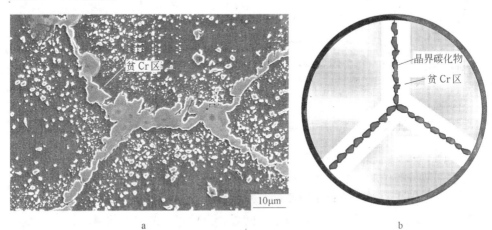

图 2-28　HP40 合金中的晶界贫 Cr 区
a—组织形态；b—示意图

炉管服役过程中处于静态运行状态，且晶内二次碳化物颗粒在生长过程中能量供应充分，因而二次碳化物颗粒经常可以以几乎完美的形态发育和生长，如图 2-29 所示。

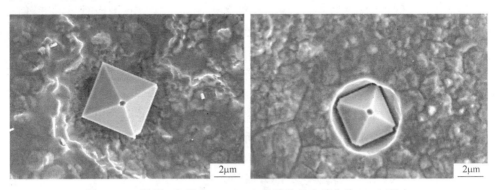

图 2-29　服役 6 年的 Cr35Ni45Nb 炉管的晶内碳化铬 $M_{23}C_6$ 形态

参 考 文 献

[1] 刘长军，陈艺，王卫泽. 制氢转化炉 HP40Nb 炉管材料微观组织特征研究 [C]. 压力容

器先进技术——第七届全国压力容器学术会议论文集，2009.

[2] Chou T, Huang W, Paciej R. Stress corrosion cracking of pyrotherm reformer tube for steam-re-forming hydrogen production [J]. Journal of Materials Science, 1997, 32 (1)：67~72.

[3] 孙国豪. 乙烯裂解炉管性能及失效分析研究 [D]. 大连：大连理工大学，2001.

[4] 韩一纯，董建新，连晓明，等. 改性 HP40 合金碳化物析出规律的热力学计算 [J]. 理化检验：物理分册，2011, 47 (9)：539~545.

[5] 丰涵，宋志刚，郑文杰，等. Inconel 690 镍基合金平衡相的热力学计算和实验分析 [J]. 特殊钢，2008, 29 (4)：13~15.

[6] 吴欣强. 新型抗结焦裂解炉管材料的设计、制备与性能 [D]. 沈阳：中科院金属所，1999.

[7] 连晓明，陈学东，吕运容，等. 高温时效对 25Cr35Ni-Nb 合金碳化物的影响 [J]. 压力容器，2011, 28 (8)：1~5.

[8] Ling S, Ramanarayanan T, Petkovic-Luton R. Computational modeling of mixed oxidation-carbu-rization processes：Part 1 [J]. Oxidation of Metals, 1993, 40 (1~2)：179~196.

[9] De Almeida L H, Ribeiro A F, Le May I. Microstructural characterization of modified 25Cr-35Ni centrifugally cast steel furnace tubes [J]. Materials Characterization, 2002, 49 (3)：219~229.

[10] Petkovic-Luton R, Ramanarayanan T. Mixed-oxidant attack of high-temperature alloys in carbon- and oxygen-containing environments [J]. Oxidation of Metals, 1990, 34 (5~6)：381~400.

[11] Khodamorad S H, Haghshenas Fatmehsari D, Rezaie H, et al. Analysis of ethylene cracking furnace tubes [J]. Engineering Failure Analysis, 2012, 21：1~8.

[12] Kaya A A. Microstructure of HK40 alloy after high-temperature service in oxidizing/carburizing environment：Ⅱ. Carburization and carbide transformations [J]. Materials Characterization, 2002, 49 (1)：23~34.

[13] Sustaita-Torres I A, Haro-Rodríguez S, Guerrero-Mata M P, et al. Aging of a cast 35Cr-45Ni heat resistant alloy [J]. Materials Chemistry and Physics, 2012, 133 (2)：1018~1023.

[14] Borjali S, Allahkaram S R, Khosravi H. Effects of working temperature and carbon diffusion on the microstructure of high pressure heat-resistant stainless steel tubes used in pyrolysis furnaces during service condition [J]. Materials & Design, 2012, 34：65~73.

[15] Rundqvist S, Runnjso G. Crystal structure refinement of Cr_3C_2 [J]. Acta Chemica Scandinavi-ca, 1969, 23 (4)：1191~1199.

[16] Rouault M, Herpin P, Fruchart M. Etude cristallographique des carbures Cr_7C_3 et Mn_7C_3 [J]. Annali di Chimica, 1970, 5：461~470.

[17] Bowman A, Arnold G, Storms E, et al. The crystal structure of $Cr_{23}C_6$ [J]. Acta Crystallographica Section B：Structural Crystallography and Crystal Chemistry, 1972, 28 (10)：3102~3103.

[18] Stuart H, Ridley N. Thermal expansion of some carbides and tessellated stresses in steels [J].

Journal of Iron Steel Institution, 1970, 208 (12): 1087~1092.

[19] Rudy E, Windisch S, Brukl C. Revision of the vanadium-carbon and niobium-carbon systems [M]. Sacramento: Aerojet-General Corporation Calif., 1968.

[20] Mateo A, Llanes L, Anglada M, et al. Characterization of the intermetallic G-phase in an AISI 329 duplex stainless steel [J]. Journal of Materials Science, 1997, 32 (17): 4533~4540.

[21] 曾丽. 基于 HP40 合金的低镍高铝炉管材料组织性能研究 [D]. 兰州: 兰州理工大学, 2008.

[22] 郭建亭. 高温合金材料学 (上册): 应用基础理论 [M]. 北京: 科学出版社, 2008.

3　乙烯裂解管的氧化

为了获得高的乙烯收得率，乙烯裂解炉管内通常需要低烃分压，因此一般需要在裂解过程中使用稀释蒸汽。服役过程中炉管内是由高速的水蒸气和碳氢化合物组成的混合气体，因此形成了强烈渗碳和轻微氧化的环境；虽然炉管内氧分压较低，但是仍可以充分氧化 Cr、Si 等元素，从而在炉管内壁形成一层氧化膜。另外，在清焦过程中，焦与水蒸气或空气反应的同时，炉管内壁也与氧接触，也会在炉管内壁形成金属氧化物。氧化膜对本身的抗腐蚀性能是有益的，其作为一道屏障阻止了合金基体与裂解气氛的接触，减轻了炉管的进一步内氧化和渗碳。但氧化层不可避免地存在缺陷或缝隙，由于清焦、冲击热应力以及氧化膜本身高温下的不稳定性等综合因素的作用，氧化膜容易产生缺陷，从而降低了对碳氧的阻碍作用，使得炉管内腐蚀加剧，组织退化加快[1]。

近年来，石油化工工业的迅速发展对设备材料高温服役过程中的抗氧化性能的要求越来越高，而这些材料的发展又与有关高温氧化机理的研究密切相关。由于环境的复杂性带来氧化机理的复杂性，目前存在的未知问题还很多。深化对不同石油化工工业背景条件下材料高温氧化机制的认识，将有助于准确预测氧化行为的发生和发展，进一步地为耐热构件的设计、选材、失效分析与剩余寿命预测，以及发展新型结构材料与防护材料及技术提供基础性数据与方向性指导[2]。

3.1　耐热钢的高温静态氧化

3.1.1　金属氧化过程

材料的高温氧化是一个十分复杂的过程，整个过程可分为五个阶段，如图3-1所示。从图3-1可知，前三个阶段是共同的，为气-固反应阶段，从气相氧分子碰撞金属材料表面和氧分子以范德华力与金属形成物理吸附，到氧分子分解为氧原子并与基体金属的自由电子相互作用形成化学吸附。第四阶段为氧化物膜形成初始阶段。由于材料组织结构与特性的不同以及环境温度与氧分压的差异，金属与氧的相互作用各异。有些金属因化学吸附进而形成均匀外氧化膜；有些金属，如钛，由于氧在其中的溶解度大，氧首先溶解于金属基体中，过饱和后生成氧化物。有些条件下，初始是发生氧原子与金属原子的位置交换，直到形成极薄氧化膜；在另外一些情况下，金属表面上氧原子与金属原子的二维结构进行

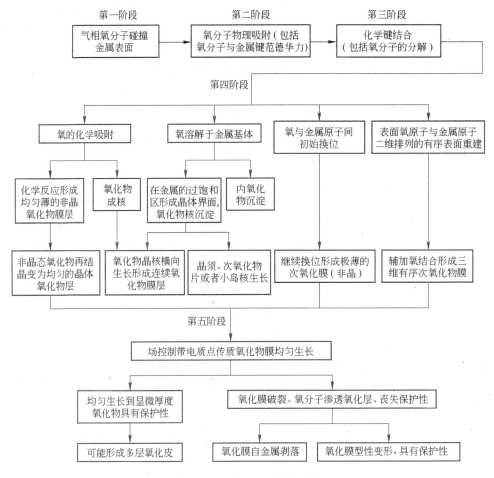

图 3-1 金属氧化过程示意图

有序重整，形成三维有序氧化物薄膜。

氧化物薄膜形成之后，将金属基体与气相氧隔离开。反应物质（氧离子与金属离子）只有经过氧化膜扩散传质才能对金属本身进行进一步氧化。显然，最终形成保护性和非保护性两类氧化膜。保护性氧化膜的热力学稳定性和动力学生长速度等基本属性决定了材料抗高温氧化性能的优劣[3]。

Grunewald 和 Wagner[4,5]认为氧化膜的生长是一种电化学腐蚀。他们把具有一定厚度的氧化膜视为一种固体电解质，具有半导体性质，即具有离子导电性和电子导电性，而氧化物/气体界面和金属/氧化物界面恰好是阴极与阳极。在浓度梯度或电场作用下，电子从金属/氧化物界面（阳极）穿越氧化膜到达氧化物/气体界面（阴极），这个过程类似于电化学腐蚀过程，其中可发生离子迁移和扩散的氧化物相当于腐蚀电池中的电解质溶液。

3.1.2 氧化物膜的结构与性能

金属氧化膜本质上是一种由氧离子和金属离子组成的离子晶体。按照 Kröger 和 Kofstad[6~8]提出的用晶体缺陷进行表征的方法，氧化物可分为两种类型，如表 3-1 所示。

表 3-1 氧化物的结构类型

离子导体型氧化物	半导体型氧化物	
	P 型半导体氧化物	N 型半导体氧化物
MgO、CaO、ThO、卤化物	Cr_2O_3、NiO、FeO、CoO、MnO、Ag_2O、Cu_2O	Fe_2O_3、Al_2O_3、SiO_2、ZnO、CdO、BeO、WO_3、V_2O_5、PbO_2、MoO_3

3.1.2.1 离子导体型氧化物

离子导体型氧化物的特征是成分严格按照化学计量比，电导率在 10^{-6} ~ 1S/cm 之间，其晶体结构如图 3-2 所示。晶体中晶格缺陷的产生是由于热激发的作用，离子从原来的晶格位置移到晶格间隙位置并留下一个空位，其通过离子扩散迁移表现出一定的离子导电性。一般而言，离子导体型氧化物以金属卤化物为主。

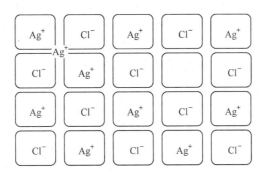

图 3-2 离子导体晶体结构（如 AgCl）

3.1.2.2 半导体型氧化物

与离子导体型氧化物不同的是，半导体型氧化物的成分并非化学计量的，晶体中可能存在过剩的阳离子或阴离子，因此在电场作用下同时存在离子迁移和电子迁移，电导率在 10^{-10} ~ 10^3S/cm。大多数金属氧化物均属于半导体型结构。

金属离子过剩型半导体中过剩离子位于晶格间隙，并且存在相平衡的电子存在，整体呈电中性，如图 3-3a 所示。随着环境中氧分压的增加，氧化膜中的间隙离子和自由电子数目皆减少。由于是电子导电，因而称为 N 型半导体。

金属离子不足型半导体中，一般氧离子过剩。如图 3-3b 所示，晶体内同时出现阳离子空位"□"和电子空穴"Ni^{3+}"。因氧化物主要通过带正电荷的电子空穴的迁移来导电，因而称为 P 型半导体型氧化物。

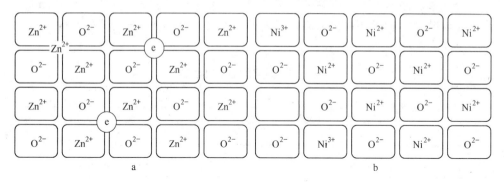

图 3 - 3   N 型半导体氧化物结构示意图

a—金属离子过剩型半导体（如 ZnO）；b—金属离子不足型半导体（如 NiO）

3.1.3   不同氧化物膜的特征

对于炉管合金的抗氧化性能，炉管内外壁的氧化膜的性质对炉管能否在高温下服役起到了至关重要的作用。氧化膜的稳定性指的是在高温氧化环境下，氧化膜不发生分解、挥发、开裂、剥落等行为，这些行为的产生不仅与氧化膜本身的物理、化学、力学性能有关，而且与所在的环境存在着密切的关系。

耐热钢主要通过在合金中添加 Cr、Al 或 Si 等元素来实现耐高温腐蚀性能。由于这些元素在氧化性环境中与氧的亲和力非常强，因而能够偏聚在合金表面形成热力学稳定的保护性氧化膜。但在实际使用环境下，由于影响因素较多，表面氧化膜可能发生破坏和损伤，氧化膜在发生损伤后能否重新愈合就成了合金抗氧化性能的重要前提。因此，了解这几种氧化膜的性质与生长机制，在实践中具有重要意义[9]。

3.1.3.1 Cr_2O_3 氧化膜

通常镍基合金中 Cr 含量较高，Cr 是固溶强化元素，同时在表面可以形成具有优异抗氧化、抗腐蚀的保护性 Cr_2O_3 氧化膜。Cr_2O_3 氧化膜致密，且具有较低的阳离子空位，可以防止金属原子向表面扩散和炉管内的氧、硫、氮等有害元素通过氧化膜向金属内扩散，因而可以有效地防止合金的继续氧化。Cr_2O_3 氧化膜的主要防护功能主要在于其降低了合金表面的化学活性，从而提高了其在环境介质中的热力学稳定性。

在更高的温度下，Cr_2O_3 会发生进一步的氧化（图 3 - 4），形成挥发性的 CrO_3，如下式所示，一般而言，Cr_2O_3 的使用温度不适宜超过 1100℃。

$$\frac{1}{2}Cr_2O_3 + \frac{3}{4}O_2 \longrightarrow CrO_3(g) \tag{3-1}$$

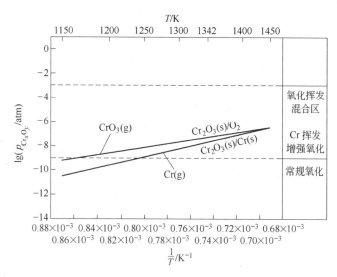

图 3 - 4　Cr-O 体系挥发物与温度间的关系

（1atm = 101.3kPa）

3.1.3.2　SiO$_2$ 氧化膜

SiO$_2$ 属于四方晶系，熔点为 1713℃，化学性质稳定，不与除氢氟酸外的其他酸反应，因此 SiO$_2$ 是一种理想的保护性氧化膜的成分。SiO$_2$ 的形成能有效填补氧化膜/基体界面的空位，增加了氧化膜的致密性，从而阻止了氧原子向内扩散，同时，也提高了氧化膜与基体之间的附着力和抗剥落能力[10~12]。

然而，若使 SiO$_2$ 氧化膜可以完整均匀地覆盖在合金表面，合金基体中的 Si 含量必须达到一定的临界浓度，但过高的 Si 含量会导致合金的力学性能严重下降。因此，在合金制备的实际过程中，Si 含量一般控制在 2% 以下，并与 Cr 同时添加。

3.1.3.3　Al$_2$O$_3$ 氧化膜

Al$_2$O$_3$ 的晶体结构与 Cr$_2$O$_3$ 相类似，皆为三方晶系，其熔点为 2040℃，热稳定性高[13]。其在高温下的抗氧化腐蚀、抗硫腐蚀性能高于 Cr$_2$O$_3$，且不具有挥发性。而且 Al$_2$O$_3$ 形成需要的自由能比 Cr$_2$O$_3$ 小，因而当合金中存在一定量的 Al 时，只要动力学条件满足，即可以使得合金具有优异的抗氧化性能。

但是 Al 在合金中的合金化作用一直被谨慎对待，因为过高的 Al 含量容易造成合金力学性能的损伤。另外，Al$_2$O$_3$ 的耐熔盐腐蚀性能也较差。因而目前利用 Al 元素来提高金属材料的抗氧化性能一般通过表面处理的方法，如热浸渗铝工艺[14]。

3.1.3.4　尖晶石氧化膜

尖晶石氧化膜是一种立方晶系结构，其典型成分为 $M'O \cdot M_2O_3$，M'一般为 Fe、Mn 等，M 一般为 Al、Cr、Fe 等。尖晶石一般具有较高的熔点，耐高温（$MnCr_2O_4$ 可达 2135℃），热传导性好，耐腐蚀，线膨胀系数小，抗热冲击，且具有较好的化学稳定性。尖晶石具有致密复杂的结构，使得离子在这种膜中移动需要克服很大的激活能，因为移动速度缓慢，故而表现出优异的抗氧化性能[15]。形成尖晶石型氧化物所需条件是提供所需的合金组分量，使之可以顺利地进行合金化，并在生长尖晶石复合氧化物的温度下受热。

事实上，无论是在实验室研究还是在工业应用中，$MnCr_2O_4$ 尖晶石都表现出优异的抗结焦性能。在实验室结焦试验中发现，$MnCr_2O_4$ 的最大抑制结焦率可达 93%；工业运行环境下，使用 $MnCr_2O_4$ 作为表面氧化膜的炉管，其清焦周期为普通炉管的 10 倍。

目前，国外对 $MnCr_2O_4$ 尖晶石的抗渗碳行为及相关机理也做了一定的研究。相关研究发现[16]，在以甲烷为裂解气氛的 1050℃高温裂解试验中，$MnCr_2O_4$ 的抗渗碳性能优于 Cr_2O_3，碳化的速率也比 Cr_2O_3 慢，如图 3－5 所示。推测其机理主要有以下几点：（1）$MnCr_2O_4$ 发生碳化的过程首先是分解为 MnO 和 Cr_2O_3，然后才转变为碳化物；（2）MnO 的存在固定了 Cr_2O_3，减少了 Cr_2O_3 在高温环境下的蒸发[17]，如图 3－6 所示；（3）热力学计算结果也表明，在渗碳气氛中 $MnCr_2O_4$ 的稳定性高于 Cr_2O_3。然而，在石化行业中，由于尖晶石热力学－机械学等方面的限制，人们一度认为 $MnCr_2O_4$ 的保护性能弱于 Cr_2O_3，且从结焦的角度看也认为尖晶石的催化结焦性能弱于 Cr_2O_3。由于这些偏见，尖晶石氧化膜在石化工业的应用尚不太多[18]。

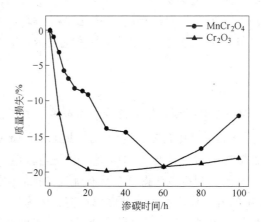

图 3－5　Cr_2O_3 和 $MnCr_2O_4$ 氧化物在 1050℃下碳化不同时间的失重曲线[16]

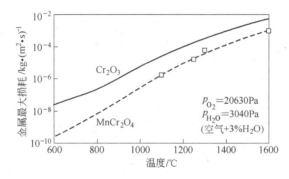

图 3 - 6 含 3% H₂O 的空气中纯 Cr₂O₃ 和 MnCr₂O₄
在不同温度下的最大 Cr 蒸发损失量[17]

3.1.4 静态氧化后的合金组织

图 3 - 7 是未服役 HP40 和 Cr35Ni45Nb 的静态氧化增重曲线。可以看出，随着氧化时间的延长，炉管材料的氧化程度加剧。

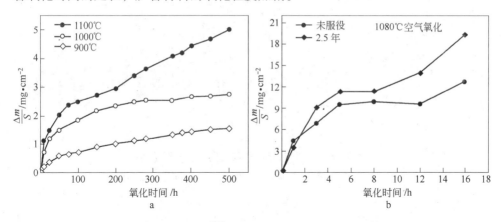

图 3 - 7 未服役 HP40[19] 和 Cr35Ni45Nb 的静态氧化增重试验
a—HP40；b—Cr35Ni45

图 3 - 8 为 Cr35Ni45Nb 在 1080℃下静态氧化 20h 后的表面形貌，可以发现，在 1080℃下表面氧化膜已经发生了严重的剥落。静态氧化后的表面氧化膜呈现自上而下的三层复合叠加分布：最外层为棱角分明的规则几何形态颗粒，结合能谱及 XRD 相分析可知最外层颗粒为（Mn，Fe）Cr₂O₄ 尖晶石型氧化物（如图 3 - 9 和图 3 - 10 所示），粒径最大为 0.5μm，其中夹杂着一些小颗粒的粒子；其下方为 Cr₂O₃ 氧化膜，最下方为不致密的 SiO₂。在静态氧化试验过程中，发生了表面氧化物颗粒的自然剥落，剥落的氧化物颗粒主要由上述三种氧化物组成。

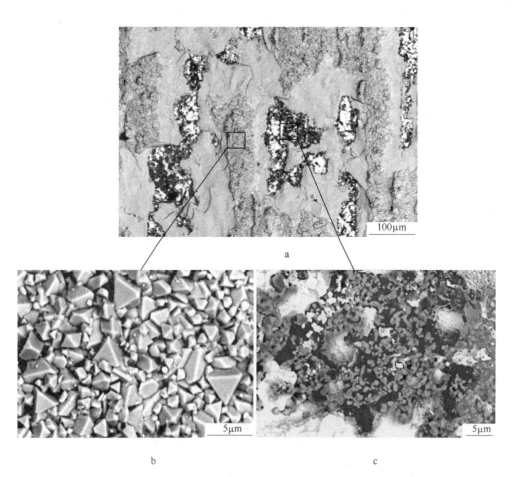

图 3-8 Cr35Ni45Nb 静态氧化后的表面形貌

a—整体表面形貌；b—尖晶石；c—SiO₂

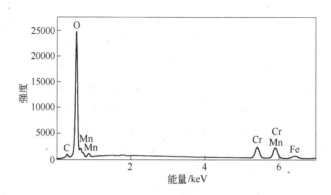

图 3-9 规则几何形态颗粒的能谱分析

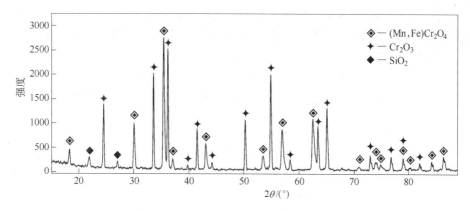

图 3－10　Cr35Ni45Nb 合金静态氧化过程中表面氧化物及剥落氧化物颗粒的 X 射线分析

表面氧化铬的形成消耗了氧化膜下方一定宽度范围内的 Cr，使得下方出现一定宽度的贫碳化物区，该区域的碳化物基本发生了溶解；并且随着时间延长，贫碳化物区宽度增加。由图 3－11b 可以看出，合金内氧化区恰好和贫碳化物区域重合，内氧化一般沿着枝晶间进行扩展。由于合金内部氧势低，因而内氧化物主要为 SiO_2。

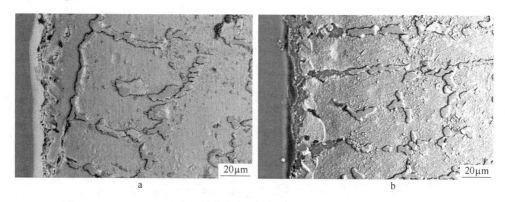

图 3－11　Cr35Ni45Nb 合金静态氧化不同时间后表面附近横截面的组织形貌

a—20h；b—60h

从化学意义而言，金属被氧化可认为是发生了以下反应：

$$2aM + bO_2 \Longrightarrow 2M_aO_b \qquad (3-2)$$

根据 Van't Hoff 等温方程式，一定温度下自由能变 ΔG_T 与独立组分活度 a 之间的关系为：

$$\Delta G_T = \Delta G^\ominus + RT\ln \frac{a_{M_aO_b}^2}{a_M^{2a} a_{O_2}^b} \qquad (3-3)$$

式中，$\Delta G^\ominus$ 为标准状态下（$T = 298.15K$，$p = 1atm = 101.3kPa$）的氧化物生成自

由能变。Ellingham[14]首先绘制出了不同氧化物的自由能变化 ΔG_T 与 T 之间的关系图（如图 3-12 所示），可以直观地比较各氧化物的热力学稳定性。图中，下方氧化物的稳定性高于上方，因而金属更容易被氧化。

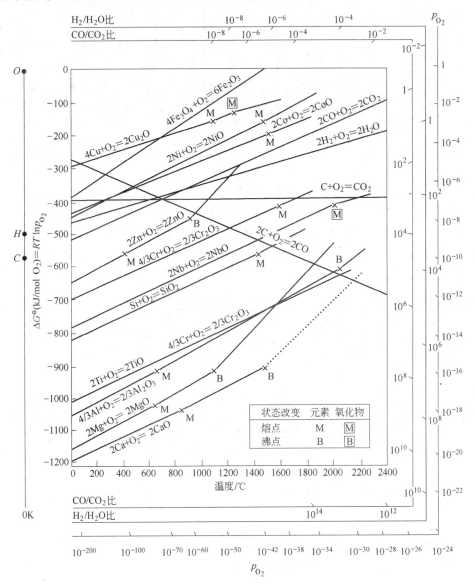

图 3-12   金属氧化反应的 ΔG_T-T 图（Ellingham 图）

从热力学第二定律可知，化学反应能够正向自发进行的条件为自由能降低。即只有当 $\Delta G_T < 0$ 时，氧化反应才能正向进行。

在 1080℃下，各氧化反应及 Gibbs 自由能变化分别为：

$$\Delta G_{Cr_2O_3} = -746840 + 170.29T = -516395.06 \text{J/mol} \quad (\text{即} -516.40\text{kJ/mol})$$
$$(3-4)$$

$$\Delta G_{SiO_2} = -905840 + 175.73T = -668050.95 \text{J/mol} \quad (\text{即} -668.05\text{kJ/mol})$$
$$(3-5)$$

$$\Delta G_{NiO} = -476980 + 168.62T = -248811.85 \text{J/mol} \quad (\text{即} -248.81\text{kJ/mol})$$
$$(3-6)$$

$$\Delta G_{FeO} = -519230 + 125.10T = -349950.94 \text{J/mol} \quad (\text{即} -349.95\text{kJ/mol})$$
$$(3-7)$$

$$\Delta G_{MnO} = -769860 + 148.95T = -568308.31 \text{J/mol} \quad (\text{即} -568.31\text{kJ/mol})$$
$$(3-8)$$

可以看出各氧化物的氧化反应 Gibbs 自由能变皆为负值，并且有 $\Delta G_{SiO_2} < \Delta G_{MnO} < \Delta G_{Cr_2O_3} < \Delta G_{FeO} < \Delta G_{NiO}$，由于 Cr、Si 的氧化反应 ΔG_T 更负，因此金属氧化物的稳定性更高，因而在选择性氧化过程中，前面的合金元素优于后者先发生氧化，并且会在一定程度上还原后者已经生成的氧化物。因此若表面存在 FeO 或 NiO，会与 Cr 或 Si 发生还原反应再次形成 Fe、Ni 原子进入合金基体，因而为 Cr_2O_3 和 SiO_2 在表面形成保护性氧化膜提供了可能。

尖晶石可以认为是 NiO（或 FeO、MnO）和 Cr_2O_3 的聚合物，其间不发生离子和电子之间的转移、交换，因此其生成 Gibbs 自由能变化为：

$$\Delta G_{NiCr_2O_4} = \Delta G_{Cr_2O_3} + \Delta G_{NiO} = -765.21\text{kJ/mol} \quad (3-9)$$

$$\Delta G_{FeCr_2O_4} = \Delta G_{Cr_2O_3} + \Delta G_{FeO} = -866.35\text{kJ/mol} \quad (3-10)$$

$$\Delta G_{MnCr_2O_4} = \Delta G_{Cr_2O_3} + \Delta G_{MnO} = -1084.71\text{kJ/mol} \quad (3-11)$$

因而，尖晶石的吉布斯自由能非常低，是一种稳态物质。

氧化膜的扩散系数反映了金属和氧通过氧化膜的难易程度，因而对于保护性氧化膜而言，扩散系数越小，保护性能越高。表 3-2 列举了部分氧化物在 1000℃ 时离子的扩散系数，可以发现，SiO_2 中的 Si^{4+} 和 O^{2-} 扩散系数最低，其次为 Cr_2O_3，然后为尖晶石如 $NiCr_2O_4$ 等。扩散系数同时表征着扩散的快慢，因而分析扩散动力学表明表面的复合氧化膜从外到内依次为尖晶石、Cr_2O_3 和 SiO_2，这与图 3-8 所显示的实验观察结果也是一致的。

当干净的合金表面在高温下暴露在氧化性气氛中时，氧化初期既形成 Mn、Fe 的氧化物也形成 Cr 的氧化物，由于 Fe、Mn 氧化物的生长速率要高于 Cr_2O_3，因而在连续 Cr_2O_3 膜形成之前有大量的（Mn，Fe）O 和（Mn，Fe）Cr_2O_4 形成，这是一种暂态氧化现象[20]。然而，在实际服役过程中，较低的氧分压会抑制暂态氧化的进行。

表 3 - 2   氧化物中离子自扩散系数

氧 化 物	自扩散系数/$cm^2 \cdot s^{-1}$
FeO	Fe^{2+}：9×10^{-8}
NiO	Ni^{2+}：1×10^{-11}
Cr_2O_3	Cr^{3+}：1×10^{-14}
$NiCr_2O_4$	Ni^{2+}：1.4×10^{-13}，Cr^{3+}：2.8×10^{-13}
SiO_2	O^{2-}：1.3×10^{-18}，Si^{4+} 比 O^{2-} 更小
MnO	Mn^{2+}：1×10^{-10}

3.2   服役炉管内壁的氧化特征及机理

3.2.1   服役炉管内壁的氧化特征

3.2.1.1   HP 合金

图 3 - 13 显示的为服役 5 年后的 HP40 炉管的内侧组织形貌，从组织形态来区分，炉管内侧组织从表面向内部依次排列可包括 4 个典型的区域：表面的氧化层 A，亚表层的贫碳化物区 B（含晶间氧化区），贫二次碳化物区 C 和内部的碳化物富集区 D。

其中，贫碳化物区 B 宽度约为 450μm，存在明显的晶间氧化，枝晶间为 Cr_2O_3 和 SiO_2 的混合物。由图 3 - 13 的显微形貌可以看出，氧化层区与碳化物贫化区几乎重合。氧化层区域很宽，约 540μm。

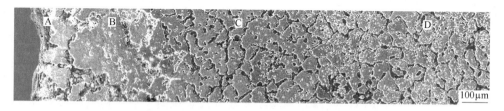

图 3 - 13   服役态 HP40 内侧截面的显微形貌

对内侧截面进行能谱面成分分析，如图 3 - 14 所示。可以明显看出最靠近内侧面的氧化层为 Cr_2O_3，Cr_2O_3 氧化层下方为 SiO_2 氧化层区（图 3 - 14e）。其原因是 Si 含量低，SiO_2 生长速度慢，氧化后的 SiO_2 颗粒不能横向生长以至彼此相互连接起来，最终被快速生长的 Cr_2O_3 氧化层所覆盖。渗碳区枝晶间一次碳化物内亦发生一定的内氧化，一次碳化物内氧含量也比基体高出许多，如图 3 – 14b 所示。

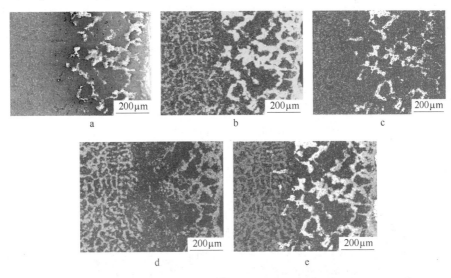

图 3 – 14　服役态 HP40 的内侧截面能谱面成分分析

a—SEI；b—O；c—Si；d—Cr；e—Si、Cr 分布合成图

　　Bennett 和 Price 发现，炉管内壁晶间氧化区与贫碳化物区的深度几乎相同，渗碳区开始于晶间氧化结束处，他们提出一种裂缝腐蚀介质来解释这种现象，认为裂解气体（含水蒸气和碳氢气）通过炉管内壁的氧化层和缝隙向金属内部扩散。由于晶间氧化（形成 Si 和 Cr 的氧化物）消耗了裂解气中的氧化性气氛，孔洞的裂缝区仅剩下碳氢气，在基体金属的催化作用下，这些碳氢气分解形成活性碳原子，扩散进入其下的合金基体中，随后以碳化物形式析出，形成内部渗碳区[21,22]。

　　对于 C 区，经高温服役后，晶界、枝晶边界以及晶内的碳化物均显著粗化，晶界碳化物已相互连接成网状；初始（铸态）的层片状共晶碳化物大部已转化为块状，其与奥氏体基体间的界面变得较光滑。从广义上来说，贫碳化物区域前沿可以扩展至贫二次碳化物区域前沿（即一次碳化物并未分解消失），如图 3 – 15 所示，其显著的特点是，一次碳化物没有消失，而在贫二次碳化物区域前沿深度以内，由于基体贫 Cr 二次碳化物不稳定而分解。其具体形成机理目前尚未可知，从粒子熟化角度考虑，可能是由于在相同 Cr 含量的贫二次碳化物区域内中，二次碳化物由于比表面积大、曲率半径小而显示出相对于一次碳化物的较大不稳定性，从而分解。而该区域 Cr 含量又不足以使稳定性较好的一次碳化物发生溶解。而从贫二次碳化物区域前沿开始，晶内分布着大量弥散的碳化物粒子，而且在基体中心到基体–碳化物边界均匀分布，析出碳化物密度随与内表面距离的增加而逐渐减小。

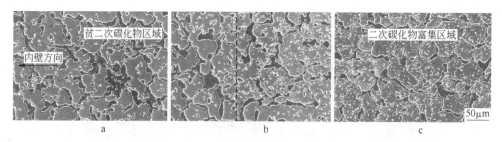

图 3-15 服役态 HP40 内侧贫二次碳化物区域和二次碳化物富集区域

a—贫二次碳化物区域；b—交界区域；c—二次碳化物富集区域

3.2.1.2　Cr35Ni45Nb 合金

图 3-16 为原始态及不同服役状态的炉管内壁组织。从图 3-16a 可以看出，未服役炉管的内壁平整光滑，基体上条状的共晶碳化物 $M_{23}C_6$ 和网状的 NbC 一直

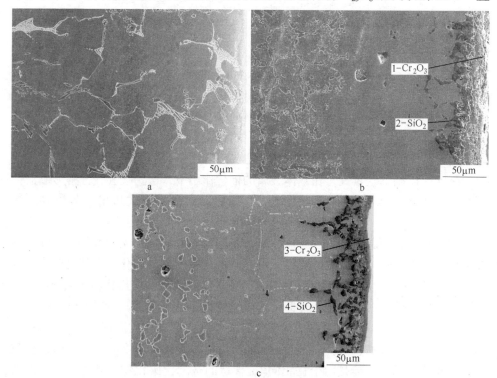

图 3-16 炉管内壁的组织特征

a—原始态；b—服役 1.5 年；c—服役 6 年

(1~4 代表不同位置)

延伸至内边缘，炉管边缘组织与内部相同。服役过程中炉管内壁处于高温氧化和渗碳的环境，使得服役 1.5 年后内壁发生了很大变化，如图 3 – 16b 所示，内壁附近分成了如图 3 – 17 所示的 3 个区域：内壁最外侧的氧化层区、中间的碳化物贫化区和紧靠其内的碳化物富集区。其中，氧化层分为内氧化层和外氧化层，XRD 衍射分析结果（图 3 – 18）和电子探针分析结果（表 3 – 3）综合显示外氧化层是 Cr_2O_3，内氧化层是 SiO_2。外层的 Cr_2O_3 呈连续膜状，对基体起到很好的保护作用，而 SiO_2 没有形成连续的膜，并呈树枝状分布沿晶界向内部扩展，形成部分晶间氧化区（图 3 – 16b）。

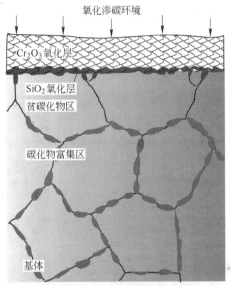

图 3 – 17　内壁组织分区示意图

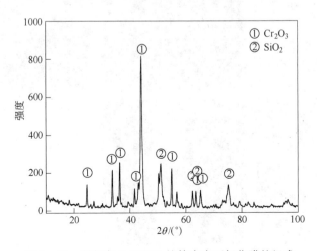

图 3 – 18　服役态 Cr35Ni45 炉管内表面氧化膜的组成

表 3 - 3　电子探针定点分析结果（原子分数）　　　　　（%）

元　素	C	Si	Cr	Ni	Fe	Nb	O	相
位置 1	0.88	0.03	34.97	0.26	0.74	0.08	63.04	Cr$_2$O$_3$
位置 2	0.19	28.14	0.17	0.16	0.13	0.00	71.21	SiO$_2$
位置 3	0.08	0.03	31.55	0.08	0.55	0.00	67.71	Cr$_2$O$_3$
位置 4	0.48	26.16	0.11	0.11	0.07	0.00	73.07	SiO$_2$

图 3 - 16c 为服役 6 年后炉管内壁的组织形貌，可以看出，与服役 1.5 年类似，炉管内壁处存在如图 3 - 17 所示的三个区域。但是内壁旧的外氧化层 Cr$_2$O$_3$ 部分剥落，新的氧化层薄膜刚刚形成，剥落可能由清焦过程或开停车时的热冲击造成，氧化层的破坏不仅会加速基体氧化，还会加重基体渗碳。对比图 3 - 19 及图 3 - 20 可以看出，服役 6 年的 Cr35Ni45 炉管内壁区域元素分布，在氧化膜内裂纹处的碳含量明显较高。

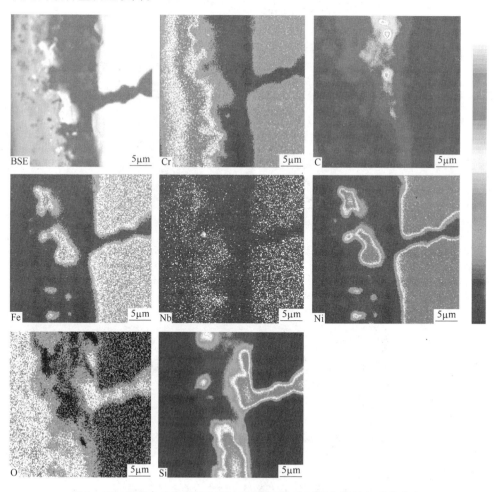

图 3 - 19　服役 1.5 年的 Cr35Ni45 炉管内壁表面氧化膜的各元素分布

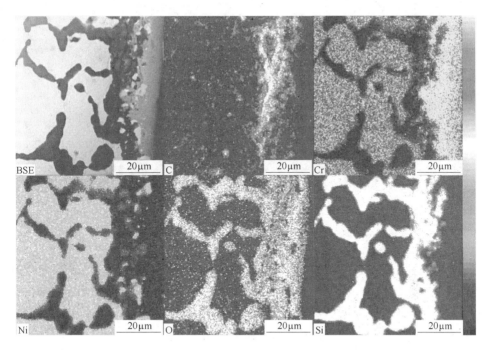

图3-20 服役6年的Cr35Ni45炉管内壁区域元素分布

值得注意的是，研究中发现服役6年的炉管各位置的组织并不统一，图3-21所示为炉管另一个位置的内侧面深侵蚀组织，发现原贫碳化物区晶界分布着大量的氧化物。Petkovic-Luton 和 Ramanarayanan[23]曾经将炉管组织退化过程分为5个阶段，分别为：（1）初始表面氧化层的形成；（2）含碳气氛的氧化；（3）Cr 和 C 的重新分布；（4）内渗碳；（5）碳化物的氧化。

图3-16c 处的组织尚处于第（3）阶段，而图3-21a 位置显示的服役6年的炉管组织已经处于第（5）阶段，因而服役6年的炉管可以认为处于第（3）~（5）的过渡阶段。在该过渡阶段，当亚表层的 Cr 浓度不再能够保证表面氧化膜的连续性时，局部氧化膜对 O 和 C 的渗入失去抵抗，大量的 C 和 O 会渗入合金内部，而由于 C 的扩散速率远高于 O，因而首先发生合金的内碳化（阶段（4）），贫碳化物区析出大量高碳活度下相对稳定的 M_7C_3 碳化物，并发生聚合粗化；随后由于 O 也逐渐渗入，已生成的 M_7C_3 逐渐被氧化，相对于氧分压较高的炉管内壁附近，合金内部的氧分压较低，使得在 Si 和 Cr 的竞争性生长过程中 SiO_2 的生长占优势，因此优先形成了 SiO_2，当 SiO_2 析出达到饱和后，在 SiO_2 和基体之间的界面上逐渐生成 Cr_2O_3（阶段（5）），如图3-21b 所示。

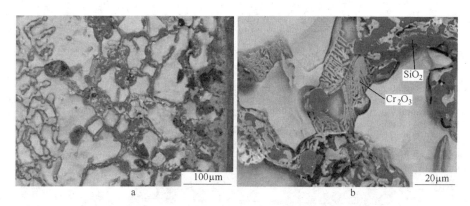

图 3-21   经深浸蚀的服役 6 年的炉管内侧面碳化物氧化形态
a—整体形态；b—局部形态

对于炉管外壁，如图 3-22 所示，其组织结构分布与内壁较为相似，也包含由 Cr_2O_3 和 SiO_2 组成的复合氧化层、贫碳化物区，但没有碳化物富集区，原因在于辐射段炉管采用辐射加热方式，外壁附近为氧化环境，不含碳气氛，而炉管内壁发生乙烯裂解反应，接触的是氧化-渗碳气氛。

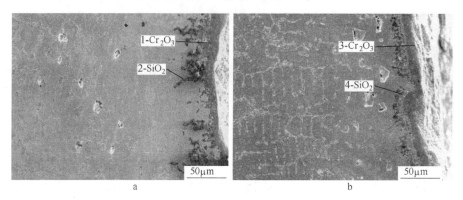

图 3-22   炉管外壁的组织特征
a—服役 1.5 年；b—服役 6 年

3.2.2   连续性氧化膜形成机理

炉管服役过程中，内壁处于高温氧化和渗碳环境，它内部的合金元素会与氧结合形成氧化物。根据 Wagner 理论[3,24~26]，对于任一合金元素 B，它形成连续外氧化膜 BO_b 的临界浓度 N_B^* 可表示为：

$$N_B^* = \left(\frac{\pi g^*}{2b} N_0^S \frac{D_O V_m}{D_B V_{ox}} \right)^{\frac{1}{2}} \qquad (3-12)$$

式中，g^* 为氧化物的临界体积分数；N_0^S 为氧在合金表面的浓度；D_0 为氧在合金中的扩散系数；D_B 为 B 元素在合金中的扩散系数；V_m 和 V_{ox} 分别为合金与氧化物的摩尔体积。可以看出，氧化时合金元素要有足够的浓度才能形成连续完整的氧化膜，且氧分压越大，形成连续外氧化膜的临界浓度 N_B^* 越高。

从上面分析可知高温环境下内壁保护性 Cr_2O_3 氧化膜再生的条件[27,28]，如图 3-23 所示：（1）若 $N_B^a < N_B^*$，则始终无法形成保护性氧化膜。（2）若 $N_B^b \approx N_B^*$，则在氧化初期可形成保护性的 Cr_2O_3 氧化膜。后期由于亚表层贫 Cr 愈加严重，界面附近的浓度降低到临界浓度 N_B^* 以下，使得合金内部开始发生内氧化。（3）若 $N_B^c > N_B^*$，则表面 Cr_2O_3 氧化膜一直连续完整，部分发生剥落后也能迅速地生成新氧化膜，因而具有良好的抗氧化性。

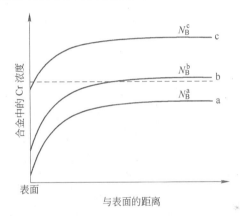

图 3-23　保护性 Cr_2O_3 氧化膜再生的条件

合金基体元素中硅与氧的亲和性最强，其次是铬、铁、镍。管材刚开始服役时，其内表面的硅、铬、铁、镍氧化物都开始形核，形成不同的氧化物颗粒，但由于硅的含量和热力学活度较低，低于形成单一 SiO_2 氧化膜的临界浓度，生长速度慢，氧化后的 SiO_2 颗粒不能横向生长至彼此相互连接起来，故难以单独在内壁最外侧形成氧化层，最终被快速生长的 Cr_2O_3 氧化层覆盖。铁和镍与氧的亲和力较弱，在随后过程中铁镍的氧化物会被铬还原，因此，最外侧的氧化层是由铬形成的。尽管铬与氧的亲和力比硅低，但其含量及活度比硅高，高于形成单一氧化膜的临界浓度，在最外侧形成完整的氧化层，对基体起到了很好的保护作用，抑制了氧原子和碳原子向合金基体内部扩散，使合金的氧化和渗碳速度大幅下降。

在随后的氧化过程中，炉管内的氧原子主要通过氧化膜中贯通式裂纹或氧化膜中晶界和缺陷向合金内部扩散，铬原子通过氧化膜缺陷向外扩散，但由于铬在 Cr_2O_3 氧化膜中的扩散系数很小，所以铬与氧的反应主要在氧化膜和金属的界面上进行，部分在 Cr_2O_3 氧化膜内反应，导致 Cr_2O_3 氧化膜增厚。

根据材料学基本理论，合金中各元素的氧化与形成氧化物过程的动力学和热力学因素有关。Cr_2O_3 和 SiO_2 的生成吉布斯自由能分别可表示为：

$$\Delta G_{Cr_2O_3} = \Delta G_{Cr_2O_3}^{\ominus} - RT\ln p_{O_2} \tag{3-13}$$

$$\Delta G_{SiO_2} = \Delta G_{SiO_2}^{\ominus} - RT\ln p_{O_2} \tag{3-14}$$

式中，$\Delta G_{Cr_2O_3}^{\ominus}$、$\Delta G_{SiO_2}^{\ominus}$ 分别是 Cr_2O_3 和 SiO_2 的标准生成吉布斯自由能；p_{O_2} 为氧分压；其中两式中的 $RT\ln p_{O_2}$ 分别表示形成 Cr_2O_3 和 SiO_2 所需的氧分压条件。

从 Ellingham 氧势图中将部分金属氧化反应曲线提取出来，如图 3-24 所示，可知，$\Delta G_{Cr_2O_3}^{\ominus} > \Delta G_{SiO_2}^{\ominus}$，同一氧分压下，$SiO_2$ 的生成吉布斯自由能更低。随着氧化膜不断增厚，硅原子在氧化铬层中的溶解度降低，硅在奥氏体基体中的含量不断增加，而铬含量则逐渐降低，且氧原子扩散至基体内部时氧的分压逐渐降低，最终导致 $\Delta G_{Cr_2O_3} = 0$，而此时 $\Delta G_{SiO_2} < 0$，硅发生内氧化。一般而言，铬和硅的竞争性氧化分两种情况：

（1）在氧化膜较薄时，氧扩散至界面时仍具有较高的氧分压使 $\Delta G_{Cr_2O_3} < 0$，且铬具有足够的浓度形成单一氧化膜，这时仍发生铬的氧化，导致氧化膜的增厚；

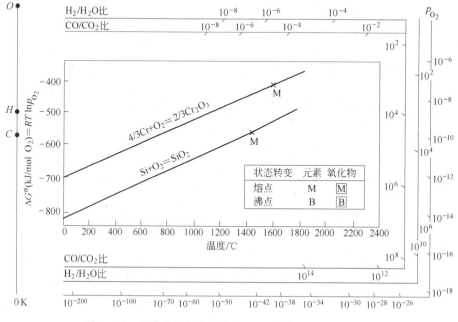

图 3-24 部分金属氧化反应的 ΔG_T-T 图（Ellingham 图）

（2）随着氧化膜的增厚，氧向内扩散越来越困难，氧分压逐渐降低以致

$\Delta G_{\mathrm{Cr_2O_3}} = 0$，导致 Cr_2O_3 氧化膜不再生长，硅发生氧化，SiO_2 在紧贴 Cr_2O_3 层下面的位置形成。亚表层 SiO_2 层的形成，由于在一定程度上阻碍了 Cr 的表面扩散，因而反过来减慢了氧化铬膜的生长速率。

Si 在碳化物中的溶解度极低，在合金内碳化物形核并生长粗化过程中，会向奥氏体基体中排 Si，使得基体中的 Si 含量逐渐升高，增加了 Si 的活度；同时在贫碳化物区氧分压很低，这两方面的综合因素使得在 Si 和 Cr 的竞争性生长中，Si 因对氧具有较高的亲和性而优先形成 SiO_2，SiO_2 的形成大大消耗了通过晶界扩散进入的氧原子，使得 Cr 的氧化物不具备形核长大的条件，因而晶间氧化区以 SiO_2 为主。

3.2.3　Cr_2O_3/SiO_2 复合氧化膜的抗氧化机制

由前述可知，Cr_2O_3 氧化膜为 P 型半导体氧化膜，假设其内部过剩 3 个 O^{2-} 离子。O^{2-} 在 Cr_2O_3/基体界面发生氧化反应，并放出 6 个电子（式 3 – 15）。电子迁移至氧化物/气体表面时，结合氧气分子电离出 O^{2-} 离子（式 3 – 16）。P 型半导体就是通过这样的阴离子和电子移动来实现基体金属的进一步氧化的。

$$2Cr + 3O^{2-} \Longrightarrow Cr_2O_3 + 6e \qquad\qquad (3-15)$$

$$6e + \frac{3}{2}O_2 \Longrightarrow 3O^{2-} \qquad\qquad (3-16)$$

而 SiO_2 属于 N 型半导体氧化物，其存在阳离子过剩，即存在游离的 Si^{4+} 离子。当 Si^{4+} 扩散至氧气侧时，发生式 3 – 17 所示的反应，从而产生电子空穴，电子空穴扩散至金属侧结合金属原子形成 Si^{4+}。因此 N 型半导体氧化膜是通过氧化膜内阳离子的电子空穴移动（或电子逆向流动）来形成的。

$$Si^{4+} + O_2 + 4e \Longrightarrow SiO_2 \qquad\qquad (3-17)$$

综合上面的分析，P 型半导体 Cr_2O_3 氧化物的氧化反应需要通过 3 个 O^{2-} 和 6 个电子的扩散移动来完成，而 N 型半导体 SiO_2 的氧化反应需要通过 1 个 Si^{4+} 和 4 个电子扩散移动来完成，加起来形成复合氧化膜之前总共的氧化反应涉及 7 个离子和 10 个电子的扩散迁移。而形成 N + P 型半导体复合氧化膜 Cr_2O_3/SiO_2 后，氧化膜内部发生了 Si^{4+} 和 O^{2-} 的中和反应，总体而言，基体的氧化反应只发生了一个离子和两个电子的扩散移动。因而离子和电子的迁移数量大大降低了，减慢了氧化反应的进行，致使基体金属的氧化反应速度降低，从而提高了氧化膜的抗氧化性。若从理想状态考虑，当 Cr_2O_3 中过剩的 O^{2-} 和 SiO_2 过剩的 Si^{4+} 的电荷数完全相对应时，则氧化膜内完全发生氧化反应，则复合氧化膜内不存在过剩的 O^{2-} 和 Si^{4+}，造成氧化反应中离子与电子的迁移扩散终止，使得氧化反应终止，从而达到了一种表面完全抗氧化的状态。但从实际而言，这种复合氧化膜内无过剩离子和电子的理想状态是极难实现的。

本章开头也提到，氧化膜的生长也可以认为是一种电化学腐蚀，下面从电化学腐蚀角度考虑复合氧化膜具有抗氧化性的原因。

在发生氧化反应的过程中，合金的电势高于氧，使得氧化膜两侧形成了电位差。如图 3-25 所示，对于 Cr_2O_3，由于含游离的 O^{2-}，在电场作用下 O^{2-} 聚集在金属/氧化膜附近发生氧化反应；对于 SiO_2，由于含有游离的 Si^{4+}，在电场作用下 Si^{4+} 聚集在氧化膜/气体附近发生氧化反应。

当 SiO_2 和 Cr_2O_3 形成 N + P 型复合氧化膜时，SiO_2 位于靠近金属基体的一侧，Cr_2O_3 位于靠近 O_2 的一侧。因而如图 3-25c 所示，外电场的方向与内部电荷形成的电场方向一致，因而由于电荷异性相吸，同性相斥，复合氧化膜内正负电荷区的离子不但不移动，反而在金属侧正极处不断产生正电荷，负极处不断产生负电荷，使得复合氧化膜内部电荷区不断加大，此时氧化膜为非导通状态，使得氧化反应终止。反之，假设一 N 型半导体氧化物靠近 O_2 一侧，P 型半导体氧化物靠近金属一侧，则负电荷向金属一侧移动发生氧化反应，正电荷向 O_2 一侧移动发生氧化反应，因而 P + N 型复合氧化膜一直处于正向导通的状态，可以继续发生氧化反应。

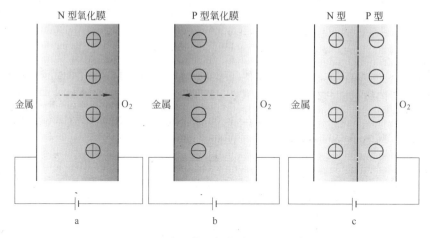

图 3-25 半导体型氧化膜的电化学腐蚀
a—N 型氧化膜；b—P 型氧化膜；c—N/P 型氧化膜

3.2.4 氧化膜剥落机制

氧化膜的完整性是保证炉管抗氧化和渗碳的必要条件，Pilling-Bedworth 提出用体积比 PBR 值来进行表征[29]，即：

$$PBR = \frac{V_{MeO}}{V_{Me}} \tag{3-18}$$

式中，V_{MeO} 和 V_{Me} 分别是氧化物体积和消耗的金属体积。可见当 PBR 大于 1 的时候，金属氧化膜受压应力，可以完全覆盖在金属表面，因而具有保护性。表 3-4 为不同金属氧化物与对应金属之间的 PBR 值，可以看出，Cr_2O_3 的 PBR 为 2.02，SiO_2 的 PBR 为 1.72，并且服役过程中形成的 Cr_2O_3 致密而连续，SiO_2 的稳定性好，因而复合氧化物膜对炉管材料具有较好的保护性。

表 3-4　不同金属与其氧化物的 PBR 值

PBR < 1		1 < PBR < 2				PBR > 2	
氧化物	PBR	氧化物	PBR	氧化物	PBR	氧化物	PBR
K_2O	0.45	α-Fe_2O_3（在 Fe_3O_4 基底上）	1.02	Ti_2O_3	1.47	Cr_2O_3	2.02
Cs_2O	0.47	Fe_3O_4（在 FeO 基底上）	1.2	PtO	1.56	Fe_3O_4（在 Fe_2O_3 基底上）	2.1
Cs_2O_3	0.50	La_2O_3	1.1	ZrO_2	1.57	α-Mn_3O_4	2.14
Rb_2O_3	0.56	Y_2O_3	1.13	ZnO	1.58	α-Fe_2O_3（在 α-Fe 基底上）	2.15
Li_2O	0.57	Nd_2O_3	1.13	PdO	1.59	ReO_2	2.16
Na_2O	0.57	Ce_2O_3	1.15	CuO	1.72	γ-Fe_2O_3（在 α-Fe 基底上）	2.22
CaO	0.64	α-Al_2O_3	1.28	Cu_2O	1.67	Co_2O_3	2.4
BaO	0.69	SnO_2	1.31	NiO	1.7	IrO_2	2.23
MgO	0.80	PbO	1.28	BeO	1.7	Mn_2O_3	2.4
SrO	0.65	FeO（在 α-Fe 基底上）	1.78	SiO_2	1.72	Ta_2O_5	2.47
		MnO	1.77	CoO	1.74	Nb_2O_5	2.74
		TiO	1.76	Co_3O_4	1.98	MoO_3	3.27
		V_2O_5	1.85	WO_2	1.87	$FeCr_2O_4$	3.1

根据氧化膜破坏机理及剥落机制，工业生产中开停车产生的热冲击会使炉管内产生很大的冲击热应力，氧化膜在加热冷却等交变温度条件下容易发生膨胀和收缩，若形成的氧化膜与基体的线膨胀系数不匹配，则在氧化膜内容易产生热应力。一般而言，基体金属的线膨胀系数大于氧化膜（参见表 3-5），因此在温度升高过程中，氧化膜内为拉应力，温度降低过程中氧化膜内便产生压应力，当这些应力超过氧化膜的强度极限或氧化膜与基体的结合强度时，氧化膜被破坏[14,30]。

表 3-5　金属和氧化物的线膨胀系数[31]

金属	线膨胀系数/K^{-1}	温度范围/℃	氧化物	线膨胀系数/K^{-1}	温度范围/℃
Co	14.6×10^{-6}	25 ~ 1200	FeO	12.2×10^{-6}	100 ~ 1000

金属	线膨胀系数/K^{-1}	温度范围/℃	氧化物	线膨胀系数/K^{-1}	温度范围/℃
Fe	14.6×10^{-6}	$25 \sim 1200$	NiO	17.1×10^{-6}	$25 \sim 1000$
Ni	15.9×10^{-6}	900	Cr_2O_3	8.7×10^{-6}	$25 \sim 1200$
Cr	9.4×10^{-6}	700	Al_2O_3	8.1×10^{-6}	$25 \sim 1200$
Al	26.5×10^{-6}	400	SiO_2	3×10^{-6}	$300 \sim 1100$
Si	7.6×10^{-6}	$0 \sim 100$	$NiCr_2O_4$	10×10^{-6}	$25 \sim 1200$

对于 Cr35Ni45，其 1000℃ 时的线膨胀系数为 $16.4 \times 10^{-6} K^{-1}$，因而可得各氧化物与合金基体之间的线膨胀系数比，如表 3 – 6 所示。

表 3 – 6 Cr35Ni45 合金氧化物与基体线膨胀系数比

氧化物/基体	线膨胀系数比	氧化物/基体	线膨胀系数比
Cr_2O_3/Cr35Ni45	0.53	FeO/Cr35Ni45	0.74
Al_2O_3/Cr35Ni45	0.49	NiO/Cr35Ni45	1.04
SiO_2/Cr35Ni45	0.18	$NiCr_2O_4$/Cr35Ni45	0.61

由线膨胀系数差异导致的热应力如下式所示[32]：

$$\sigma_{ox} = \frac{E_{ox} \Delta T (\alpha_{ox} - \alpha_m)}{1 + 2 \dfrac{E_{ox}}{E_m} \times \dfrac{t_{ox}}{t_m}} \times \frac{1}{1 - V_{ox}} (\text{ox 代表氧化物，m 代表金属基体})$$

$$(3 - 19)$$

式中，σ 为氧化膜中的热应力，N/m^2；α 为线膨胀系数，K^{-1}；ΔT 为温差，K；t 为厚度，m。

由于 $t_{ox} \ll t_m$，因而式 3 – 19 可简化为：

$$\sigma_{ox} = E_{ox} \Delta T (\alpha_{ox} - \alpha_m) \frac{1}{1 - V_{ox}}$$

$$(3 - 20)$$

式 3 – 20 为氧化膜热应力的理论计算公式，可以看出，热应力不仅取决于温差和线膨胀系数，而且与氧化膜本身的弹性模量有关。对于服役炉管内表面形成的 Cr_2O_3/SiO_2 复合氧化膜，其与合金基体的线膨胀系数差异较大（尤其是 SiO_2，线膨胀系数比达到了 0.18 左右），使得氧化膜内部产生了较大的热应力。并且，由于该应力形成速度一般较快，因而不能通过具有时间依赖性的蠕变释放掉。

由断裂力学可知，能稳定扩展形成贯穿膜的裂纹长度 a 必须满足[33]：

$$a \approx \pi \xi^2 \left(\frac{\sigma_{ox}}{K_{ox}} \right)^2$$

$$(3 - 21)$$

式中，K_{ox} 为氧化物的应力强度因子。若氧化物 – 基体遵循线弹性行为，则增加长度为 c 的裂纹扩展所需张应力为：

$$\sigma_t = \left(\frac{E^* G_c}{\pi c}\right)^{1/2} \tag{3-22}$$

式中，E^* 为氧化物 – 金属体系的有效杨氏模量；G_c 为临界裂纹扩展力。然而，氧化膜中一般存在的是压应力，若存在起伏界面或局部界面剥离，则氧化膜发生弯曲，使得氧化膜发生弯曲的临界应力为：

$$\sigma_a^* = \frac{14.7 E_{ox}}{12(1-\mu_{ox})^2}\left(\frac{\xi}{c}\right)^2 \tag{3-23}$$

式中，c 为界面处已分离区域的半径。膜发生弯曲的同时，界面分离区域将会扩大。膜中驱动沿界面分离所需的压应力为：

$$\sigma_c \approx K_t\left(\frac{1+\mu_{ox}}{0.6\xi}\right)^{1/2} \tag{3-24}$$

因而界面处存在分离区域对氧化膜的弯曲及剥落是必要的。这是由于氧化膜的弯曲改变了膜内的应力状态，从而产生了非平面的压缩，界面处出现了垂直和剪切的位移，从而导致了裂纹尖端处的应力集中，成为裂纹扩展的驱动力（图3-26）。

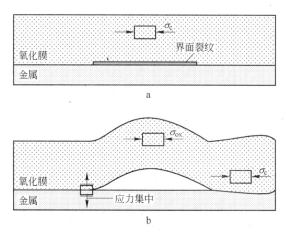

图3-26　氧化膜剥离界面并发生弯曲对膜内应力分布的影响

a—未发生弯曲；b—发生弯曲

但实际而言，氧化膜自身的力学性能（如弹性模量等）变化较为复杂，与其本身的致密度、厚度等多因素都有较大关联。所以氧化膜的复合状态使得氧化物晶粒均匀细小，氧化膜组织致密连续，从而也大大改善了氧化膜与合金基体之间的结合强度，部分抵消了由线膨胀系数差异产生的热应力，从而使得氧化膜的实际抗破裂剥落能力较理论分析而言是较为乐观的。

图3-27为服役1.5年炉管外氧化层的破落方式。可以看出，Cr_2O_3 氧化膜自身结合强度较高，裂纹先从界面处形成，最终扩展至膜内，导致剥落，这与埃

文斯（Evans）提出的氧化膜破裂方式一致。氧化层的剥落使得该层 Cr_2O_3 氧化膜失去了对合金的保护作用，合金基体直接暴露在氧化和渗碳环境中，加速了材料的氧化和渗碳。在此后的服役过程中，新的氧化层又形成，而后又以同样的方式从氧化层/基体处剥落，如此反复循环。

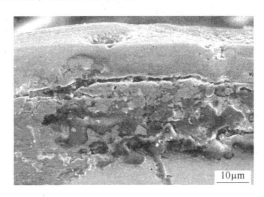

图 3 - 27　炉管裂纹扩展路径

　　不同服役时段炉管内表层氧化膜的生长和破坏循环过程可用图 3 - 28 示意性描述：（1） Cr_2O_3 和 SiO_2 两种氧化物形核后首先垂直于金属基体生长，然后 Cr_2O_3 颗粒会横向彼此相连；（2）刚开始形成的 Cr_2O_3 氧化膜相对较薄，在应力作用下，氧化膜有一定的变形，而 SiO_2 已被覆盖；（3） Cr_2O_3 氧化膜自身结合强度较高，裂纹首先在氧化膜/合金界面处形核，随着氧化的进行，裂纹不断扩展，

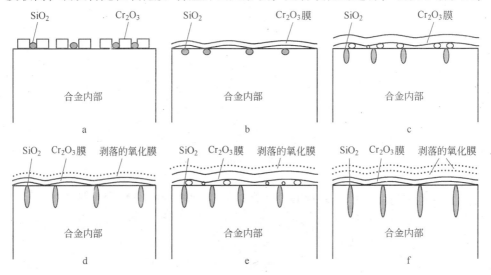

图 3 - 28　氧化膜形成和破坏过程

a—氧化物生长初期；b—氧化膜变形；c—形成裂纹；d—Cr_2O_3 剥落，

SiO_2 枝晶生长；e—氧化膜增厚；f—氧化膜剥落循环

当裂纹穿透氧化层时，氧化层从氧化层/基体界面处剥落，裂纹的存在为氧化气氛扩散提供了快速的通道，内层的 SiO_2 颗粒长大并沿晶界扩展；（4） Cr_2O_3 氧化层的剥落使得该层氧化膜基本失去了对合金的保护作用，在此后的氧化过程中，新的 Cr_2O_3 氧化层又形成，SiO_2 则不断以树枝状沿晶界生长；（5）随着新形成的氧化层不断增厚，裂纹在合金/氧化膜界面形核；（6） Cr_2O_3 氧化膜再次剥落，新的氧化层又形成，如此反复循环。

值得注意的是，在外层 Cr_2O_3 膜剥落的同时，由于内氧化的 SiO_2 与基体结合强度较高，且大多沿晶界生长，不易剥落，所以只发生了部分脱落，随着氧原子沿晶界的扩散，树枝状的 SiO_2 继续向材料内部延伸，内氧化深度不断增加。

此外，Cr_2O_3 氧化膜的破坏还包括以下几个原因：

（1）实际生产中常常通入水蒸气清焦，周期性清焦会引起热疲劳现象，容易导致外氧化层的破坏；

（2） Cr_2O_3 在高温（980℃以上）下不稳定，易与 O_2 反应生成挥发性 CrO_3，炉管使用过程中结焦容易导致材料部分区域超温，使 Cr_2O_3 氧化膜发生反应生成易挥发的 CrO_3，发生破坏。

3.2.5 氧化膜黏附性的改善

氧化膜的横向生长是其与合金基体之间黏附性变差的一个主要原因[34,35]。改善方案[36]为：向合金中加入少量氧的活化元素如钇、铝和稀土元素等，能显著提高 Cr_2O_3、Al_2O_3 膜的抗氧化能力。这种效应称为活性元素效应（reactive element effect，REE），活性元素一般指其氧化物比基体氧化物更稳定的元素。

这些添加的活性元素的作用通常为[37,38]：

（1）改善氧化膜与基体金属的黏附性：不论是 Cr_2O_3 还是 Al_2O_3 氧化膜，活性元素都可以促进氧沿着晶界向内扩散，同时，由于降低了 Cr^{3+} 的扩散激活能，因而延缓了 Cr^{3+} 和 Al^{3+} 的向外扩散，从而使得氧化物沿着金属基体与氧化膜界面生长，因而减少了界面空洞的生成，减轻了氧化膜的剥落。由于活性元素氧化物沿着晶界或者直接深入合金基体，把连续的外氧化膜与合金基体钉扎在一起（如图3-29所示），从而增加了氧化膜的附着力。

（2）改善氧化膜的塑性：活性元素可以减小氧化膜中 Cr_2O_3、Al_2O_3 的晶粒尺寸，增加氧化膜的塑性，使得氧化膜中的应力可以通过塑性变形来消除，从而增加了氧化膜的黏附性。

（3）稀土氧化物颗粒在氧化膜中的弥散分布阻挡了 Fe、Cr 离子的向外扩散，使得氧化膜的生长是通过氧离子的向内扩散进行的，从而使得氧化膜的生长机制变为从外向内的推进而非横向生长，使得生长应力降低，形成黏附性比较好的平坦氧化膜。

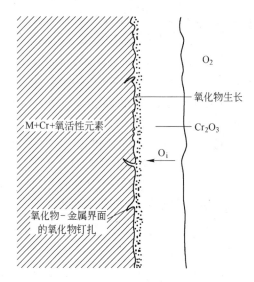

图3-29 氧活性元素改变氧化膜黏附性的示意图

由于氧活性元素能够作为阳离子空位湮灭场所，即所谓的空位陷阱作用，从而抑制空位在氧化膜-基体界面凝聚形成界面空洞，即减小了界面缺陷的长度 c，结合式3-22可知，c 值越小则临界应力越大，从而使得膜开裂和剥落困难。

通过生成保护性氧化铬膜来提高合金的抗氧化性存在两个问题：（1）由于 Cr_2O_3 转换为 CrO_3，CrO_3 会发生挥发造成氧化膜的减薄；（2）氧化膜内部产生压应力引起氧化膜发生翘曲[20]。

如图3-30所示，当氧分压较低时，$Cr(g)$ 的蒸气压最大；而在高氧分压下，

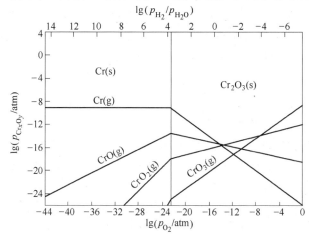

图3-30 Cr-O体系1250K时的挥发性物质

（1atm=101.3kPa）

$CrO_3(g)$ 的蒸气压最大。这种 Cr-O 体系固有的性质对含 Cr 合金的氧化具有重要的影响。高温环境下，当处于低氧分压时，Cr^{3+} 离子在氧化膜中的扩散相比于 O^{2-} 占优，Cr^{3+} 的向外传质使得氧化物-基体界面产生 Kirkendall 空位，空位凝聚后在交界面形成非接触区，使得氧化膜容易发生分离；当裂解管中局部区域氧分压升高时，由于 CrO_3 的蒸气压较大，Cr_2O_3 氧化成 CrO_3，见下式：

$$Cr_2O_3 + \frac{3}{2}O_2 =\!\!=\!\!= 2CrO_3(g) \tag{3-25}$$

这是一种挥发性高温腐蚀，尤其在气体流速较大的乙烯裂解管内，Cr_2O_3 由于蒸发减薄的情况更加不可忽略。所以在乙烯裂解管内高温服役过程中，要保证炉管内经常保持低氧分压环境，从而降低氧化铬膜的挥发减薄的速率。

一般而言，Cr_2O_3 的生长机制为阴阳离子的同时向内、向外扩散，阴离子在氧化物晶界扩散，从而使得新生成的氧化物在氧化膜内部或氧化物-金属界面形成，使得氧化膜形成压应力。当氧化膜中的压应力很高又不能通过塑性变形释放时，就会导致氧化膜的翘曲和破裂。图 3-31 为 Cr35Ni45Nb 合金表面静态氧化后氧化膜翘曲造成的局部氧化膜剥落。随后氧化膜脱落处新生成的氧化膜会迅速愈合，新生成的氧化物重新起到保护作用，但材料在愈合阶段需要经历一个氧化速率快速增加的阶段。这样的一个过程表现在氧化动力学曲线上则是含多段的分段抛物线，如图 3-32 所示。从图中可以明显看出，在 1075℃下，铬的氧化动力学曲线明显地揭示出表面贯穿膜的开裂和自愈合过程。

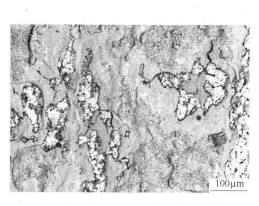

图 3-31 高 Cr 合金氧化膜的翘曲形态

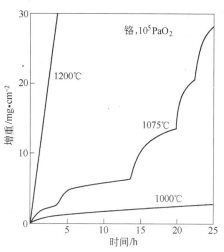

图 3-32 铬在 1000~1200℃下、10^5Pa 的氧气中的氧化动力学曲线[33]

3.2.6　贫碳化物区

　　氧化层下方为碳化物贫化区，晶界析出的一次碳化物网络已经消失，对比图 3-16b 和 c 发现，服役 1.5 年的炉管贫碳化物区宽度约 $170\mu m$，服役 6 年的贫碳化物区宽度约为 $230\mu m$，服役时间越长贫化区的宽度越大。基体中的铬原子扩散到内壁处与氧形成氧化膜，导致该区的铬含量降低及形成碳化物的临界碳浓度增高，该区的碳化物分解。图 3-33 为服役 6 年的炉管贫碳化物区中各元素浓度分布曲线，可以看出贫化区内，与氧化膜距离越近，Cr 的浓度越低，表面氧化层附近 Cr 的浓度最低，只有约 15.6%（质量分数）；在贫碳化物区的末端（即碳化物富集区的开端），Cr 含量约为 19.0%，说明 19.0% 为 Cr35Ni45Nb 合金贫碳化物区碳化物析出分解的临界浓度，Cr 的浓度高于该值时碳化物可以稳定存在不发生分解，并进一步导致内部碳化物富集区的形成。从图 3-33a 亦可以看出贫碳化物区 Ni 的含量略有增加，其原因在于 Cr 含量较内部基体相对降低。铬含量的降低造成该区域的碳活度升高，使得向内的碳分布趋势呈上坡扩散（图 3-33b）。选择性氧化组元的贫化程度与众多因素相关，其中组元浓度、氧化膜生长速率及合金的互扩散系数都是很重要的影响因素。当贫碳化物区的 Cr 浓度贫化到了无法通过合金内 Cr 的外扩散来保持其临界浓度时，表面保护性氧化膜的稳定性会降低甚至发生氧化膜失效。因此，为保证保护性氧化膜的长期稳定性，大多数 Fe-Cr-Ni 耐热合金的 Cr 含量都超过 20%[20]。

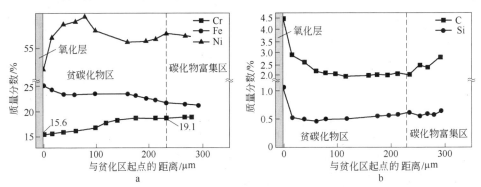

图 3-33　服役 6 年的 Cr35Ni45Nb 合金亚表层贫化区的元素含量变化
a—Cr、Fe、Ni；b—C、Si

3.2.7　碳化物富集区

　　高温长时服役中炉管的渗碳过程比较复杂，通常认为它与氧化过程交互进行。对于炉管内壁的渗碳机制，目前尚存争议，主要有两种机制[39]：（1）炉管内表面结焦是造成内壁渗碳的主要原因，丝状催化结焦的沉积促进炉管内壁组织弱化，而非催化气相焦炭的沉积在一定程度上延缓了材料的弱化；（2）Bennett 和 Price 提出了裂缝腐蚀机制，认为裂解气体通过炉管内壁氧化层中空洞和裂缝向合金内部扩散，由于晶间氧化（形成 SiO_2）消耗了裂解气中的氧化气氛，只剩下碳氢气，在基体金属的催化作用下，这些碳氢气分解成活性碳，扩散进入合金内部，以碳化物形式析出，产生内部渗碳区，但此机制很难解释炉管贫碳化物区深度远远超过晶间氧化物区前沿的现象。

对于 Cr35Ni45 钢，从图 3-18b、c 中可以看出，贫化区的宽度远远超过晶间氧化物 SiO_2 的延伸宽度，可以认为炉管内壁的渗碳主要由其内表面结焦引起，表面结焦层作为渗碳介质，活性碳原子通过氧化层和贫化区于碳化物富集区形成碳化物，形成内部渗碳，导致材料组织弱化。从图 3-20 可以看出，碳原子在氧化膜开裂处的浓度比周围高，渗碳只是在氧化膜破坏时才较明显。根据 T. A. Ramanarayanan 等人的研究[23,40]，当基体含铬量大于 10%（质量分数）时，剥落后的保护性 Cr_2O_3 氧化膜就能重新形成，WDS 定点测量显示，三个炉管亚表层含铬量分别是 28%、25%、19%，可见，氧化膜破坏后仍能自动修复，且对照 T. A. Ramanarayanan 等人对该类材料组织弱化所分的五个阶段，服役态的两个炉管应处于第二、三阶段，在此阶段内材料基体含有足够高的铬，保护性氧化膜破坏后能自动修复，所以两个炉管的渗碳程度都很低。

根据 Zhu Z 等人[41]的研究，当合金中碳含量超过固溶极限时，多余的碳原子会与合金元素结合，以碳化物形式析出，设析出碳化物类型为 M_nC_m，则形成碳化物的临界碳浓度 C_{max} 可用下式表示：

$$C_{max} = (e^{-\Delta G^\Theta/RT})^{-1/m} \gamma_C^{-1} \gamma_M^{-n/m} C_M^{-n/m} \qquad (3-26)$$

式中，ΔG^Θ 是碳化物标准形成吉布斯自由能；γ_C 和 γ_M 分别为碳及合金元素的活度系数；C_M 为碳化物形成元素的浓度。对于本研究中主要的碳化物 $Cr_{23}C_6$ 来说，Cr 的浓度越高，形成碳化物所需的临界碳浓度 C_{max} 越小，反之亦然。

内壁贫化区和碳化物富集区的形成与外氧化膜的反复破坏和重建有密切联系，首先外氧化膜的反复破坏和重建使合金内壁次表层的 Cr 浓度比基体低，而 Cr 在基体中的扩散速率较小，短时间内难以通过合金内部的 Cr 扩散予以补充，从而形成 Cr 的浓度以及形成碳化物的临界碳浓度 C_{max} 从炉管的次表层到心部呈梯度分布。随着 Cr 的不断消耗，C_{max} 不断增大，导致此区域内富 Cr 的碳化物 $M_{23}C_6$ 不稳定而发生分解，在合金的亚表层出现了一个碳化物的贫化区。

同时，碳化物的分解导致固溶在贫化区内的碳浓度提高，使贫化区与合金内部形成碳浓度梯度，碳原子向内部扩散。由于贫碳化物区的 C_{max} 较高，通过氧化层缺陷和晶间氧化通道扩散进入合金基体的活性碳原子以及由碳化物分解而排出的碳在扩散通过该区时并不形成碳化物，而是继续向内扩散到 C_{max} 较小的区域，在炉管贫化区内侧与合金元素结合形成碳化物，形成碳化物富集区。从图 3-34

可以看出，服役 1.5 年炉管的碳化物富集区与心部基体相比，二次碳化物数量明显更多，且一次碳化物更粗大。随着服役时间的延长，贫化区越来越宽，碳化物富集区前沿也向内部推进。

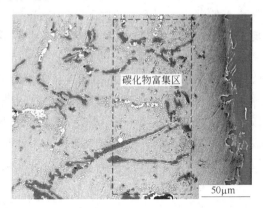

图 3 - 34　服役 1.5 年 Cr35Ni45Nb 炉管的碳化物富集区

　　由于服役炉管存在氧化层、贫化区、碳化物富集层以及心部基体四个区域，这四个区域分别具有不同的组织形态，具有不同的线膨胀系数和力学性质，所以当合金服役过程中存在蠕变应力，发生变形时，各区域的变形不协调，相互阻碍，蠕变应力不能通过变形有效释放，会在贫化区碳化物富集区中出现蠕变孔洞，如图 3 - 18b、c 所示。

参 考 文 献

[1] Ma L, Gao Y, Yan J, et al. Effect of pre-oxidization on the cyclic coking and carburizing resistance of HP40 alloy: with and without yttrium modification [J]. Corrosion Science, 2013, 75: 193~200.

[2] 李远士. 几种金属材料的高温氧化、氯化腐蚀 [D]. 大连：大连理工大学, 2001.

[3] 李铁藩. 金属高温氧化和热腐蚀 [M]. 北京：化学工业出版社, 2003.

[4] Wagner C. Diffusion and high temperature oxidation of metals [J]. Atom Movements, 1951: 153~173.

[5] Wagner C. Formation of composite scales consisting of oxides of different metals [J]. Journal of the Electrochemical Society, 1956, 103 (11): 627~633.

[6] Kröger F, Vink H. Solid state physics, Vol. 3 [M]. New York: Academic Press, 1956: 307.

[7] Kröger F. The chemistry of imperfect crystals [M]. Amsterdam: North-Holland, 1964.

[8] Kofstad P. Nonstoichiometry, electrical conductivity and diffusion in binary metal oxides [M]. New York: Wiley, 1972.

[9] 初蕾. Ni-Cr-Fe 合金高温氧化成膜特性及氧化/碳化临界条件下膜组织演变规律的研究

　　　［D］．青岛：中国海洋大学，2011.

［10］Grünling H，Bauer R. The role of silicon in corrosion-resistant high temperature coatings［J］. Thin Solid Films，1982，95（1）：3~20.

［11］Hsu H W，Tsai W T. High temperature corrosion behavior of siliconized 310 stainless steel［J］. Materials Chemistry and Physics，2000，64（2）：147~155.

［12］Bamba G，Wouters Y，Galerie A，et al. Thermal oxidation kinetics and oxide scale adhesion of Fe-15Cr alloys as a function of their silicon content［J］. Acta Materialia，2006，54（15）：3917~3922.

［13］曹铁梁，潘辉英. 钇对 Fe-Cr-Al 合金在纯 SO_2 气氛中高温腐蚀行为的影响［J］. 中国腐蚀与防护学报，1992，12（2）：116~124.

［14］Ellingham H J T. Reducibility of oxides and sulfides in metallurgical processes［J］. Journal of society chemical Industry，1944，63（5）：125~133.

［15］颜磊. 25Cr35Ni 合金表面原位制备复合氧化膜方法及性能研究［D］. 上海：华东理工大学，2013.

［16］Holcomb G R，Alman D E. Effect of manganese addition on reactive evaporation of chromium in Ni-Cr alloys［J］. Journal of Materials Engineering and Performance，2006，15（4）：394~398.

［17］Holcomb G R，Alman D E. The effect of manganese additions on the reactive evaporation of chromium in Ni-Cr alloys［J］. Scripta Materialia，2006，54（10）：1821~1825.

［18］Benum L W，Oballa M C. Process of treating a stainless steel matrix：Google Patents，2002.

［19］吴欣强. 新型抗结焦裂解炉管材料的设计、制备与性能［D］. 沈阳：中科院金属所，1999.

［20］Birks N，Meier G H，Pettit F S. Introduction to the high temperature oxidation of metals［M］. Cambridge：Cambridge University Press，2006.

［21］吴欣强，杨院生，詹倩，等. HP 耐热钢裂解炉管服役弱化的组织特征及其成因［J］. 金属学报，1998，34（10）：1043~1048.

［22］Bennett M，Price J. A physical and chemical examination of an ethylene steam cracker coke and of the underlying pyrolysis tube［J］. Journal of Materials Science，1981，16（1）：170~188.

［23］Petkovic-Luton R，Ramanarayanan T A. Mixed-oxidant attack of high-temperature alloys in carbon-and oxygen-containing environments［J］. Oxidation of Metals，1990，34（5~6）：381~400.

［24］田素贵，卢旭东，孙振东. 高 Cr 镍基合金的高温内氧化和内氮化行为［J］. 中国有色金属学报，2012，22（2）：408~415.

［25］刘培生. 钴基合金铝化物涂层的高温氧化行为［M］. 北京：冶金工业出版社，2008.

［26］Ribeiro A，De Almeida L，Dos Santos D，et al. Microstructural modifications induced by hydrogen in a heat resistant steel type HP-45 with Nb and Ti additions［J］. Journal of Alloys and Compounds，2003，356：693~696.

［27］Wagner C. Theoretical analysis of the diffusion processes determining the oxidation rate of alloys［J］. Journal of the Electrochemical Society，1952，99（10）：369~380.

［28］Wagner C. Oxidation of alloys involving noble metals［J］. Journal of the Electrochemical Society, 1956, 103 (10): 571~580.

[29] Kinniard S, Young D, Trimm D. Effect of scale constitution on the carburization of heat resistant steels [J]. Oxidation of Metals, 1986, 26 (5~6): 417~430.

[30] 刘丰军, 张麦仓, 董建新, 等. FGH95 合金的高温氧化行为 [J]. 北京科技大学学报, 2007, 29 (7): 704~707.

[31] Hancock P, Hurst R. Advances in Corrosion Science and Technology [M]. Springer; 1974, 1~84.

[32] 伯格斯, 迈尔, 佩带特. 金属高温氧化导论 [M]. 辛丽, 王文, 译. 北京: 高等教育出版社, 2010.

[33] 李美栓. 金属的高温腐蚀 [M]. 北京: 冶金工业出版社, 2001.

[34] 张立新, 李黎光, 银耀德, 等. 稀土元素对 Fe-Cr-Al 合金高温氧化层残余应力的影响 [J]. 金属学报, 1980, 4: 6~14.

[35] Golightly F, Stott F, Wood G. The influence of yttrium additions on the oxide-scale adhesion to an iron-chromium-aluminum alloy [J]. Oxidation of Metals, 1976, 10 (3): 163~187.

[36] 蔡元兴, 刘科高, 郭晓斐. 常用金属材料的耐腐蚀性能 [M]. 北京: 冶金工业出版社, 2012.

[37] 李文超, 林勤, 叶文, 等. 稀土元素在铁铬铝合金中的作用 [J]. 中国稀土学报, 1983, 1 (1): 47~57.

[38] 郭建亭. 高温合金材料学 (上册): 应用基础理论 [M]. 北京: 科学出版社, 2008.

[39] 吴欣强, 杨院生. 25Cr35Ni 耐热合金表面结焦机制 [J]. 腐蚀科学与防护技术, 1999, 11 (5): 274~278.

[40] Ling S, Ramanarayanan T A, Petkovic-Luton R. Computational modeling of mixed oxidation-carburization processes: Part 1 [J]. Oxidation of Metals, 1993, 40 (1~2): 179~196.

[41] Zhu Z, Cheng C, Zhao J, et al. High temperature corrosion and microstructure deterioration of KHR35H radiant tubes in continuous annealing furnace [J]. Engineering Failure Analysis, 2012, 21: 59~66.

4 乙烯裂解炉管服役过程的结焦机理及组织特征

裂解炉管是裂解炉的重要构件，它长期在高温氧化及渗碳的混合气氛下服役。烃类在裂解过程中会发生聚合、缩合等二次反应，除生成各种烃类产物外，同时还有少量的碳生成，这些碳是数百个碳原子稠和而成的，其中含有少量的氢（碳含量在95%以上），称为焦[1]。焦是烃类原料裂解过程中不可避免的副产物，因此不可避免地会在裂解炉管内壁和急冷锅炉管内壁上生成焦垢。管式裂解炉结中裂解生成的焦聚集于管壁的过程称为结焦[2]。在烃类高温裂解过程中，外壁经受火焰加热，内壁则与碳源气体和载气接触，因此炉管总是不可避免地发生结焦和渗碳，这是乙烯生产中迫切需要解决的难题。因为炉管结焦后，焦炭会附着在炉管的内表面，从而导致发生以下几个严重的问题[3~5]：

（1）管壁热阻增加，炉管传热系数降低，能耗增加；

（2）炉管内径变小，液体压降增加，装置处理量减少；

（3）炉管服役温度升高，加剧炉管渗碳和性能恶化，缩短炉管服役寿命；

（4）清焦过程中焦炭的不均匀燃烧极易造成炉管局部过热，周期性的清焦又会引起热疲劳，促进后续的结焦。

服役过程中，炉管内壁结焦和渗碳是目前导致其失效的主要因素，裂解炉的清焦周期一般在40~50天左右。烃类在炉管内结焦，不仅消耗部分原料，增加乙烯生产成本；还增加炉管壁热阻，影响传热效果，若要维持裂解深度，则要提高反应管壁温度，加大能耗；缩短炉管使用寿命，此外，结层使得炉管内径变小，管内压降上升，从而降低乙烯收得率，当管壁温度升高达到炉管材料所允许的最高使用温度或者管压降较大时，就必须停炉进行清焦处理，这不仅增大能源消耗，影响炉管寿命，且清焦期间，无产品产出，影响经济效益。

据报道，乙烯产业每年由结焦造成的经济损失达20亿美元之多，乙烯生产商每年在炉管上耗费约2.5亿美元，其中80%用于维修和更换炉管。因此研究炉管高温服役过程中结焦的影响具有重要的现实意义。

4.1 结焦原理

一般认为结焦机理分三种：催化结焦、自由基结焦和缩合结焦，通常，也将自由基结焦和缩合结焦统称为热裂解结焦。

4.1.1 催化结焦

催化结焦是以金属元素为催化剂形成丝状焦炭的催化反应过程[6,7]。催化结焦的具体形成过程如图 4-1 所示，沉积的自由基碳化后与金属粒子反应，首先在表面形成过渡态碳化物。该过渡态碳化物在高温下极不稳定，重新分解为碳原子和金属粒子（见图 4-2），新生成的碳原子继续向合金内部扩散，而分解并露出的金属则继续与重新扩散的碳原子发生反应，以形成新的碳化物。以上过程如此循环反复发生，在金属粒子表面便形成一薄层不稳定的过渡态碳化物膜，该膜一方面不断地吸收碳原子，作为碳在金属粒子中的扩散源；另一方面形成浓度梯度，为碳在金属粒子中的扩散提供扩散动力。可见，能生成不稳定的碳化物是引发催化结焦的必要条件。当碳在金属内部的深度达到一定后便从合金表面中析出，通常在金属低能面处形核、集结并析出，生长为丝状碳柱。在生长的过程中，碳柱将金属粒子顶出表面。催化结焦过程中焦丝不断地增长，直至后续沉积的焦炭完全将顶端的金属催化粒子覆盖，丝状焦炭才停止生长，催化结焦过程才结束[3]。

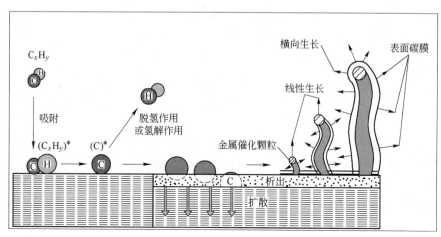

图 4-1 催化结焦示意图

4.1.2 自由基结焦

随着焦的生成以及其表面温度的升高，焦表面的缩聚反应加剧，在焦体的表面生成大量的自由基。裂解气氛主体中的微核与焦表面的自由基反应，进一步促进焦的生长。自由基结焦以催化结焦和缩合结焦形成的细丝状焦炭和炭黑微粒为母体。首先乙炔、乙烯、丁二烯或其他烯烃等小分子物质自身聚集的微粒与焦炭表面的甲基、乙基、苯基等自由基反应生成芳烃，这些芳烃再进一步脱氢缩合而结焦，同时生成更多的自由基，这些自由基再与小分子物质反应，使结焦母体增大，形成焦炭颗粒。自由基结焦主要发生在辐射段和 TLE 入口处[8]，此机理可以解释丝状焦炭表面增粗和球形炭黑微粒为什么增大，焦的形状为无定形特征，并且均匀增长，但随着温度降低，这种机理的作用不大[2]。

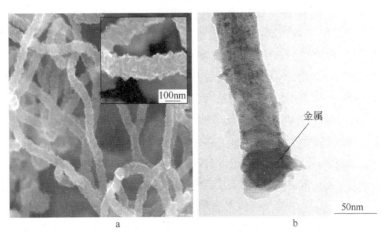

图 4 - 2　丝状焦炭的形态

a—SEM 形态；b—TEM 形态[5]

4.1.3　缩合结焦

缩合结焦是稠环芳烃化合物通过缩合、聚合和脱氢反应产生的。该结焦过程主要以烯烃聚合、环化而生成的芳烃作为重要的中间产物，在气相中进一步缩合、脱氢生成稠环芳烃的缩聚物焦油滴和炭黑微粒，这些焦油滴碰撞固体表面后可能从表面上返回到气相，也可能黏附在表面上。黏附在表面上的焦油滴、半碳粒分解成氢气和含有表面自由基的焦炭，具有低黏度的焦油滴润湿了固体表面并在表面分布，形成无明显特征的焦炭和高黏度的半焦油滴，保持其球状且通常呈团簇状，形成的焦炭则为无定形碳[2]。

碳的沉积状态（形貌、浓度等）及与碳直接接触的金属材料的性质（种类、表面状态等）最终决定着结焦过程和状态。而在工业生产实践中，上述两个最终决定因素的其他影响因素却很多，也很复杂，最常见的影响因素有[9]：

（1）温度、气体流速和碳氢化合物的种类的影响。温度、碳氢化合物的种类及其在装置中的停留时间是决定裂解程度的 3 个重要因素。裂解炉管的内壁结焦过程中[6]：结焦初期，自由基中间体和气相碳沉积同时产生，其中自由基中间体穿过 Cr_2O_3 保护膜的间隙，与膜下的 Fe、Ni 接触，引发催化结焦，丝状碳柱生长并破坏保护膜；同时，随着气相沉积产生的碳的不断积累，丝状焦炭顶端 Fe 或 Ni 催化粒子终究会被覆盖，则催化结焦行为结束；只有碳发生气相沉积，并产生石墨层；结焦后期，随着石墨层的加厚，热导率降低，进而造成了碳氢化合物裂解温度的降低，于是便有焦油滴生成，并以球状堆积到石墨层上，最终形成了丝状焦炭缠结层（与炉管内壁接触）、石墨层（中间层）和多孔球状碳堆积层（与碳气氛接触）这三个结焦层。

（2）金属材料的构成成分和表面状态的影响。研究发现[10~13]，构成金属材料的 Fe、Co、Ni 这三种主要过渡元素能够与碳形成不稳定的过渡态碳化物，在适合的条件下（通常为 800℃ 以下）能引起催化结焦，造成大量积碳；而 Cu、Al、Cr、Si、Nb、Ce 等金属元素或不与碳发生反应，或生成稳定的碳化物，不会引起催化结焦。

（3）反应装置的长度、位置及不同形状的影响。在温度和气流速一定的前提下，装置的长度直接影响着碳源气体的停留时间，并且碳源气体流到各个长度位置时，其在装置中已停留的时间也各不相同，结焦状况也会不同。

（4）载气种类、浓度及添加抑制结焦剂的影响。载气虽然只是作为稀释气体，不参与结焦反应，但其种类及浓度对金属表面状态影响很大，以最常使用的载气氢气和水蒸气为例：水蒸气提供的是氧化气氛，有利于金属表面氧化物保护膜的形成和修复，阻碍结焦；而氢气提供还原气氛，有利于维持金属的新鲜表面，提高碳氧浓度比（a_C/a_O），促进结焦与渗碳。提高载气浓度（用于稀释碳源气体），可减少气相沉积的积碳速率，并有利于催化结焦；降低载气浓度，则反之[10]。

4.2　结焦体的组织特征及形成机理

图 4-3a 为紧贴炉管内壁的焦体形态，可以明显看出许多丝状焦，这是催化结焦行为，图 4-3b 所示为远离内壁的球状焦体形态，焦体呈形态很小的圆球状，相互黏结在一起，此为热裂解结焦的结果。

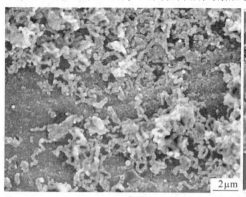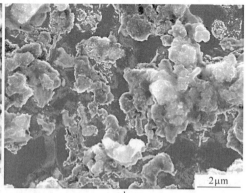

图 4-3　炉管的焦体形态

a—紧贴内壁；b—远离内壁

结焦机理可从以下两方面解释：（1）结焦初期，炉管内壁的 Cr_2O_3 保护膜在复杂应力下产生裂纹，从而使不饱和烃与材料基体发生接触，在 Ni、Fe 元素的催化下发生脱氢反应而生成焦炭，这类结焦多以丝状形式生长。（2）随着结焦层的加厚，催化结焦作用逐渐削弱，热裂解结焦作用增强，裂解反应及副反应生成的自由基或不饱和烃等在高温下发生反应生成芳烃，这些芳烃通过进一步缩合和脱氢形成焦油滴，这种焦油滴一部分悬浮于气相中，一部分沉积在焦表面形成球状焦，该层焦较致密。

焦体的存在对氧化膜破坏较大，主要表现在两个方面：（1）起初生长在 Cr_2O_3 氧化膜的裂缝中，它的生长促进了 Cr_2O_3 保护膜中裂纹的扩展，加速其剥落。（2）结焦层的加厚使得碳活度增加，氧分压降低，最终 Cr_2O_3 会与焦体反应生成一层 Cr_3C_2 碳化物层（式 4－1），由于两者的密度及线膨胀系数不同，反应形成的 Cr_3C_2 碳化物层中存在内应力，极易在短时间内破坏剥落，所以该碳化物层对渗碳和结焦无保护作用。图 4－4 的 XRD 结果可以说明剥落的 Cr_3C_2 碳化物留在了焦体中。

$$3Cr_2O_3 + 4C \Longrightarrow 2Cr_3C_2 + \frac{9}{2}O_2 \qquad (4-1)$$

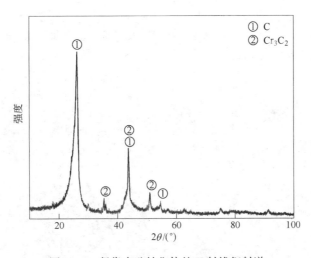

图 4－4　紧靠内壁结焦体的 X 射线衍射谱

炉管服役过程中，氧化膜的反复破坏和重建使基体的铬含量逐渐下降，且渗入炉管中的碳会与基体中的铬形成碳化物，这都使得基体的铬含量降低。由 Wagner 理论[14]可知，对于任一合金元素，它形成连续外氧化膜都需要一个临界浓度，随着 Cr_2O_3 保护膜反复被破坏，炉管亚表层的铬含量逐渐降低，当它低于形成连续外氧化膜的临界浓度时，破坏的氧化膜就不再重新形成，一旦保护性的氧化膜不再形成，将导致渗碳速度加剧。

4.3　结焦后炉管的组织

4.3.1　结焦后炉管的组织演化特征

实验材料为从某石化公司乙烯裂解装置上取下的服役两年半的 Cr35Ni45 型辐射段炉管，实际服役温度在 1000℃。一个是服役 2.5 年仍能正常使用的炉管，编号为 A；一个是服役 2.5 年因严重结焦而失效的炉管，管内焦体很厚（由于制样需要，已人工将其内部部分焦体清除），编号为 B。

根据 R. M. Freire 等人[15]的研究，离心铸造的原始态炉管主要由奥氏体基体和两种富铬共晶碳化物 M_7C_3、NbC 组成，长时间高温服役后，M_7C_3 转变成 $M_{23}C_6$，NbC 转变成铌镍硅化物，同时，内壁发生氧化，出现分区。图 4-5a 为 A 炉管的内壁组织，可分为三个区域：外侧的氧化层、碳化物贫化区及贫化区内侧的渗碳区。图 4-6 的 XRD 分析结果及表 4-1 的电子探针测试结果表明，氧化层由外氧化的 Cr_2O_3 和内氧化的 SiO_2 组成。图 4-5b 所示为结焦 B 炉管内壁处绝大部分

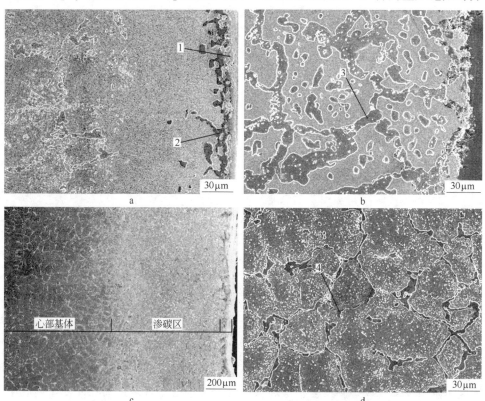

图 4-5　不同服役条件炉管的组织特征

a—A 炉管内壁；b，c—B 炉管内壁；d—B 炉管心部

区域的组织特征，对比图 4-5a 可以看出，其内壁外侧的 Cr_2O_3 氧化层消失，只剩下了少量沿晶界分布的 SiO_2，碳化物贫化区消失，内壁附近均匀地出现了厚约 $850\mu m$ 的渗碳层（见图 4-5c）。

图 4-7 及表 4-1 综合表明，结焦炉管中的碳化物有三种，内壁最外侧有少量富铬的 M_3C_2，渗碳区的碳化物是富铬的 M_7C_3，而合金心部为富铬的 $M_{23}C_6$ 型碳化物。对比图 4-5b 和 d 可以看出，与合金心部的网状 $M_{23}C_6$ 相比，渗碳区 M_7C_3 形态较粗大，大多呈块状。

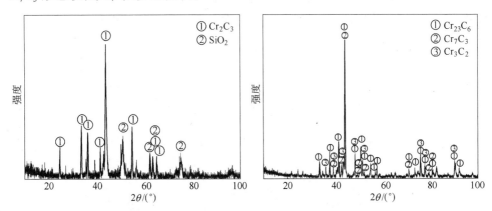

图 4-6　A 炉管内壁氧化层的 X 射线衍射图谱　图 4-7　B 炉管萃取产物的 X 射线图谱

表 4-1　电子探针定点分析结果（原子分数）　（%）

元　素		C	Si	Cr	Ni	Fe	Nb	O	相
位置	1	5.88	0.03	32.97	0.26	0.74	0.08	60.04	Cr_2O_3
	2	9.19	25.14	0.17	0.16	0.13	0.00	65.22	SiO_2
	3	32.22	0.03	63.68	1.25	2.78	0.00	0.04	M_7C_3
	4	23.26	0.00	69.87	2.53	4.33	0.00	21.26	$M_{23}C_6$
	5	43.25	0.06	43.32	1.27	11.72	0.00	0.38	M_3C_2
	6	6.87	0.04	32.58	0.16	0.19	0.04	60.12	Cr_2O_3

4.3.2　结焦后炉管的组织演化机理

根据金属学理论[16]，碳在合金中具有一定的溶解度，当其浓度超过固溶极限时，多余的碳原子会以碳化物的形式沉淀析出。假设碳化物为 M_xC_y，即：

$$xM + yC \Longrightarrow M_xC_y \qquad (4-2)$$

可知该反应的平衡常数可表示为：$K_1 = a_M^{-x} a_C^{-y}$，其中 a_M、a_C 分别表示碳化物形成元素和碳的活度，它们可表示为：$a_M = \gamma_M C_M$，$a_C = \gamma_C C_C$，γ_M、γ_C 分别表示活度系数，从而可以得出形成碳化物的临界碳浓度 C_{max}：

$$C_{max} = K^{-\frac{1}{y}} \gamma_M^{-\frac{x}{y}} \gamma_C^{-1} C_M^{-\frac{x}{y}} \qquad (4-3)$$

从上式可以看出，随着碳化物形成元素含量的下降，形成碳化物的临界碳浓度 C_{max} 增加。

对于 A、B 两个炉管，从内壁到心部，碳是负浓度梯度，铬是正浓度梯度，但由于 B 炉管内壁有结焦，所以 B 炉管内壁附近的碳浓度比 A 炉管高，而铬浓度比 A 炉管低。A 炉管内壁附近的 Cr 含量过低致使在亚表层形成了一个碳化物贫化区，但是对于 B 炉管，结焦使得其内壁亚表层的含碳量比 A 炉管高很多，仍可以在很低的 Cr 浓度下形成碳化物，从而在亚表层出现了很宽的渗碳区，如图 4-5c 所示。

因为 Ni 在 $M_{23}C_6$、M_7C_3 和 M_3C_2 三种碳化物中的含量都很少，且不影响它们的稳定性，可以根据 Fe-Cr-C 三元相图（图4-8）来分析碳化物类型。

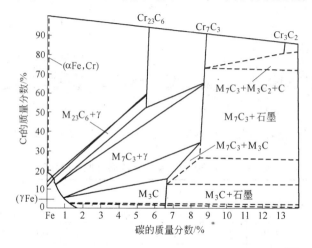

图 4-8 Fe-Cr-C 三元系相图在 1000℃ 下的等温截面[17]

图 4-7 所示萃取产物的 XRD 结果表明，B 炉管由内壁最外侧的 M_3C_2、渗碳区的 M_7C_3 和心部的 $M_{23}C_6$ 碳化物组成，而 A 炉管中只存在 $M_{23}C_6$ 碳化物，结焦造成的碳化物转变机理表现在以下几个方面：（1）从图4-8可以看出，当 Cr 的质量分数小于约 13% 时，碳与铬结合生成的是 M_7C_3 碳化物，对 B 炉管亚表层的定量测试结果显示其含铬量约 6%，但此处的碳含量较高，仍高于 C_{max}，故在其亚表层形成一个很宽的渗碳区，碳化物类型是 M_7C_3。（2）对于 B 炉管的心部基体，Cr 含量相对较高，碳含量较低，故稳定的碳化物类型仍是 $M_{23}C_6$。（3）炉管中的 M_3C_2 含量较少，主要由式 4-1 所示反应生成，处于内壁最外侧，它与石墨处于热平衡状态。

图 4-9a 所示为 B 炉管内壁仍保留有残余氧化膜的少部分区域，这是由于实际生产过程中多种因素造成的结焦和渗碳不均匀性，此时 Cr_2O_3 与焦体反应

（式4-1）还未将其消耗殆尽。从图4-9b和电子探针定量测试结果可以看出，原有的 Cr_2O_3 外氧化层区出现 Cr_2O_3 和 M_3C_2 两种相。但随着结焦层的加厚，氧分压逐渐降低，此处的 Cr_2O_3 氧化膜最终将会全部转变成 M_3C_2。

此外，式4-1所示反应所产生的 O_2 会沿晶界扩散，在晶界处形成氧化物，可以看出炉管内壁亚表层的粗大条状碳化物中存在氧化物，如图4-9b所示，但是随着焦层厚度的增加，炉管亚表层的碳活度逐渐增加，氧分压逐渐降低，所以亚表层晶界处出现的氧化物最终会被还原成碳化物，转变成如图4-5b所示的组织。

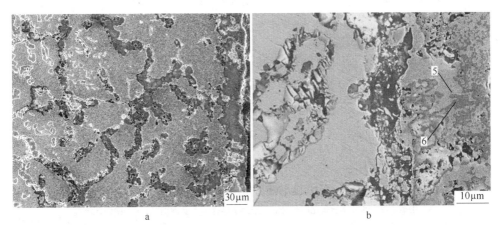

图4-9 炉管B内壁存在残留氧化膜的组织

a—低倍；b—高倍

（5、6代表试样编号）

对于结焦炉管B，综合图4-5b、c和图4-9所示的组织特征，可知结焦所引起的组织变化（见图4-10）进程如下：（1）丝状焦最初在 Cr_2O_3 氧化膜的缺陷中生长，加快氧化膜的破坏，导致基体铬含量降低，贫化区加宽；（2）结焦层加厚，氧分压降低，Cr_2O_3 开始与焦体反应生成 Cr_3C_2，反应生成的 O_2 进入亚表层，在晶界处生成氧化物；（3）氧化膜的反复破坏和重建使炉管亚表层基体的 Cr 含量到达临界值，外氧化膜不能再重新形成，此时渗碳速度剧增，临近内壁外侧的碳化物和氧化物在晶界上并存；（4）亚表层的晶界氧化物被还原，同时渗碳区加宽，最终形成如图4-5b所示的组织。

4.4 结焦对炉管使用性能的影响

表4-2为A、B两种炉管的拉伸实验结果。可以看出，结焦对长时服役炉管的力学性能有很大影响。炉管B的强度和塑性都有所降低，塑性指标降低尤其明显。主要原因在于结焦造成了炉管的严重渗碳，从而使基体中的碳化物粗化，

晶界上的粗大脆性碳化物降低了晶粒间的连续性，使变形不均匀，极易在碳化物中形成裂纹，故结焦炉管的力学性能较差。

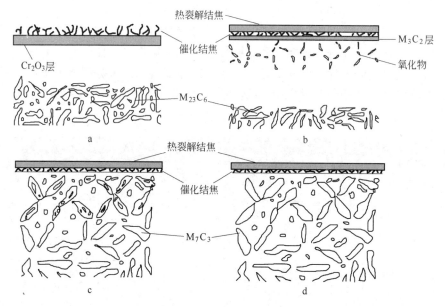

图 4 - 10　结焦引起的组织变化示意图

a—生成丝状焦炭；b—氧化膜破坏，贫化区加宽；c—渗碳加剧；d—渗碳区增宽

表 4 - 2　炉管室温拉伸试验结果

炉管	屈服强度 $R_{p0.2}$/MPa	抗拉强度 R_m/MPa	伸长率/%
A	277.5	497	4
B	269	385.7	0.83

参 考 文 献

[1] 陈滨. 乙烯工学 [M]. 北京：化学工业出版社，1997.

[2] 栾小建. 退役炉管和预氧化表面结焦行为与抑制技术研究 [D]. 上海：华东理工大学，2011.

[3] 颜磊. 25Cr35Ni 合金表面原位制备复合氧化膜方法及性能研究 [D]. 上海：华东理工大学，2013.

[4] Luan T C, Eckert R E, Albright L F. Gaseous pretreatment of high-alloy steels used in ethylene furnaces: pretreatment of Incoloy 800 [J]. Industrial & Engineering Chemistry Research, 2003, 42 (20): 4741 ~ 4747.

[5] Zhiyuan W, Hong X, Xiaojian L, et al. Effect of potassium acetate on coke growth during light

naphtha thermal cracking [J]. Industrial & Engineering Chemistry Research, 2011, 50 (17): 10292～10297.

[6] 吴欣强, 杨院生. 25Cr35Ni 耐热合金表面结焦机制 [J]. 腐蚀科学与防护技术, 1999, 11 (5): 274～278.

[7] Cai H, Krzywicki A, Oballa M C. Coke formation in steam crackers for ethylene production [J]. Chemical Engineering and Processing: Process Intensification, 2002, 41 (3): 199～214.

[8] Chun C, Ramanarayanan T, Mumford J. Relationship between coking and metal dusting [J]. Materials and Corrosion, 1999, 50 (11): 634～639.

[9] 李处森, 杨院生. 金属材料在高温碳气氛中的结焦与渗碳行为 [J]. 中国腐蚀与防护学报, 2004, 24 (3): 188～192.

[10] Jackson P, Trimm D, Young D. The coking kinetics of heat resistant austenitic steels in hydrogen-propylene atmospheres [J]. Journal of Materials Science, 1986, 21 (9): 3125～3134.

[11] Boehm H. Carbon from carbon monoxide disproportionation on nickel and iron catalysts: morphological studies and possible growth mechanisms [J]. Carbon, 1973, 11 (6): 583～590.

[12] Alstrup I. A new model explaining carbon filament growth on nickel, iron, and NiCu alloy catalysts [J]. Journal of Catalysis, 1988, 109 (2): 241～251.

[13] 吴欣强. 新型抗结焦裂解炉管材料的设计、制备与性能 [D]. 沈阳: 中科院金属所, 1999.

[14] Petkovic-Luton R, Ramanarayanan T. Mixed-oxidant attack of high-temperature alloys in carbon- and oxygen-containing environments [J]. Oxidation of Metals, 1990, 34 (5～6): 381～400.

[15] Freire R M, De Sousa F F, Pinheiro A L, et al. Studies of catalytic activity and coke deactivation of spinel oxides during ethylbenzene dehydrogenation [J]. Applied Catalysis A: General, 2009, 359 (1): 165～179.

[16] Wu X, Yang Y, Than Q, et al. Structure degradation of 25Cr35Ni heat-resistant tube associated with surface coking and internal carburization [J]. Journal of Materials Engineering and Performance, 1998, 7 (5): 667～672.

[17] Kinniard S, Young D, Trimm D. Effect of scale constitution on the carburization of heat resistant steels [J]. Oxidation of Metals, 1986, 26 (5～6): 417～430.

5　乙烯裂解管的渗碳

近年来，随着对乙烯裂解装置规模的不断扩大、乙烯收得率的不断提高及降低成本等方面的要求越来越高，裂解炉管材料的使用温度不断提高（目前已达1080℃及以上），加之炉管内壁长期与含碳介质接触，活性碳原子从含碳介质中分离出来渗入金属表面，并向金属内部扩散造成材料的碳化现象[1,2]。目前，高温炉管服役过程的失效大多源于服役过程的氧化及碳化[3,4]。氧化膜具有良好的抗渗碳作用。然而实际过程中仍然还有大量服役炉管由于受到严重渗碳腐蚀而发生故障，这主要是由于温度变化、应力、蠕变、清焦等造成氧化膜失效[5~7]。由于碳的高扩散率，渗碳会使碳化物聚合粗化，使得合金内部组织形态和化学成分都发生了较大的变化，在高碳活度下，严重的渗碳甚至会导致炉管发生灾难性的金属尘化[8~11]。

乙烯裂解炉管一般在低应力环境下服役（环境载荷通常在0.5~3.5MPa之内，一般不会高于5MPa），炉管蠕变速率较低，蠕变裂纹扩展较慢[12~14]。但实际服役过程中，由炉管渗碳及渗碳导致的其他性能的恶化，使得炉管经常发生低于正常服役寿命的失效，在所有炉管失效案例中占有很大比例[15~17]。Ul-Hamid和Tawancy等人[18]研究了HP45合金炉管内壁晶间开裂失效与渗碳及蠕变损伤的关系，发现渗碳会使服役的材料产生复杂的应力场；材料内部渗碳与蠕变、热循环共同作用，导致材料出现了蠕变损伤，从而形成孔洞或裂纹，造成材料的组织与性能弱化，以及炉管的使用寿命降低[16,19]。

目前，已有一定量关于服役条件对炉管材料服役寿命影响的报道，但大多为对服役炉管的失效分析，局限于单个因素（如结焦、周期性清焦、热冲击以及热腐蚀等）对炉管寿命的影响[20~23]。研究者大多认为，裂解炉管钢高温服役过程的失效主要源于高温氧化及高温渗碳，但对有关高温渗碳因素的影响机理研究得较少。加之，实际裂解炉管的服役环境复杂，炉管的失效往往是多种因素综合作用。因此，如何从材料学的角度，分析炉管服役过程中单个或多个环境因素对裂解炉管用钢的影响机理，是乙烯裂解装置设计及管材修复、替换等亟须解决的关键。

本章系统介绍HP40Nb及Cr35Ni45Nb合金在接近高温服役条件下的渗碳行为，包括渗碳动力学、氧化层的抗渗碳特性及其对渗碳行为的影响、渗碳后组织与相演变规律及渗碳层对炉管钢持久寿命的影响等，旨在探索该合金在高温服役下的渗碳机理及氧化-碳化叠加机理，从而为提高该合金炉管的抗渗碳性能、建立服役过程更换准则以及进一步评估服役寿命奠定基础。

5.1 低压真空渗碳

渗碳法大致分为固体渗碳、液体渗碳、气体渗碳、真空渗碳、等离子体渗碳。其中气体渗碳又包括转化式气体渗碳、滴注式气体渗碳、N_2基渗碳、直接气体渗碳。表5-1列出了渗碳法的种类与特征。考虑到批量生产和环保性等因素，渗碳法在目前或今后会得到广泛应用的工艺有气体渗碳法与真空渗碳法。

表5-1 渗碳法的种类与特征[24]

渗碳法		渗碳剂	优 点	缺 点
固体渗碳		木炭（C）+促进剂（$BaCO_3$，Na_2CO_3）	设备费用低，适于小批量生产；可处理大型工件	作业环境差；不能正确调节表面碳质量浓度
液体渗碳		盐浴（NaCN + $BaCl_2$ + Na_2CO_3）	适于多品种少量生产，硬化层均匀性好，可得到薄硬化层	需要排水处理设备，需要考虑作业环境对策；难处理盐浴的管理；隔离碳的处理难
气体渗碳	转化式气体渗碳	CH_4+空气，C_3H_8+空气，C_4H_{10}+空气	可调节碳质量浓度；易于自动化，面向中等、大批量生产	如果不是大批量生产，则处理费用比较高；原料气体消耗量及排气量多；不能实施断续性生产
	滴注式气体渗碳	CH_3OH + C_3H_8	可调节碳质量浓度；容易自动化，面向中等、大批量生产；渗碳速度快，可间歇性操作	原料气体消耗量及排气量稍多
	N_2基渗碳	N_2 + CH_3OH + C_3H_8	安全性好；可调节碳质量浓度，容易自动化；面向中等、大批量生产；晶界氯化少可间歇性生产	原料气体消耗量及排气量稍多
	直接气体渗碳	CH_4+空气，C_4H_{10} + CO_2 CH_3OH + C_3H_8 + CO_2	在气体修碳法中，原料气体消耗量及排气量最少；可调节渗碳质量浓度，易自动化，面向中等、大量生产；可间歇式作业	气氛的稳定性差；因燃烧排气，要排放 CO_2
真空渗碳		C_2H_2，C_3H_8 C_2H_4，C_4H_{10}	利于环保，无晶界氧化；渗碳速度快，可对细孔内部渗碳，难硬化材料也可处理	设备费用高；表面的碳质量浓度的调节方面还存在问题
等离子体渗碳		C_3H_8，CH_4	利于环保；无晶界氧化；渗碳速度快；难硬化材料也可处理	设备费用最高；表面碳质量浓度的调节有问题；工件充填密度低；对复杂形状工件渗碳层均匀性差

由于真空渗碳（LPC）后的炉管具有表面光亮、无内氧化、高温、节约渗碳用气以及环保等优点，国际上从 1968 年开始研究真空渗碳，但由于炭黑污染等原因普及速度较慢[43]。低压真空渗碳是在低压（$p \leqslant 3\text{kPa}$）真空状态下，通过多次强渗（通入渗碳介质）及扩散以达到材料要求的渗层深度的工艺过程[44]。

5.1.1　真空渗碳原理[25]

5.1.1.1　渗碳气的分解

采用乙炔作为渗碳气。实验证明乙炔在相同条件下输送到工件表面的碳量（或碳传输量）要比其他气体高很多，具有很强的渗碳能力。在渗碳温度下，乙炔的分解反应式如下所示：

$$C_2H_2 \Longrightarrow 2[C] + H_2 \qquad (5-1)$$

乙炔只在与金属表面接触时发生分解，在渗碳温度下不发生聚合生成焦油，也不产生炭黑，而且可再现性强。炭黑问题解决的主要原因在于将乙炔在极低压力下（1kPa 以下）用作渗碳气体，表面的活性有很大提升[26,27]。但其缺点是分解产物不含氧，因此无法使用类似的氧探头传感器监控与控制炉气的碳势。

5.1.1.2　吸收阶段

由于材料表面原子与内部原子所处应力场不同，因而乙炔分解的活性碳原子可以吸附在材料表面，并溶入奥氏体内。事实上，真空热处理状态下，材料表面具有极好的活性，容易引起化学反应从而使吸收过程加速。

零件表面的富碳能力可以用单位时间内单位面积表面吸附的碳量（表面富化率或表面碳传递系数）$F(\text{Flux})$ 表示[26]：

$$F = D_P \times \frac{3600}{ta} \qquad (5-2)$$

式中，D_P 为渗碳前后质量变化，g；t 为渗碳期时间，s；a 为工件总表面积，m^2。

5.1.1.3　扩散阶段

当乙炔气体中的碳浓度等于奥氏体的饱和溶解度时，渗碳深度 d_T 与渗碳温度 T、渗碳时间 t 的关系如下：

$$d_T = \frac{802.6\sqrt{t}}{10 \times \dfrac{6700}{T}} = 25.4K\sqrt{t} \qquad (5-3)$$

式中，d_T 为总渗碳深度，mm；t 为渗碳时间，h；T 为渗碳温度，K；K 为渗碳速率系数。由公式可知，渗碳温度提高，渗碳效率会大大提高。

在求出渗碳时间 t 后可由 Harris 公式得到渗碳时间：

$$t_C = t \times \left(\frac{C_1 - C_0}{C_2 - C_0} \right)^2 \tag{5-4}$$

式中，t_C 为渗碳期时间；C_1 为扩散后表面碳浓度；C_2 为渗碳期结束后表面碳浓度（即渗碳温度下碳在奥氏体中的最大固溶度）；C_0 为原材料的含碳量；t 为总渗碳时间，$t = t_C + t_D$，t_D 为扩散期时间。

可以用扩散定律确定渗碳深度。渗碳深度大约与渗碳时间的平方根成正比，因此总的渗碳层深度可近似认为由渗碳期和扩散期两段时间之和决定[24]，即：

$$D = K\sqrt{t} \tag{5-5}$$

式中，D 为渗碳层深度；t 为渗碳总时间；K 为渗碳扩散率。

渗碳属于非稳态扩散过程，可以采用菲克第二定律（Fick's second law）来解释。由于耐热钢管为圆柱，因而若假定扩散系数 D 为常数的话，菲克第二定律为[28]：

$$\frac{\partial C}{\partial t} = D \left(\frac{\partial^2 C}{\partial t^2} + \frac{1}{r} \times \frac{\partial C}{\partial r} \right) \tag{5-6}$$

式中，C 为碳浓度（质量分数），%；D 为扩散系数，mm^2/s；t 为时间，s；r 为半径，mm。

假设表面碳浓度瞬间达到饱和，则渗碳阶段（式5-6）的边界条件可近似为：

$$C_{r_0}^t = C_S \tag{5-7}$$

式中，$C_{r_0}^t$ 为渗碳阶段某一瞬间表面的碳浓度；C_S 为渗碳温度 T 下奥氏体的饱和碳浓度。

第一个渗碳阶段（式5-6）的初始条件为：

$$C_r^{t=0} = C_0 \tag{5-8}$$

式中，$C_r^{t=0}$ 为渗碳阶段初始时渗层任意一点碳浓度；C_0 为零件原始碳浓度。

扩散阶段由于表面不存在脱碳及氧化，故边界条件为：

$$\frac{dC}{dt} \bigg|_{r=r_0} = 0 \tag{5-9}$$

5.1.2 真空低压渗碳工艺

真空低压渗碳工艺流程如图5-1所示[29]。

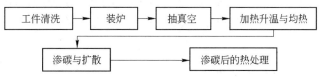

图5-1 真空低压渗碳工艺流程

真空渗碳时可采用不同的工艺，有一段式、摆动式和脉冲式，以脉冲式居多。脉冲式低压真空渗碳工艺如图 5 - 2 所示，在 A 阶段通入渗碳气体乙炔，形成较高碳势的碳气氛，经过一定时间后，抽真空至 B 状态，使得碳原子开始向试样内部扩散，这样一个过程被认为是一个脉冲过程。重复这个过程，并不断加长脉冲的时间直到渗碳阶段结束。

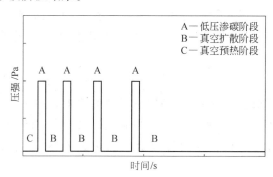

图 5 - 2   低压真空渗碳工艺示意图

一般而言，强渗时间为 12 ~ 15min，扩散时间为强渗时间的 0.5 ~ 3 倍之间，渗碳时间与扩散时间的比值简称渗扩比，它是调节渗碳层碳浓度和碳浓度梯度的主要参数，渗扩比大时渗碳层碳浓度高，浓度梯度大，渗碳速度快，但渗碳层性能过渡不均匀。

传统的气体渗碳采用控制渗碳气氛的碳势来控制渗碳层，而真空低压渗碳采用的是"饱和值调整法"，即通过调整碳达到奥氏体基体饱和固溶度的渗碳时间以及随后的扩散时间来控制渗碳层，图 5 - 3 以 Fe-C 相图为例来说明真空渗碳工艺的饱和值调整法的原理[29]。法国 ECM 公司利用模拟仿真技术开发了 INFRACARB 真空渗碳软件，使得可以通过计算机设定最终表面碳浓度、渗碳层深度来计算出渗碳、扩散时间，从而进行过程控制[30]。

乙炔真空渗碳后应用氮气进行气淬，一方面可以保持清洁干燥，另一方面能减少工件的畸变。

谭辉玲等人[31]在探讨渗碳动力学特征时认为在渗碳期的不同时期具有不同的情况（见图 5 - 4 和图 5 - 5）：（1）初期，表面碳浓度尚未饱和时主要以碳元素直接溶于奥氏体为主，即以扩散控制为主；（2）中期，表面可局部或极薄地形成碳化物，可是由于碳仍不断向内扩散，碳化物发生了分解，即为扩散 - 表面反应综合控制；（3）后期，可在表面完整形成一层碳化物，使碳的扩散受阻，以表面反应控制为主。

5.1.3   渗碳的多元反应扩散热力学

由于 Cr 含量很高，碳在奥氏体中的溶解度很低，渗碳层中析出碳化物。碳

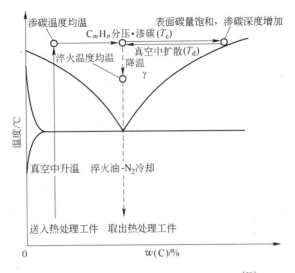

图 5 – 3　真空低压渗碳的饱和值调整法[29]

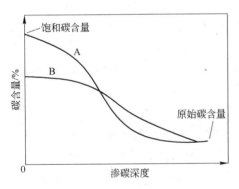

图 5 – 4　扩散前后碳浓度曲线
A—渗碳期结束；B—扩散期结束

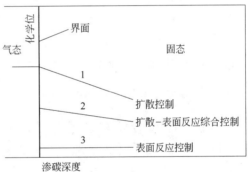

图 5 – 5　渗碳期内不同时期的控制环节[31]

化物的析出降低了奥氏体基体中的 Cr 浓度，提高了碳的溶解度，从而使渗碳得以继续进行，并始终保持碳浓度梯度。当含碳量较低时析出 $M_{23}C_6$ 型碳化物，随着碳浓度的增加，$M_{23}C_6$ 逐渐转化为 M_7C_3 型碳化物，全部转化完毕后直接析出 M_7C_3 型碳化物。可以认为，高 Cr 钢的渗碳是一个扩散和多种碳化物析出与转变相耦合的反应扩散过程。

渗碳过程中析出的 $M_{23}C_6$ 和 M_7C_3 型化合物的成分分别接近于 $Cr_{16}Fe_7C_6$ 和 $Cr_{3.5}Fe_{3.5}C_3$。$M_{23}C_6$、M_7C_3 在奥氏体中的溶解度分别为 N_{C1}、N_{C2}，其溶解度参数分别为 K_{S1}、K_{S2}，则有：

$$N_{C1} = \frac{1}{K_{S1}^{1/6} K_{Cr}^{16/6} K_{Fe}^{7/6}} \qquad (5-10)$$

$$N_{C2} = \frac{1}{K_{S2}^{1/3} K_{Cr}^{3.5/3} K_{Fe}^{3.5/3}} \tag{5-11}$$

K_S 与平衡常数的关系为：

$$K_{S1} = \frac{1}{N_C^6 N_{Cr}^{16} N_{Fe}^7} = K_{P1} \gamma_C^6 \gamma_{Cr}^{16} \gamma_{Fe}^7 \tag{5-12}$$

$$K_{S2} = \frac{1}{N_C^3 N_{Cr}^{3.5} N_{Fe}^{3.5}} = K_{P2} \gamma_C^3 \gamma_{Cr}^{3.5} \gamma_{Fe}^{3.5} \tag{5-13}$$

为了计算渗碳过程中任意时刻任意位置的奥氏体碳浓度，需要知道各碳化物生成反应的平衡常数 K_{P1} 和 K_{P2} 的值。根据化学平衡理论，可利用碳化物的标准生成自由焓计算 K_P，即：

$$\Delta G^{\ominus} = -RT\ln K_P \tag{5-14}$$

由文献 [32] 可知，$M_{23}C_6$ 和 M_7C_3 的标准生成自由焓 $\Delta G^{\ominus}$ 值如下：

$$\Delta G^{\ominus}_{Cr_{16}Fe_7C_6} = -72500 - 36.5T(J/mol) \tag{5-15}$$

$$\Delta G^{\ominus}_{Cr_{3.5}Fe_{3.5}C_7} = -30430 - 76.7T(J/mol) \tag{5-16}$$

在渗碳过程中奥氏体的碳浓度不断增加，当其达到与 $M_{23}C_6$ 平衡时的碳浓度 N_{C1} 时，开始析出 $M_{23}C_6$ 型碳化物；碳浓度继续增加至与 M_7C_3 平衡的碳浓度 N_{C2} 时，已析出的 $M_{23}C_6$ 向 M_7C_3 转变；全部转变完毕后就直接析出 M_7C_3。这样，从钢的表面向内部依次存在三个碳化物区域：M_7C_3 区、$M_{23}C_6$ 与 M_7C_3 共存区、$M_{23}C_6$ 区。

5.2　未服役 HP40 合金的真空渗碳行为

未服役 HP40 合金渗碳后强渗层的组织形貌与内部组织有较大差异，强渗层本身随渗层变化也有较大区别。以真空渗碳 10h 为例，如图 5-6 所示，在内侧面 60~80μm 范围内，晶内区域大量粗大块状碳化物相互交接形成无规则三维网

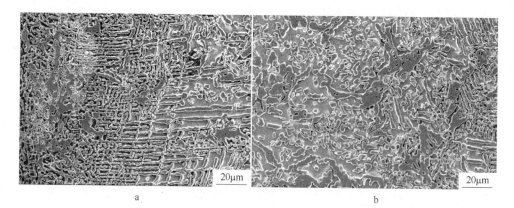

图 5-6　未服役 HP40 合金真空渗碳 1100℃/10h 后的显微组织

a—表面；b—靠内侧

络，基体含量很少；该位置下方约 100μm 范围内的晶粒内，片状碳化物平行分布或三个维度皆有平行碳化物分布，使整体成为平行六面体网络；三维网格碳化物下方晶内为粗大无规则边缘光滑的块状碳化物，晶内各块状碳化物彼此不交接；随着渗碳层的加深，晶内碳化物逐渐变为规则四边形碳化物，尺寸变小，数量增多，而且在一次碳化物周围几乎无分布，呈现为贫碳化物区；继续向内深入可以看到，四边形碳化物逐渐变少，主要为一次碳化物周围颗粒状或短棒状的密集碳化物颗粒群。

在 HP40 合金内部，由于受渗碳影响较小，晶粒内组织的变化主要受时效因素的影响。从图 5-7a 可知，时效过程中二次析出相主要呈颗粒状和针状，并且析出相偏聚在枝晶间一次析出物周围。图 5-7b 所示为含 Nb 相周围的针状析出物形态，整体呈现出"爬虫状"，结合图 5-8 对图 5-7b 的能谱元素面进行分析可以看出，含 Nb 相主要还是 NbC，没有发生转化，说明 NbC 相对来说非常稳定；NbC 周围的针状析出相主要含 Cr 和 C，可能为 M_7C_3 或 $M_{23}C_6$，针状相的生长取向并非杂乱无章的，而是与合金基体呈现明显的择尤取向关系，这种惯习生长一般而言是沿着奥氏体的较密排或密排方向的，从而减小相的形核及生长自由能。

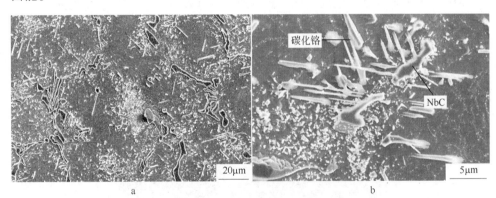

图 5-7　未服役的 HP40 合金时效 10h 后组织变化

a—宏观组织变化；b—NbC 周围针状相

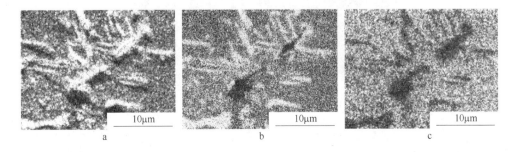

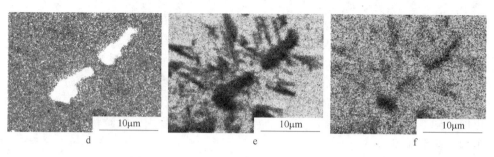

图 5-8 HP40 合金时效过程中的针状相析出

a—C；b—Cr；c—Fe；d—Nb；e—Ni；f—Si

5.3 服役态 HP40 合金的真空渗碳行为

为了探索氧化层对渗碳的影响，渗碳之前将内表面部分氧化层进行打磨，减薄或消除部分氧化层，再观察碳的渗入情况。

5.3.1 未打磨内壁

图 5-9 为未打磨内壁的 HP40Nb 真空渗碳 1100℃/5h 后的显微组织，对其进行能谱元素面分析，结果如图 5-10所示。可以看出渗碳层并未穿越整个晶间氧化区，仅渗入约 $250\mu m$ 的范围，在渗碳层区域内，氧含量显著降低，该区域渗碳前主要为 Cr_2O_3，渗碳后 Cr_2O_3 被还原，由于内侧面碳浓度很高，因而可以认为 Cr_2O_3 最终原位转化为碳化铬；渗碳层前沿最终止于 SiO_2 氧化区的起点左右，所以可以得出结论，SiO_2 氧化层的抗渗碳能力要远高于 Cr_2O_3 氧化层，可能与 SiO_2 不易被还原和 SiO_2 本身致密的特性有关。

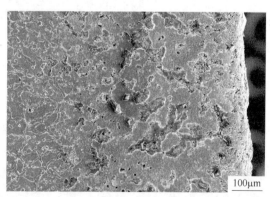

图 5-9 服役态 HP40Nb 炉管（未打磨内壁）真空渗碳 1100℃/5h 后的组织形态

碳化铬下方的金属基体在严重氧化和真空渗碳过程中消耗了金属基体中大量的 Cr 元素，使得该区域组织发生了较为有趣的变化。在渗碳区内发现金属基体

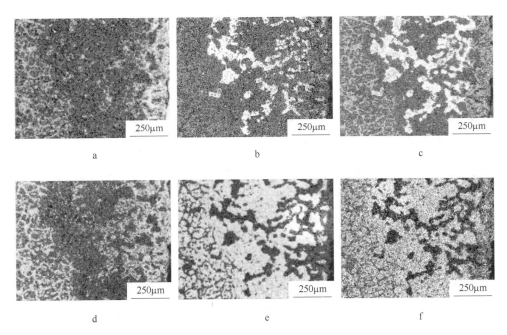

图 5 – 10　服役态 HP40Nb 真空渗碳 1100℃/5h 后显微组织元素面分析结果

a—C；b—Si；c—O；d—Cr；e—Ni；f—Fe

内分布着许多花纹状的组织，如图 5 – 11 所示。对渗碳区内的局部组织进行元素面分析，结果如图 5 – 12 所示。可知该区域内主要为 Fe、Ni，可能为（Fe，Ni）的中间相，对花纹状组织进行能谱分析，结果如图 5 – 13 所示，可知 Ni 含量约 52%，其余基本是 Fe，其他元素的影响较小，由 Fe-Ni 二元相图判断可以推测，花纹状的相可能为 $FeNi_3$，其余部分为 α-Fe。

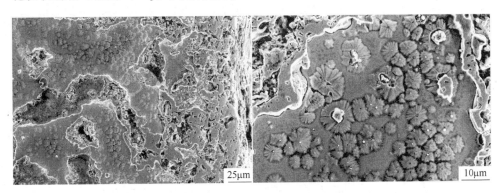

图 5 – 11　渗碳区内晶内的花纹状组织

a—宏观；b—微观

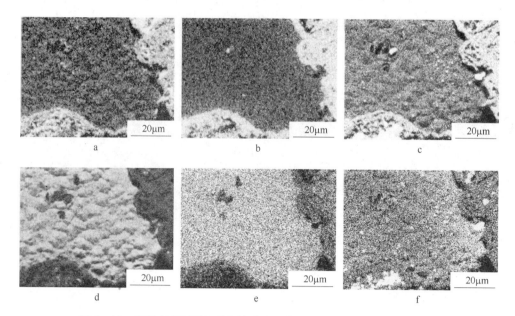

图 5 - 12　服役态 HP40Nb 真空渗碳 1100℃/5h 后显微组织元素面分析

a—C；b—Cr；c—O；d—Ni；e—Fe；f—Si

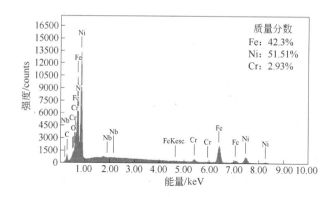

图 5 - 13　花纹状组织的能谱分析

5.3.2　打磨内壁

　　图 5 - 14 为打磨内壁的 HP40Nb 真空渗碳 1100℃/5h 后的显微组织，对其进行能谱元素面分析，结果如图 5 - 15 所示。可以看出渗碳层深度很深，即将贯穿晶间氧化区，同时氧含量随着渗碳层的深入也逐渐减少，Ni 和 Cr 的分布几乎不变，说明 Ni 对于抗渗碳性能意义很小，同时 Cr 的产物基本为原位转换。

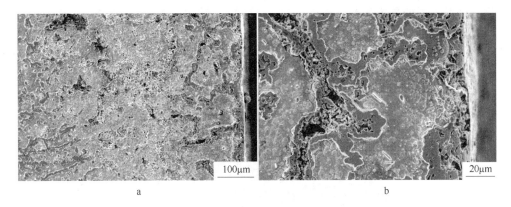

图 5 - 14　服役态 HP40Nb（打磨内壁）真空渗碳 1100℃/5h 后的显微组织

a—宏观；b—微观

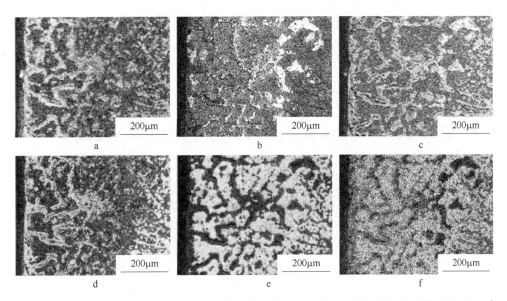

图 5 - 15　服役态 HP40Nb（打磨内壁）真空渗碳 1100℃/5h 后显微组织元素面分析

a—C；b—Si；c—O；d—Cr；e—Ni；f—Fe

图 5 - 16 重点对未渗碳、渗碳 5h（未打磨氧化层/打磨氧化层）三种状态下渗碳层的分布进行了对比，结果显而易见，在未进行渗碳的时候，晶间氧化区在服役过程中已经有了一定的渗碳；未打磨掉表层氧化层的渗碳，渗碳层深度只有 200μm 之内；而除去表层氧化层后，渗碳层的深度陡升至 400 多微米。原因可能如下：表层可能存在一层较为致密而且较厚的 Cr_2O_3 氧化膜，氧化膜下为晶间氧化区，未机械打磨这层氧化层时，碳原子穿越该氧化层较为困难，难以渗入；打磨掉该氧化层后，碳原子可以直接沿枝晶间向内快速渗入，虽然到了 SiO_2 晶间

氧化区时，可能是由于 SiO_2 分解或者转化的速率很慢，渗碳速率减慢，但 Cr_2O_3 晶间氧化区穿过速率较快，因为具有较深的渗碳层深度。

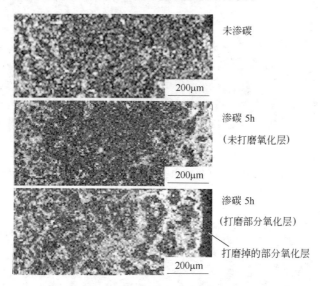

未渗碳

200μm

渗碳 5h

（未打磨氧化层）

200μm

渗碳 5h

（打磨部分氧化层）

打磨掉的部分氧化层

200μm

图 5 – 16　氧化层对渗碳层深度的影响

5.4　未服役 Cr35Ni45Nb 合金真空渗碳行为及组织演化机理

5.4.1　真空渗碳后炉管的组织特征

图 5 – 17 为 Cr35Ni45Nb 真空低压渗碳不同时间后内侧面附近物相的变化，可以明显看出渗碳以后表面附近主要存在的物相包括奥氏体基体、Cr_7C_3 及 NbC

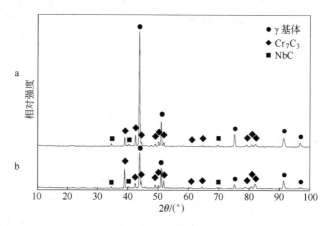

图 5 – 17　Cr35Ni45Nb 真空低压渗碳不同时间后的 XRD 衍射图谱

a—1h；b—3h

等。从峰位的高低可以看出渗碳不同时间后各相含量的变化情况：随时间的延长，表层及亚表层的 Cr_7C_3 含量逐渐增多；在晶内大量析出长大或在晶界合并粗化的碳化物使得固溶体含量相对减少，使得图 5-17 中奥氏体基体的峰位下降；NbC 是凝固过程中形成的片层状共晶相，NbC 的峰位变化不大，可知短时真空渗碳对 NbC 的影响较小，具有较好的稳定性。需要特别明确的是，XRD 衍射分析的作用深度只有几十微米，因而不能反映完整渗碳层区域内的物相信息。

图 5-18 为 Cr35Ni45Nb 真空渗碳不同时间后内侧横截面的显微组织，可以明显看出，随着渗碳深度的加深，显微形貌出现了较大的差异。图 5-19a 为经 1080℃/5h 渗碳后炉管内壁在气固交界面生成的碳化物层形貌，该碳化物层表面主要以类似"杨梅粒子"的形态存在；图 5-19b 的 A 位置为图 5-19a 对应的表面碳化物层横截面，其厚度约 5μm，结合图 5-17 的 XRD 衍射结果及表 5-2 的 EPMA 分析可知该区域为 M_7C_3 层。

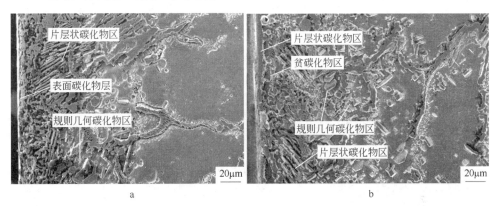

图 5-18　Cr35Ni45Nb 真空渗碳不同时间后内侧横截面的显微组织
a—1h；b—5h

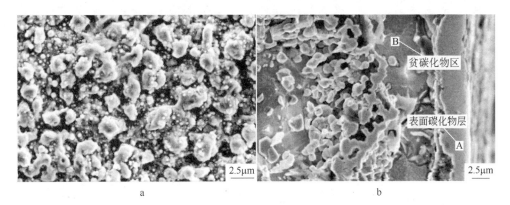

图 5-19　炉管经 1080℃/5h 真空低压渗碳后内表面附着碳化层形貌
a—表面；b—侧面

如图 5-19b 的 B 位置所示，在 1080℃/5h 真空低压渗碳后，炉管表层碳化物层下方出现了贫碳化物区，约 6μm 宽，由于 Cr 富集于表层，该区域贫 Cr（约17.7%）而富 Ni（约 62.5%），Cr 的碳化物在该区域不能稳定存在，从而形成一段贫碳化物区域。而渗碳 1h 后贫化区很窄，几乎看不到，可知渗碳 1h 后亚表层碳化物尚处于稳定的状态。

从贫碳化物区下方开始为内部渗碳区，随着渗碳区深度的变化，从外向内不同位置的晶内析出物依次具有不同的形态，包括平行片层状碳化物区和规则几何碳化物区（六边形、近八面体）。平行片层状碳化物从贫碳化物区的前沿处或者枝晶间形核，以几乎相同的取向进行片层状择尤生长，片层状碳化物之间保持着平行关系。结合 XRD 衍射分析及电子探针定量分析（见表 5-2）可知，该片层状碳化物为 M_7C_3。规则几何碳化物区开始于贫碳化物区或片层状碳化物区下方，该区域的晶内分布着分别呈六边形和八面体形态的碳化物，如图 5-20 所示。对两种形态的碳化物分别用电子探针进行分析（见表 5-2），可知六边形碳化物为 $M_{23}C_6$，八面体碳化物为 M_7C_3。

在内部渗碳区的下端，晶内析出的碳化物大量减少，但一次碳化物附近生成较多体积微小的碳化物颗粒和一定量粗化的规则形态碳化物。与片层状碳化物区和规则几何碳化物区这样的强烈渗碳区域（称为"强渗区"）相比较而言，该区域的碳流量已经急剧较少，故称为"扩散区"（见图 5-23）。扩散区的下方受渗碳的影响很小（称为"弱影响区"），由于时效的作用，一次碳化物附近也析出弥散细小的二次碳化物颗粒。

图 5-20 不同几何形态的碳化物

a—六边形；b—近八面体

表5-2 电子探针定点分析结果（原子分数）　（%）

元 素		C	Cr	Si	Ni	Fe	Nb	相
位置	表面碳化物层	31.39	60.21	0.17	3.96	4.18	0.10	M_7C_3
	六边形碳化物	20.70	70.91	0	4.69	3.63	0.07	$M_{23}C_6$
	八面体碳化物	29.29	58.98	0.32	6.64	4.67	0.1	M_7C_3

5.4.2 真空低压渗碳后炉管内壁的渗碳行为分析

乙炔真空低压渗碳初始时合金表面反应有两个显著特点：（1）初始时合金表面活性最高。合金表面过渡金属 Fe、Ni 的 d 能级为五重简并态，可容纳 10 个电子，Fe 原子的电子组态为 [Fe]（$3d^6 4s^2$），Ni 原子的电子组态为 [Ni]（$3d^8 4s^2$）。金属 Fe、Ni 的 d 带中某些能级未被充满，称为"d 带空穴"，d 带空穴具有从外界接受电子和吸附原子并与之成键的能力，这对于炉管表面对乙炔分子的化学吸附及催化作用至关重要。在图 5-1 工艺曲线的 C 阶段，渗碳炉开始加热升温并抽真空后，合金表面的污染物分子被蒸发掉，获得了接近晶体学意义上的原子级清洁表面；材料表面存在与表面悬挂键有关的表面重构，表面的净化使得 Fe、Ni 原子 d 带空穴显露出来，原子价键的不饱和度增加[33]。乙炔（H—C≡C—H）分子的 C≡C 键能为 276.72J/atom，而 C—H 键能为 378.29J/atom[34]，因而 C≡C 键首先发生断裂形成≡C—H 自由基，在 d 带空穴的作用下≡C—H 自由基化学吸附在原子级清洁表面上，C—H 键发生分解，C 原子进入奥氏体原子间隙。由于炉管表面"清洁"且碳势高，在渗碳期几分钟内便形成薄层的碳化物层。（2）初始时合金表面碳浓度梯度最大。真空渗碳的特性是碳元素在合金表面可以"瞬间"达到饱和，从而在合金表面形成了很高的碳浓度梯度，而且此时不存在尚未形成的碳化物层的扩散阻碍效应，由菲克第一定律可知，此时的扩散流量最高。而随着渗碳时间的延长，渗碳速率逐渐减慢，一方面由于随着扩散的进行，表面与内部的化学位差逐渐缩小，另一方面也存在表面及内部大块析出物（见图 5-18）对扩散的反作用。

炉管的渗碳是一种广义上的氧化过程，因而也可以用 Wagner 理论来解析。令 C_M 和 D_M 分别表示元素 M 在合金中的浓度和扩散系数，由于 $C_C^{(s)}D_C \gg C_{Cr}^{(0)}D_{Cr}$（$C_X D_X$ 为渗透率，X = C 或 Cr），使得渗碳层深度与时间的关系可以如下表示[35]：

$$X_i^2 = 2k_p^{(i)}t \tag{5-17}$$

$$k_p^{(i)} = \frac{\varepsilon C_C^{(s)} D_C}{v C_M^{(0)}} \tag{5-18}$$

式中，X_i 为渗碳层深度；$k_p^{(i)}$ 为渗碳反应的抛物线速率常数；$C_C^{(s)}$ 为碳在合金表面的浓度；$C_M^{(0)}$ 为碳化物形成元素 M（主要为 Cr，Fe）的初始浓度；ε 为扩散阻碍系数，v 为形成 MC_v 的化学计量系数。可见渗碳速率与 M 在合金固溶体中的浓度成反比例关系。

　　真空渗碳过程中大量的 C 向合金内部渗入，使得 Cr 的碳化物的形态多种多样，这是两个过程竞争的结果，其中表层碳化物的形成是源于 Cr 从亚表层向表面的快速短程扩散，而内部的析出物则是由于 C 的快速渗入。炉管的渗碳行为比较复杂，主要包括以下几个阶段：（1）渗碳开始时，乙炔在内壁表面附近发生分解，形成活性碳原子 [C]。一方面碳原子直接溶于表面奥氏体中，向内发生扩散；另一方面由于大量的晶界及相界连续分布构成高扩散率通道网络，使得大量的碳直接从晶界或相界快速向内渗入。此时，碳元素在气固两相间存在较高的化学位差，表面碳浓度尚未饱和，主要以碳元素直接溶于奥氏体为主，渗碳过程主要为扩散控制（见图 5-5 中的曲线 1），其动力学规律可用式 5-17 表示。（2）随着渗碳的进行，碳元素在气固两相间的化学位差降低，亚表层的 Cr 元素逐渐向表层偏聚，表面局部地或极薄地形成 M_7C_3 碳化物层，可是由于碳仍不断向内扩散，碳化物发生了分解，此时为扩散-表面反应综合控制，本研究中在渗碳 5h 后依旧保持一定的渗碳速率，因而可认定为扩散-表面反应综合控制（见图 5-5 中的曲线 2）。（3）随着时间的延长，表面 M_7C_3 层逐渐增厚，亚表层的 Cr 含量逐渐降低。同时，亚表层附近晶界一次碳化物明显粗大（最宽处可达 7μm 左右），晶内析出片层状碳化物以及规则几何碳化物颗粒。随着渗碳深度的增加，渗碳区域逐渐由表层的强渗区过渡到扩散区，块状二次碳化物明显减少，出现了呈针状或长条状的碳化物，细小弥散的颗粒碳化物也开始出现。随着表层 M_7C_3 的扩展和增厚，亚表层的 Cr 浓度降低，致使临界碳浓度升高，开始形成不连续的贫碳化物区，规则几何碳化物体积增大，内部渗碳区也整体扩展至更深的区域。当渗碳到达一定阶段后，表面附近化学位梯度已经很低，此时表面反应控制主导着整个渗碳进程（见图 5-5 中的曲线 3）。对于本研究中采用的真空低压渗碳工艺，一般在该阶段抽真空或者通入 N_2，来防止超饱和的 [C] 在表面富集形成石墨污染炉腔。

　　碳浓度随着渗碳深度的增加而逐渐降低。碳浓度会影响碳化物的稳定性，图 5-21 为 Thermo-Calc 计算出的 1080℃下不同碳浓度下对应的碳化物种类分布，可以看出，在 Cr35Ni45Nb 合金中，C 浓度高于约 3.6% 时，碳化物种类主要为 M_7C_3，C 浓度在 3% ~ 3.6% 之间（对应图 5 - 21 中的区域 2）为 M_7C_3 和 $M_{23}C_6$ 的混合区域，C 浓度低于 3% 的时候主要为 $M_{23}C_6$。可以看出，对于高镍铬合金，使表层及亚表层附近区域保持 M_7C_3 碳化物稳定存在需要很高的碳浓度，因此随着浓度降低，碳化物分布逐渐由 M_7C_3 变为 M_7C_3 - $M_{23}C_6$ 混合区和最终的 $M_{23}C_6$，从而出现碳化物的三级垂直层状分布（见图 5 - 22），因而这是一个扩散过程中多种碳化物析出和转变的反应扩散过程。

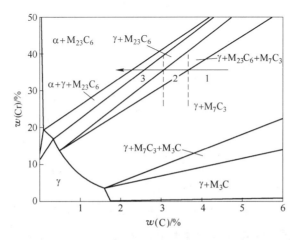

图 5 - 21 1080℃下 Cr35Ni45Nb 中不同碳浓度下的碳化物分布

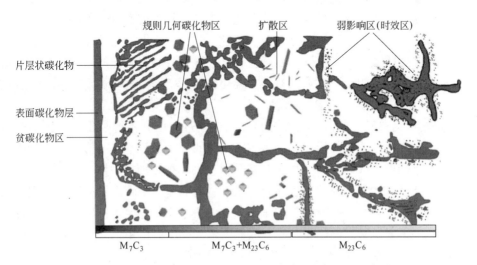

图 5 - 22 Cr35Ni45Nb 炉管真空低压渗碳后内侧组织示意图

碳化物的稳定性要低于氧化物，如表 5 - 3 所示。

表 5 - 3   碳化物的性质[35,36]

碳化物种类	$\Delta G_\mathrm{f}^0 = A + BT(\mathrm{J/mol})$		$V_{\mathrm{MC_y}}/\mathrm{cm}^3$	MP/℃
	A	B		
$\mathrm{Cr_{23}C_6}$	− 411200	− 38. 7	7. 91	1580
$\mathrm{Cr_7C_3}$	− 174509	− 25. 5	8. 26	1665
$\mathrm{Cr_3C_2}$	− 84353	− 11. 53	8. 98	1895
NbC	− 130386	+ 1. 67	13. 47	3480

5.4.3   炉管内壁渗碳后的组织演变机理

5.4.3.1   表层碳化物及亚表层贫碳化物区形成机理

真空渗碳后表面形成了连续的 $\mathrm{M_7C_3}$ 层，形成连续表面碳化物层需要的 Cr 的最小浓度为：

$$C_{\mathrm{Cr,min}}^* = \left(g_{\mathrm{CrC_y}} \frac{\pi}{2v} \times \frac{V_\mathrm{A}}{V_{\mathrm{CrC_y}}} \times \frac{C_\mathrm{C}^{(\mathrm{s})} D_\mathrm{C}}{D_{\mathrm{Cr}}} \right)^{\frac{1}{2}} \tag{5 - 19}$$

式中，$g_{\mathrm{CrC_y}}$ 为形成连续碳化物层的临界体积分数；V_A 和 $V_{\mathrm{CrC_y}}$ 分别为合金和碳化物的摩尔体积。Cr35Ni45Nb 合金具有较高的 C_{Cr}，约 35%，并且真空渗碳环境使得表面碳浓度很高，使得表层碳化物形核后可以持续向周围扩展，这些都为形成最终完整的表面碳化物层提供了充分的保证。渗碳时间对表面碳化物层的影响也是显而易见的，渗碳 1h 后碳化物层薄且不连续，5h 后碳化物层横向拓宽和纵向加厚，组织较为明显。由于表层晶粒严重碳化，容易受晶间腐蚀的影响，为了缓解由于表面膨胀增加的压应力，该表层碳化物层呈现疏松多孔状，表面分解的 [C] 依旧容易穿越进入合金内部。

渗碳 5h 后贫碳化物区在大部分材料的渗碳过程中并不容易出现，因为贫碳化物区与表面碳化物层的形成过程是相辅相成的，表面并不容易形成完整的碳化物层。在渗碳期固气界面超饱和的 C 持续供应，使得表面在短期内即形成薄层的碳化物，此后，大量渗入的碳一部分进入合金内部形成渗碳区，一部分在碳化层底部已生成的碳化物核心或颗粒周围继续合成碳化物。表层的 Cr 元素不能提供大量碳化物形成所必需的物质基础，因而在浓度梯度的作用下，亚表层基体中的 Cr 不断向表面偏聚从而维持 Cr 的持续供应，而由于 Cr 在奥氏体基体中的扩散系数低，短期内合金内部基体中的 Cr 难以向表面方向扩散予以补充。形成 $\mathrm{M_7C_3}$ 的临界碳浓度为：

$$C_{\max} = \left[\exp\left(-\frac{\Delta G_0}{RT} \right) \right]^{-\frac{1}{3}} (\gamma_C)^{-1} (\gamma_M)^{-\frac{7}{3}} (C_M)^{-\frac{7}{3}} \qquad (5-20)$$

式中，ΔG_0 为 M_7C_3 的吉布斯形成自由能；γ_C 和 γ_M 分别为 C 元素和合金元素的活度系数，其是与元素含量有关的函数。可知随着渗碳时间的增加，亚表层的 Cr 元素向表层偏聚程度越高，亚表层 Cr 浓度越低，从而造成 M_7C_3 的临界碳浓度增加，当临界碳浓度高于基体中的碳浓度时，碳原子皆固溶在奥氏体基体内而不析出，且已生成的碳化物由于不能稳定存在亦重新分解，从而形成一段无碳化物析出的贫碳化物区。随着深度的增加，Cr 的浓度逐渐回升，当 $C_{\max}$ 降低到基体的碳浓度值时，碳化物又开始析出。由于相对于 Cr 较慢的扩散速率而言渗碳时间较短，因而贫碳化物区较窄。当然，贫碳化物区的形成并不意味着渗碳的减弱，事实上由于 Cr 的碳化物不能形成，Cr 不具有通过形成析出物来"拖曳"碳扩散的作用，因而碳可以快速穿越贫碳化物区向内部深入；从式 5-19 也可以看出，该区域的 $C_C^{(s)}D_C$ 值较大，C_{Cr}^* 却是最低的水平，ε 和 γ 在一段范围内几乎为常数，因而该区域的扩散系数较高，更有利于碳的扩散。

5.4.3.2 片层状及规则几何碳化物形成机理

片层状碳化物的析出是在各种材料渗碳形貌中较为少见的特征，其和奥氏体基体特定的取向关系与 Cr35Ni45Nb 合金的高 Ni/Cr 浓度有很大的关系。相对于低 Ni/Cr 合金而言，高 Ni/Cr 使得碳渗透率较低（图 5-23），并且由于析出物对扩散进一步的阻碍效应，超饱和度更加难以实现。在较为不利的渗碳环境介质中，碳扩散的路径并不随机，因而析出物与奥氏体基体之间的取向关系也不是随机的，需要进行一定的调整和优化，使得合金达到最佳的渗碳效果。实际上大部分片层碳化物的取向是与扩散方向夹角最小，同时又是析出物相界面能及生长应变能最低的惯习方向。这种最佳取向是很容易理解的：（1）碳化物在奥氏体基体的 {111} 面（惯习面）形核和二维扩展所需的激活能都比较低；（2）生长取向与扩散方向夹角最小也有利于碳沿着碳化物-基体相界面向内快速渗入，大量碳的渗入也为片层碳化物生长前沿的快速扩张提供了物质基础。片层状碳化物区的形态也是随时间逐渐发生变化的：如表 5-4 所示，渗碳 1h 后片层状碳化物区完整而均匀地分布，碳化物区宽约 16μm，片状碳化物的厚度约 1.2~1.4μm，片层间距约 1.2~1.7μm；而渗碳 5h 后大量片状碳化物重新溶解或者合并，仅在局部区域还存在，片状碳化物的厚度已经减薄至 0.9~1.1μm，片间距增至 3.3~3.6μm，碳化物区宽增至 26μm 左右。可知片层状碳化物的形态也不是一直稳定存在的，其作为渗碳过程中的一种中间形态，主要作用是用来协调高 Ni/Cr 合金的低渗透性与高碳浓度梯度下的快速渗碳倾向这对矛盾因素，当渗碳到达一定阶段后，平行片层状碳化物最终将合并粗化。

对于规则几何碳化物群，其析出方位与奥氏体基体也呈一定的取向关系。电

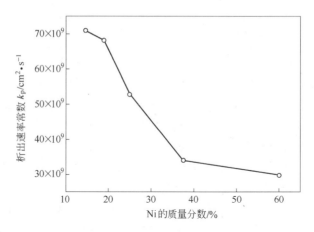

图 5 – 23　1000℃下 Fe-Ni-25Cr 合金中碳化物析出速率常数随 Ni 含量的变化关系[37]

解侵蚀后的六边形碳化物散落在金相表面，形态上似乎没有明显的规律（图 5 – 20a）；而根据晶体学的基本知识，由碳化物特殊的六边形形态可推知其析出方位为奥氏体的 {111} 面（图 5 – 24a），六边形与 {111} 面呈共格或半共格关系，也正是由于 {111} 面的法向存在 4 个取向，析出的六边形碳化物取向较为复杂。八面体碳化物群基本以阵列形式从 Fcc 结构的奥氏体晶内择尤析出（图 5 – 20b），其呈现的晶体学形态也是由于其八个小面皆为奥氏体的 {111} 面（图 5 – 24b），这样的原子级别光滑表面使得原子无法直接附着纵向长大，而是以原子面二维横向生长铺满表面从而增加一个原子层厚度的方式生长。如表 5 – 4所示，分别对渗碳不同时间后的六边形碳化物直径进行统计后发现，1h渗碳后直径约 6.5 ~ 8μm，5h 渗碳后直径约 7 ~ 9.5μm，可知六边形碳化物在第 1 个小时内生长速度最快，在 1 ~ 5h 内生长速度逐渐减缓，增长幅度不大；但在对近八面体 M_7C_3 进行棱长统计后发现，1h 渗碳后棱长只有 1.7 ~ 2.2μm，而 5h渗碳后棱长增至 3.5 ~ 4μm，5h 渗碳后的近八面体体积约为 1h 后的 8 倍，可知碳化物晶核一旦形成，1080℃ 的渗碳温度可以提供足够的能量克服能垒，因而粒子持续长大，Ostward 熟化作用明显；并且在碳源、能源充分供给且以位错较少的枝晶内部作为形核位置等条件下，二次碳化物能以完美的状态发育。

表 5 – 4　不同形态的碳化物析出规律统计

时间	片层状碳化物			六边形碳化物			八面体碳化物		
	位置/μm	片层厚度/μm	片层间距/μm	位置/μm	大小/μm	密集程度	位置/μm	大小/μm	密集程度
1h	9 ~ 25	1.2 ~ 1.4	1.2 ~ 1.7	29 ~ 75	6.5 ~ 8	稀疏	26 ~ 90	1.7 ~ 2.2	密集
5h	9 ~ 35	0.9 ~ 1.1	3.3 ~ 3.6	28 ~ 93	7 ~ 9.5	稀疏	26 ~ 115	3.5 ~ 4	密集

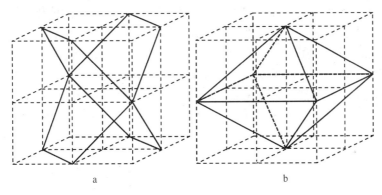

图 5-24 规则几何碳化物的空间方位

a—六边形；b—八面体

5.5 服役态 Cr35Ni45Nb 合金真空渗碳行为及组织演化机理

服役过程中炉管内是由高速的水蒸气和碳氢化合物组成的混合气体，因此形成了强烈渗碳和轻微氧化的环境；虽然炉管内氧分压较低，但是仍可以充分氧化 Cr、Si 等元素，从而在炉管内壁形成一层氧化膜，氧化膜具有一定的防氧化和抗渗碳作用[2,38~40]。然而实际过程中仍然还有大量服役炉管由于受到严重渗碳腐蚀而发生故障，这主要是由温度变化、应力、蠕变、清焦等造成的氧化膜失效所导致的[5~7]。由于碳的高扩散率，渗碳会使碳化物聚合粗化，使得合金内部组织形态和化学成分都发生了较大的变化，在高碳活度下，严重的渗碳甚至会导致炉管发生灾难性的金属尘化[8,10,11]。由氧化和渗碳造成的内壁组织的弱化使得炉管壁有效壁厚减薄，持久寿命降低。迄今，有关炉管材料在高温长时服役条件下氧化行为的研究较多[41]，而有关炉管材料在高温服役过程中的渗碳及抗渗碳行为的研究相对较少。

本节以服役 6 年的 Cr35Ni45Nb 耐热钢炉管为研究对象，通过高温真空低压加速渗碳试验对材料进行化学热处理，系统地研究了该合金在接近高温服役条件下的渗碳行为，包括渗碳动力学、复合氧化层的抗渗碳特性及其对渗碳行为的影响、渗碳后组织及相演变规律及更严重的金属尘化现象等，旨在探索该合金在高温服役下的渗碳机理及氧化-碳化叠加机理，从而为该合金炉管抗渗碳性能的提高、服役过程更换准则的建立以及进一步的服役寿命评估奠定基础。

5.5.1 渗碳动力学

图 5-25 所示为不同服役态的 Cr35Ni45Nb 炉管在 1080℃乙炔真空渗碳后的渗碳动力学曲线。从曲线上可以看出，不同状态炉管材料的渗碳增重有较为相似

的规律。在无表面氧化膜的前提下，服役时间在 0~2.5 年范围内，各炉管的渗碳增重随时间变化曲线相差不大，说明高镍铬材料在服役 2.5 年后仍保持良好的抗渗碳性能。而对于服役 6 年的炉管，无表面氧化层时渗碳增重明显高于其他服役态的炉管，说明炉管服役 6 年后自身抗渗碳性能已经大大减弱，在服役过程中极易受到碳化侵蚀。然而，在表面预制氧化膜后再进行渗碳，动力学曲线却发生了较大的偏差：合金在初始 1h 内渗碳增重极其缓慢地增长，1h 后动力学曲线显著升高，其斜率与无氧化膜时相近。

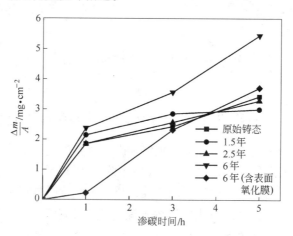

图 5-25 1080℃下不同服役态 Cr35Ni45Nb 的真空渗碳动力学曲线

此外，温度对渗碳速率的影响也是非常显著的。图 5-26 为 Cr35Ni45 合金渗碳速率常数随温度的变化关系，可以发现，随着温度的升高，渗碳速率常数迅速上升。工程上常通过提高炉管裂解温度来提高乙烯裂解效率，炉管由结焦导致的内壁超温现象，都会导致实际炉管的渗碳腐蚀速率上升。

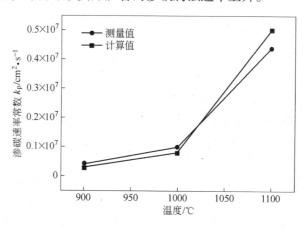

图 5-26 Cr35Ni45 合金渗碳速率常数随温度的变化关系[42]

5.5.2 渗碳后炉管内侧组织特征

图 5 – 27 为服役 6 年炉管真空渗碳后的内侧横截面显微形貌。可以看出，渗碳前后内壁组织发生了显著的变化。对于未除去氧化膜的试样，由于真空渗碳时表面碳活度很高，渗碳 1h 后内壁的 Cr_2O_3 层就已逐步发生碳化，结合图 5 – 28 的 XRD 衍射分析及表 5 – 5 的电子探针分析，可知该碳化物为 M_3C_2。然而 SiO_2 层在渗碳 5h 后却依旧存在，可知在 1080℃ 真空渗碳环境下，氧化区中的 SiO_2 相对于 Cr_2O_3 非常稳定，没有发生转化。Cr_2O_3 连续而且较厚，SiO_2 层较为致密，孔隙、微通道较少，并且碳在氧化层中由于没有可测的溶解度，使得复合氧化层具有优良的抗渗碳能力，在真空渗碳 1h 后合金内部几乎没有发生渗碳（图 5 – 27a），贫碳化物区依旧没有碳化物析出，只有在局部区域存在的裂纹使得晶间氧化前沿的晶界析出较薄的碳化物（图 5 – 27b）。

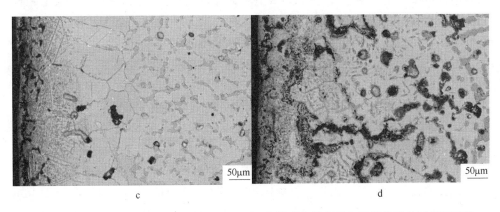

图 5 – 27　不同条件下服役 6 年的 Cr35Ni45Nb 炉管真空渗碳后内壁横截面显微组织形貌

a—存在氧化膜 + LPVC 1h；b—存在氧化膜 + LPVC 5h
c—移除氧化膜 + LPVC 1h；d—移除氧化膜 + LPVC 5h

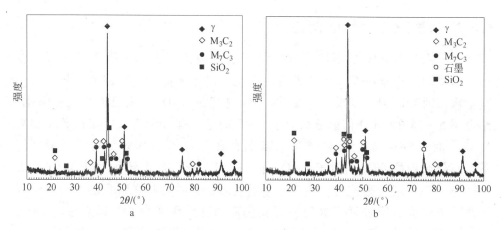

图 5 – 28　表面存在氧化膜的炉管内壁真空渗碳不同时间后的 XRD 谱

a—1h；b—5h

　　图 5 – 27b 为未除去氧化层的炉管内壁渗碳 5h 后的组织。可以看出，表面的 Cr_2O_3 层基本已经全部原位碳化，失去了抗渗碳能力；并且碳化层体积膨胀，其与 SiO_2 层或和合金基体的结合能力减弱，使得图 5 – 27b 的表面碳化层大量脱落。在持续高温渗碳环境下，碳可以沿 SiO_2 中没有完全合并的空隙向内部快速渗入，贫化区晶界生成了较多碳化物。由于通过体扩散的碳含量较少，因而晶内析出碳化物的形态为横跨晶粒、类似孪晶界的平行片层碳化物和呈一定夹角的针状碳化物，与奥氏体基体呈一定取向分布关系。结合图 5 – 28b 的 XRD 衍射谱和表 5 – 5 的 EPMA 分析可知，该碳化物为 M_7C_3。此外，与图 5 – 27a 对比可知，图 5 – 27b 中由石墨化析出引起的内部黑色斑块也慢慢增多。从图 5 – 28 的 XRD 衍射谱也可以看出，由于真空渗碳 1h 后石墨化析出很少，因而图 5 – 28a 中的石墨峰还非常微弱，基本掩盖在背底中，而随着渗碳时间延长至 5h，石墨化析出逐渐增多，使得图 5 – 28b 中石墨峰的强度逐渐增强。

　　图 5 – 27c 是将内壁 Cr_2O_3 及部分 SiO_2 氧化膜除去后渗碳 1h 的组织。由于有效的氧化层障碍减少，碳可以通过晶界扩散和体扩散两个途径同时向内大量渗入，渗碳深度约 220μm，碳化物组织的典型形貌特点是类孪晶碳化物和颗粒碳化物群。由于晶内存在较大的体扩散碳通量，因而相比于图 5 – 27c 而言，晶内析出的碳化物群颗粒细小而均匀。

　　图 5 – 27d 是将内壁氧化膜除去后渗碳 5h 的组织。由于缺乏氧化膜的抗渗碳作用，且渗碳时间较长，因而合金内部出现了非常严重的渗碳，在深度约 510μm 的范围内普遍存在石墨化析出的现象。图 5 – 29 是由炉管内部石墨化析出导致的不同渗层深度的组织形态。对图 5 – 29a 所示的石墨化区域不同位置进行电子探针分析，结果如表 5 – 5 所示。可知图 5 – 29a 中 6* 对应的黑色区域主要为含夹

杂的石墨，7^* 为 M_3C_2，8^* 为原内氧化区域形成的 Cr_2O_3，9^* 为 γ 基体。利用 Thermo-Calc 软件计算得到 γ 基体的固溶度曲线，如图 5-30 所示，由表 5-5 中位置 9^* 的成分可知该处的 Cr 含量为 6.392%，推知该处 γ 基体的饱和碳浓度为 0.95%，而实际测得碳浓度为 0.947%，从而可以知道碳化物周围 γ 基体中的碳浓度基本已经饱和。石墨化区域下方一段范围内渗碳后一次碳化物 $M_{23}C_6$ 逐渐转化为 M_7C_3，并形成了蠕虫状 γ 相，如图 5-29b 所示；服役态中由 NbC 经过 6 年缓慢演变形成的 η 相（Nb_3Ni_2Si），在高温 1080℃ 及较高碳活度下，又重新转变成白色分散颗粒的 NbC 相（如图 5-29b 所示的能谱曲线），而在炉管中心 Nb 依旧以块状的 η 相存在（图 5-29c）。石墨化区域下方 γ 基体内却并无二次碳化物析出，对图 5-29b 的 10^* 位置进行电子探针分析（表 5-5）可以知道，该区域碳活度已经明显下降，γ 基体的 Cr 浓度为 13.58%，结合前面贫碳化物区形成原理的分析可知，该区域 Cr 含量低于碳化物分解的临界浓度 19.0%，二次碳化物皆不能稳定存在而不析出，从而出现枝晶间碳化物转变粗化、晶内贫碳化物的独特组织特点。

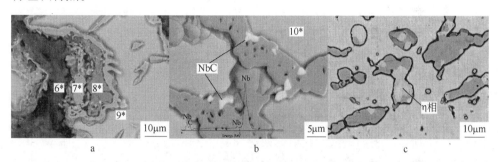

图 5-29　移除表面氧化膜后服役 6 年的 Cr35Ni45Nb 炉管真空渗碳 5h 后的内部组织
a—石墨化区域；b—石墨化区域下方；c—炉管中心

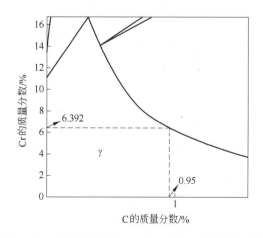

图 5-30　1080℃ 下碳化物在 γ 基体中的固溶度曲线

表 5-5 电子探针定点分析结果（质量分数） （%）

位 置	C	Cr	Si	Ni	Fe	Nb	O	相
1*	5.88	32.97	0.03	0.26	0.74	0.08	60.04	Cr_2O_3
2*	9.19	0.17	25.14	0.16	0.13	0.00	65.22	SiO_2
3*	38.75	41.93	0.27	9.58	9.37	0.10	0	M_3C_2
4*	0	0.72	27.17	0.94	0.79	0.06	70.31	SiO_2
5*	33.89	52.30	0.03	2.86	10.77	0.14	0	M_7C_3
6*	78.75	2.05	0.13	1.61	1.12	0.03	16.31	石墨
7*	36.46	54.24	0.18	2.14	6.81	0.17	0	M_3C_2
8*	0	32.32	0.18	0.19	0.16	0.01	67.19	Cr_2O_3
9*	4.10	6.40	0.74	56.34	32.39	0.03	0	γ-基体
9* (Mass,%)	0.947	6.392	0.398	57.443	34.759	0.061	0	γ-基体
10* (Mass,%)	0.426	13.58	0.26	56.65	33.12	0.06	0	γ-基体

5.5.3 炉管的乙炔真空低压渗碳过程分析

高温渗碳过程涉及 3 个独立的动力学过程：（1）碳从乙炔气体传递到炉管表面，形成"含碳复合体"；（2）碳从合金表面扩散至合金内部；（3）碳在合金内部与碳化物形成元素（Cr、Fe）结合形成碳化物。炉管在高温环境下乙炔真空低压渗碳过程中具有一定的特点。图 5-31 为真空渗碳过程中渗碳期和扩散期结束时内壁碳浓度分布曲线。由于渗碳工艺中渗碳期（active stage）与扩散期（passive stage）交替循环的周期性，碳元素呈"循环波浪式"向合金内部渗入。如图 5-31 所示，表面碳浓度在渗碳期达到最高，形成薄层碳化物，在扩散期由于乙炔停止供给，表层形成的部分碳化物颗粒又逐渐溶解并向内部扩散，使得表面碳浓度降低，碳化物分布曲线变得平缓，再次进入渗碳期后表面又重新达到饱和。如此循环往复，使得最终渗碳区域得以形成。

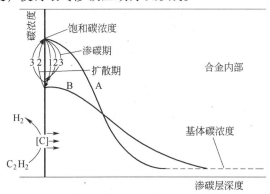

图 5-31 真空渗碳过程中不同阶段结束时内壁碳浓度分布曲线
A—渗碳期；B—扩散期

乙炔在 Fe、Ni 的催化下会发生分解，如下式所示：

$$C_2H_2 \longrightarrow 2[C] + H_2 \qquad (5-21)$$

试样渗碳后单位面积上的渗碳增重为[43]：

$$\frac{\Delta W}{A} = \frac{12D_C}{k\gamma_C^2} a_C^e \left[\exp\left(\frac{k^2\gamma_C^2 t}{D_C}\right) \mathrm{erfc}\left(k\gamma_C\sqrt{\frac{t}{D_C}}\right) + \frac{2}{\sqrt{\pi}} k\gamma_C\sqrt{\frac{t}{D_C}} - 1 \right] \quad (5-22)$$

式中，A 为试样的总表面积；D_C 是 C 在合金中的扩散系数；k 为反应速率常数，$k = k_2 p_{H_2}^{2-v}$；γ_C 为 C 的活度系数；a_C^e 为合金表面平衡 C 活度；t 为渗碳时间；k_2 为式 5 – 21 所示反应的逆反应常数；p_{H_2} 为 H_2 的压强；v 取决于主导反应过程的关键控制因素；$\mathrm{erfc}(x)$ 为余误差函数，并且 $\mathrm{erfc}(\infty) = 0$。结合合金表面状态可知，若表面除去氧化层，碳在气固相界面没有阻碍，转移速率非常快，则有 $k^2\gamma_C^2 t \gg D_C$，则扩散成为反应控制的因素，式 5 – 22 可简化为如下的形式：

$$\frac{\Delta W}{A} = \frac{24}{\pi} \times \frac{a_C^e}{\gamma_C} \sqrt{D_C t} \qquad (5-23)$$

即渗碳速率和时间呈抛物线关系，与图 5 – 25 中采用无氧化膜的矩形试样测定的动力学曲线规律一致。若表面存在氧化层，则表面反应速率成为主要控制因素，即 $k^2\gamma_C^2 t \ll D_C$，则有：

$$\frac{\Delta W}{A} = 12ka_C^e t \qquad (5-24)$$

图 5 – 25 中采用表面存在氧化膜的矩形试样测定渗碳动力学曲线时，该预制的氧化膜的主要成分为 Cr_2O_3。由于 Si 含量较低且预氧化时间相对较短，SiO_2 仍为分散的颗粒，此时其抗渗碳能力可忽略不计。结合图 5 – 25 中含氧化膜的动力学曲线分析可知，在初始 1h 内，由于氧化膜的抗渗碳作用，碳与氧化膜的表面反应成为影响渗碳速率的主导因素；在同样的 a_C^e 下，其渗碳增重与 t 成低斜率的正比例关系。这一方面是由于氧化膜阻碍 C 的渗入，使得 C 通量极其微量；另一方面是也与表面反应使得氧化膜中氧原子大量减少有关，O 的相对原子质量大于 C，表面大量氧化膜在表面反应中由 Cr_2O_3 变为 Cr_3C_2，使得氧化膜部分实际处于减重状态，因而也降低了试样整体的渗碳增重，渗碳程度与图 5 – 27a 类似。当氧化膜 1h 后逐渐碳化完全并发生剥落时，表面渗碳阻碍消失，渗碳速率的主导因素重新由表面反应过渡至内部扩散，使得图 5 – 25 中含氧化膜的动力学曲线的斜率迅速增加至无氧化膜动力学曲线的状态。

5.5.4 氧化层对炉管抗渗碳能力的影响机理

碳在 Cr_2O_3 氧化层并无可测的溶解度，因而碳无法穿过完美致密的氧化膜。但服役过程中氧化膜并不能一直保持连续致密的状态，氧化层中的孔隙和微通道的形成机制有几种：（1）氧化层的分解，特别在晶界上，在分解压很低时，适用于图 5 – 2 的低压扩散阶段；（2）在氧化层加厚过程中由生长应力导致的破裂，适用于当氧化层较厚的时候；（3）生长晶粒的不完美交接，适用于本研究中的 Cr_2O_3 层。并且，服役过程中高温蠕变过程造成的氧化层张力、氧化层与基体之间结合产生的张力、清焦过程中的热冲击以及温差应力等，都有可能使表层氧化膜内部出现各种缺陷，贯穿氧化层的缺陷可以作为含碳分子的扩散途径，从而使得碳可以通过这些氧化层缺陷渗入合金内部。

　　实际上，本研究中氧化层中的渗碳不止上述从缺陷渗入一种机制，在高温、低氧分压且具有还原性的乙炔气氛中，表面 Cr_2O_3 氧化层本身并不稳定，在高碳活度下逐渐发生碳化，导致本身的抗渗碳能力逐渐退化。在渗碳区域只发现了 Cr_3C_2 和 Cr_7C_3 的存在（图 5 – 28、表 5 – 5），氧化物的碳化过程可以用式 5 – 25、式 5 – 26 来表示：

$$Cr_2O_3 + \frac{13}{9}C_2H_2 \longrightarrow \frac{2}{3}Cr_3C_2 + \frac{13}{9}H_2O + \frac{14}{9}CO \qquad (5-25)$$

或

$$3Cr_2O_3 + 4C \longrightarrow 2Cr_3C_2 + \frac{9}{2}O_2 \qquad (5-26)$$

　　在高碳势下，Cr_3C_2 是稳定性高于 Cr_7C_3 和 $Cr_{23}C_6$ 的碳化物，因而作为第一反应产物形成，若在氧化层内反应深度增加，氧化层内部由于碳势降低也会发生如下的反应：

$$Cr_2O_3 + \frac{9}{7}C_2H_2 \longrightarrow \frac{2}{7}Cr_7C_3 + \frac{9}{7}H_2O + \frac{12}{7}CO \qquad (5-27)$$

即 Cr_2O_3 被碳化成 Cr_7C_3。或者已生成的 Cr_3C_2 与底部的 Cr_2O_3 发生作用：

$$Cr_2O_3 + \frac{27}{5}Cr_3C_2 \longrightarrow \frac{13}{5}Cr_7C_3 + 3CO \qquad (5-28)$$

也有 Cr_7C_3 的生成，但仍以 M_3C_2 为主反应产物。

　　事实上，上述"沿缺陷扩散"和"氧化层碳化"这两个机制也是相互促进的，大量的氧化层孔隙和微通道使得含碳气氛能够深入氧化层内部发生分解和与氧化物颗粒发生反应，从而加速了氧化层的还原；而生成的碳化物颗粒也会使得氧化层内部缺陷进一步增多和扩张。

　　图 5 – 32 为炉管表面氧化层发生碳化后碳化物层剥落的表面及侧面形态。可见，当渗碳时间较长，使得表面大部分区域的 Cr_2O_3 氧化层皆变为碳化物层时，碳化层与亚表层的结合状态相对于原先发生了较大变化，且碳化层本身的线膨胀系数低，碳化物层不足以承受原氧化层中的张应力，造成了碳化物层的大量脱落（图 5 – 32）。当 Cr_2O_3 完全碳化后，其本身的抗渗碳能力逐渐降至最低。值得注意的是，本研究中采用的是高温高碳势环境的加速渗碳试验，实际服役过程中温

度和碳势都要低很多，因而氧化物碳化的动力学过程会大大延长。

图 5 - 32　服役态 Cr35Ni45Nb 炉管表面碳化后碳化物层剥落的表面（a）及侧面（b）形态

　　相对于外表层的 Cr_2O_3，亚表层的 SiO_2 则表现出了优秀的稳定性，渗碳 5h 后仍几乎保持不变，从而为炉管壁的抗渗碳能力提供了一定的保证。SiO_2 没有发生还原的原因在于 SiC 的热力学稳定性远远不如 Cr_3C_2 和 Cr_7C_3，因而在氧分压极低（可认为接近于 0）和高还原性的 C_2H_2 气氛中仍可以保持不变，因而不具备 SiC 形成的条件，推测可知温度是影响其高温稳定性的决定因素。由于 SiO_2 致密且碳溶解度极低，故其本身具有出色的抗渗碳能力；但由于合金中的 Si 含量低于形成连续 SiO_2 氧化膜的临界浓度，根据 Wagner 理论[44]，SiO_2 颗粒不能横向生长彼此连接起来，因而 SiO_2 氧化层并不连续，碳可以通过氧化层的间隙渗入合金内部，从而抗渗碳性能减弱。

　　综上可知，复合氧化层的抗渗碳能力是 Cr_2O_3 层和 SiO_2 层协调作用的结果，从而可以最大限度地阻止碳的渗入。氧化层的连续性、致密性和高温稳定性是决定氧化层抗渗碳能力的 3 个重要因素，缺一不可。因而本研究对实际应用的炉管抗渗碳性能的启发是：（1）在不降低主要力学性能的前提下，合理调节合金中 Si、Al 等元素的含量，可使得表面复合氧化层具有良好的连续、致密及高温稳定性；（2）清焦过程中伴随的复合氧化层的破坏和重建要保证氧化层在裂解气通入之前能够将氧化膜完全恢复至连续、致密的最佳状态。

　　金属与含碳气氛反应后的各种腐蚀产物形貌特征[41,42]如图 5 - 33 所示：

　　（1）金属表面不形成氧化膜或无保护性氧化膜，只发生内碳化(图 5 - 33a)。

　　（2）金属表面形成保护性氧化膜。这些氧化膜通常是 FeO、Cr_2O_3 或 Al_2O_3。由于碳在这些氧化物中没有可测的溶解度，不会通过完整的氧化膜向内扩散，合金不发生碳化（图 5 - 33b）。

　　（3）氧化膜产生贯穿裂纹或孔洞，碳可以通过裂纹或孔洞直接到达合金表面发生内碳化（图 5 - 33c）。

　　（4）石墨在氧化膜内部析出，并导致氧化膜破裂，从而发生渗碳（图 5 - 33d）。

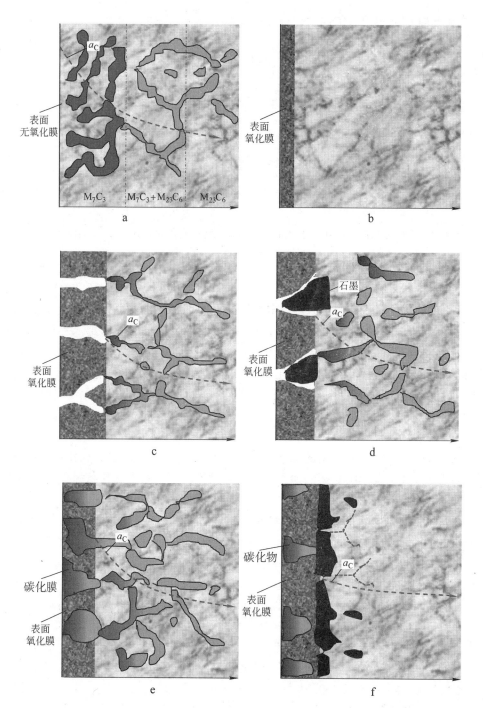

图 5 – 33   氧化层对渗碳的影响

a—表面无氧化膜；b—表面有氧化膜；c—氧化膜存在裂纹；
d—氧化膜中析出石墨；e—氧化膜发生碳化；f—SiO$_2$的影响

（5）在高温下形成的氧化膜中含铁、镍等氧化物，在含碳气氛中有可能被还原，氧化膜变成无保护性的碳化物层（图 5 - 33e）。

（6）合金中加入少量硅可形成 SiO_2 亚层，也可防止渗碳的发生（图 5 - 33f）。

5.5.5 碳化物转变规律

服役 6 年的炉管除去表面氧化膜后，抗渗碳能力大大减弱，如图 5 - 25 中曲线显示，在同样渗碳环境下渗碳 5h 后的渗碳增重为 $4.714mg/cm^2$，比服役 1.5 年的炉管增长 57.1%。服役 6 年的炉管渗碳前一次碳化物已经严重合并和粗化，宽度在 4 ~ 9μm 之间；渗碳后碳化物宽度增至 20 ~ 40μm，最大处甚至达 80μm 宽左右。由于碳化物宽度迅速扩展，碳化物周围短距离内基体中的 Cr 向碳化物迅速扩散，基体中的 Cr 含量急剧下降，造成严重敏化态晶间腐蚀。在无石墨化渗碳区域，碳化物转变可以用下式来表示：

$$M_{23}C_6 + [C] \longrightarrow M_7C_3 + \gamma \tag{5-29}$$

服役炉管材料在未发生渗碳时，碳活度很低，炉管一次枝晶间碳化物以 $M_{23}C_6$ 的形式稳定存在；而发生渗碳后，渗碳区域碳活度升高，一次碳化物逐渐发生从 $M_{23}C_6$ 到 M_7C_3 的转变。图 5 - 34a 和图 5 - 34b 分别为该碳化物转变的示意图和形貌，从形态上来看，这种转变类似于离异共晶，但由于是固 - 固转变，因而可认为是一种离异共析结构。该碳化物转变会导致原来固溶于 $M_{23}C_6$ 的部分原子发生出溶，一部分进入周围 γ 基体，另一部分因为动力学因素无法迅速体扩散至碳化物-γ 基体界面而在碳化物内部形成蠕虫状 γ 相。图 5 - 34c 为蠕虫状 γ 相的能谱图，一次碳化物中大量的晶格缺陷为蠕虫状 γ 相的形成提供了形核位置。M_7C_3 中蠕虫状 γ 相的形态会随着与表面距离的减少（即碳活度的升高）而发生粗化、延长和相互融合，这种现象有利于服役过程中裂纹在枝晶干内的扩展。

随着与表面距离的减少，碳活度增大，粗化的一次碳化物内部蠕虫状 γ 相互连接，并产生大量缝隙，持续的渗碳气氛可沿着蠕虫状 γ 相中的通道进入合金内部，剩余的超饱和的 C 以石墨的形式在蠕虫状 γ 相中沉积出来，这是一种金属尘化现象，真空渗碳环境的高碳活度和低氧分压为金属尘化的发生提供了条件。

关于服役 6 年的炉管去除氧化层渗碳后发生严重金属尘化的机理，有以下两种推测：（1）一次碳化物周围基体中的 Cr 含量已经降至约 6.4%，不足以继续形成大量的碳化铬，因而大量乙炔在一次碳化物内部蠕虫状 γ 相中 Fe、Ni 的催化下形成大量石墨；（2）乙炔在金属的催化作用下分解，形成的碳会立即被金属基体吸收，使得金属中的碳趋于饱和，生成稳定碳化物和不稳定碳化物，不稳定碳化物在一定条件下发生分解形成金属颗粒和碳，从而导致金属碎化和石墨沉积。由于石墨与碳化物的密度和基体差别较大，晶界大量石墨与碳化物析出和严

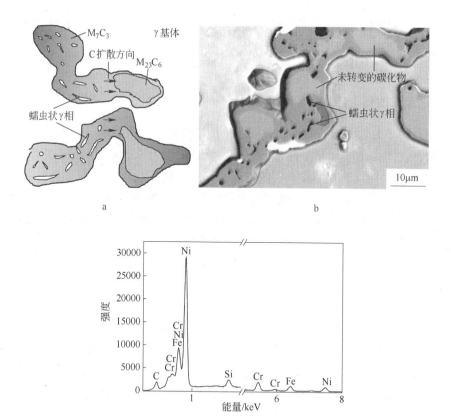

图 5-34 高碳活度下 $M_{23}C_6$ 枝晶向 M_7C_3 的转变

a—碳化物转变示意图；b—碳化物转变形貌；c—蠕虫状 γ 相能谱图

重粗化，使得整个晶粒发生翘起，产生宏观裂纹（图 5-35），最终导致炉管壁的减薄和金属尘化的继续深入。当然，发生金属尘化的前提是炉管本身在 6 年服役的过程中由于晶间氧化或内部渗碳作用，炉管壁附近基体中的 Cr 被大量消耗，抗渗碳能力减弱，容易发生晶间腐蚀。表面的氧化层对于延缓或抑制金属尘化的发生是具有良好的效果的。若炉管渗碳前未去除氧化层，发生金属尘化则需要经历一个孕育期，即发生氧化膜的碳化、破裂和内碳化物的形成。

在炉管内部非渗碳区域中，原始铸态管中的共晶 NbC 在长期高温时效过程中，会逐渐吸收 Ni、Si 原子和排出 C 原子，从而逐渐转化为化学计量为 Nb_3Ni_2Si 的 η 相（图 5-29c）。事实上 NbC 在 1080℃ 下是较为稳定的，然而由于服役过程中乙烯裂解大量吸热，炉管内部大部分区域温度大幅下降，温差较大，内外壁之差甚至可达 200℃ 左右，因而事实上服役温度要小于标准设定的 1080℃。这样的温差使得大量的 NbC 变为不稳定状态，从而加速向铌镍硅化物转变。所以温度是影响 η 相是否稳定存在的重要因素。

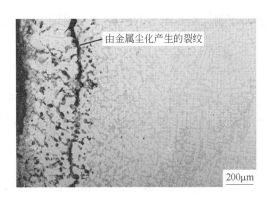

图 5-35 金属尘化产生的宏观裂纹

1080℃真空渗碳后，在炉管内部渗碳区域，η 相又重新转化为 NbC。这意味着在 1080℃且较高的碳活度下，η 相是不稳定的，温度是促进这一转化的前提，高碳活度则是加速这一转化的重要条件，原因是 Nb 是强碳化物形成元素，高碳活度打破了 NbC↔η 相的平衡反应，使得平衡向左快速进行。

5.6 渗碳过程的 DICTRA 模拟

DICTRA 模拟使用了包含多元热力学和扩散数据的数据库，其中热力学数据库与 TCCP 和 TCW 所使用的数据库相同；而扩散系数则按扩散数据库中的迁移率计算，热力学因数以热力学数据库中的数据计算。DICTRA 中不同的模型都基于多元扩散方程的解，除了单相模型外的所有的模型也都使用了 Thermo-Calc 中计算的相平衡。

DICTRA 软件中的不同模型都已用于模拟具有实践意义和理论意义的不同过程，一些应用领域包括：合金的均匀化、钢的渗碳与脱碳、高温合金渗碳、钢的氮化、硬质合金（cemented carbides）烧结过程的扩散、钢的碳氮共渗、钢中奥氏体/铁素体扩散转变、单个粒子的长大与溶解、合金的凝固、合金的过渡液相连接、TTT 图的计算、合金化合物中中间相的长大与溶解、化合物材料中的互扩散、涂层/基底化合物中的互扩散、粒子分布的粗化、硬质合金的梯度烧结、合金钢中珠光体（pearlite）的长大、不锈钢中相的析出以及不同材料焊接的焊后热处理。因此，使用不同模型的 DICTRA 已经用于解决多种不同材料的不同问题[45]。

5.6.1 扩散动力学模型[46]

5.6.1.1 唯象系数

对于晶体相，扩散的空位-交换机制起主要作用，如图 5-36 所示。假设空位浓度又由热力学平衡控制，则根据绝对反应速率理论，组元 k 在点阵固定的参考系中扩散通量为：

$$\tilde{J}_k = - C_k y_{Va} \Omega_{kVa} \frac{\partial \mu_k}{\partial z} \tag{5-30}$$

式中，C_k 代表单位体积内 k 的含量；y_{Va} 为亚点阵中空点阵中 k 的位置分数；Ω_{kVa} 为动力学参数；μ_k 为 k 组元的化学势。可定义 M_k 为移动性参数，即：

$$M_k = y_{Va} \Omega_{kVa} \qquad （k \text{ 为置换式原子}） \tag{5-31}$$

$$M_k = \Omega_{kVa} \qquad （k \text{ 为间隙式原子}） \tag{5-32}$$

通过式 5-30~式 5-32 可定义所谓的唯象系数，它可以将 k 的通量和所有驱动力联系起来，即 $L_{kk} = C_k M_k$（k 为置换式原子）或 $L_{kk} = C_k y_{Va} M_k$（k 为间隙式原子）；当 $k \neq i$ 时，$L_{ki=0}$。此时，点阵固定参考系的通量可定义为：

$$\tilde{J}_k = - \sum_{i=1}^{n} L_{ki} \frac{\partial \mu_i}{\partial z} = - L_{kk} \frac{\partial \mu_k}{\partial z} \tag{5-33}$$

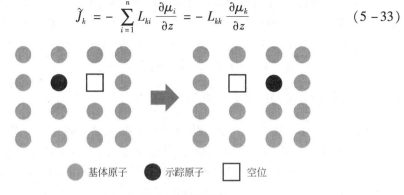

● 基体原子　　● 示踪原子　　□ 空位

图 5-36　空位-交换机制

按照 DICTRA 的假定，偏摩尔体积与浓度无关，而且间隙原子的偏摩尔体积可忽略，则将点阵固定参考系转换为体积固定参考系或与置换原子相关的数目固定参考系，结果是相同的，则有：

$$J_k = - \sum_{i=1}^{n} L'_{ki} \frac{\partial \mu_i}{\partial z} \tag{5-34}$$

其中

$$L'_{ki} = \sum_{j=1}^{n} (\delta_{jk} - c_k V_j) L_{ji} \tag{5-35}$$

式中，δ_{jk} 为 Kronecker delta，即 $j = k$ 时值为 1，否则为 0；V_j 为元素 j 的偏摩尔体积。

5.6.1.2　互扩散系数

通常，用浓度梯度的函数来表示通量比用化学式梯度更容易些，可以通过微分的链式法则重写式 5-35 来实现：

$$J_k = -\sum_{i=1}^{n} L'_{ki} \sum_{j=1}^{n} \frac{\partial \mu_i}{\partial c_j} \times \frac{\partial c_j}{\partial z} \qquad (5-36)$$

或者引入没有简化的扩散率 D_{kj} 也是等价的：

$$J_k = -\sum_{j=1}^{n} D_{kj} \frac{\partial c_j}{\partial z} \qquad (5-37)$$

式 5-36 中引入的 D_{kj} 可通过与式 5-37 比较得到：

$$D_{kj} = \sum_{i=1}^{n} L'_{ki} \frac{\partial \mu_i}{\partial c_j} \qquad (5-38)$$

$\dfrac{\partial \mu_i}{\partial c_j}$ 为纯热力学量，有时候可称为热力学因子。现在可以明显看出扩散系数包括两大独立的部分：热力学部分和动力学部分。

式 5-38 中的 n 个浓度梯度之间存在一定的关系，而且对于实际的计算，通常会消掉其中一个。在体积固定参考系中，假设所有置换式的种类都有相同的偏摩尔体积，并且，只有置换式种类对体积有贡献，这也就是 DICTRA 的参考系。精简的扩散系数为：

$$D_{kj}^{n} = D_{kj} - D_{kn} \quad (k \text{ 为置换式原子}) \qquad (5-39)$$

$$D_{kj}^{n} = D_{kj} \qquad (k \text{ 为间隙式原子}) \qquad (5-40)$$

式中，n 表示非独立的种类。则上式变为：

$$J_k = -\sum_{j=1}^{n-1} D_{kj}^{n} \frac{\partial c_j}{\partial z} \qquad (5-41)$$

上式包含所谓的互扩散系数，有时指的是化学扩散系数。

5.6.1.3 原子移动性参数模型[47]

相对于体积固定的参考系，n 组元的体系互扩散系数为：

$$D_{kj}^{n} = \sum_{i=1}^{n} (\delta_{ki} - x_k) x_i M_i \left(\frac{\partial \mu_i}{\partial x_j} - \frac{\partial \mu_i}{\partial x_n} \right) \qquad (5-42)$$

式中，x_i、μ_i、M_i 分别为组元 i 的摩尔分数、化学势和迁移率；第 n 个组元被选为非独立元素。如果 A 被选为非独立元素，则互扩散系数对于一个假设的二元系 A-B 可以写成：

$$\widetilde{D} = D_{BB}^{A} = x_A x_B M_A \left(\frac{\partial \mu_A}{\partial x_A} - \frac{\partial \mu_A}{\partial x_B} \right) - x_A x_B M_B \left(\frac{\partial \mu_B}{\partial x_A} - \frac{\partial \mu_B}{\partial x_B} \right) \qquad (5-43)$$

对于一个用置换溶体模型描述的相，A 和 B 的化学势可以通过下式得到：

$$\mu_A = G_m + \frac{\partial G_m}{\partial x_A} - \left(x_A \frac{\partial G_m}{\partial x_A} + x_B \frac{\partial G_m}{\partial x_A} \right) \qquad (5-44a)$$

$$\mu_B = G_m + \frac{\partial G_m}{\partial x_B} - \left(x_A \frac{\partial G_m}{\partial x_A} + x_B \frac{\partial G_m}{\partial x_A} \right) \qquad (5-44b)$$

式中，G_m 是溶体相的摩尔吉布斯自由能，将式 5-44 代入式 5-43 中，可以得到不含有化学势的互扩散系数为：

$$\widetilde{D} = (x_A M_B + x_B M_A) x_A x_B \left(\frac{\partial^2 G_m}{\partial x_A^2} + \frac{\partial^2 G_m}{\partial x_B^2} - 2 \frac{\partial^2 G_m}{\partial x_A \partial x_B} \right) \quad (5-45)$$

A 元素在时间和空间的变化由 Fick 定律以质量守恒的形式给出：

$$\frac{\partial x_A}{\partial t} + \nabla \cdot (-\widetilde{D} \nabla x_A) = 0 \quad (5-46)$$

根据绝对速率理论，元素 i 的迁移率可以分成频率因子 M_B^0 及活化焓 Q_B，即：

$$M_B = \exp\left(\frac{RT \ln M_B^0}{RT} \right) \exp\left(\frac{-Q_B}{RT} \right) \frac{1}{RT} {}^{mg}\Omega \quad (5-47)$$

式中，${}^{mg}\Omega$ 是一个考虑了铁磁性转变影响的因子，是合金成分的函数。一般地，$RT \ln M_B^0$ 和 Q_B 均取决于成分、温度及压强。这两个与成分相关的因子可以由成分空间中每个端点处的值的线性组合与 Redlich-Kister 展开表征，即：

$$\Phi_B = \sum_i x_i \Phi_B^i + \sum_i \sum_{j>i} x_i x_j \left[\sum_{r=0}^{m} {}^r \Phi_B^{i,j} (x_i - x_j)^r \right] \quad (5-48)$$

式中，Φ_B 代表 $RT \ln M_B^0$ 或 $-Q_B$（Φ_B^i 是纯组元 i 的 Q_B 值，并且因此其代表了成分空间中的一个端点值）；${}^r \Phi_B^{i,j}$ 为二元相互作用参数；x_i 和 x_j 分别表示元素 i 和 j 的摩尔分数。每一个独立的 Φ 参数，即 Φ_B^i 和 ${}^r \Phi_B^{i,j}$，都存储在数据库中，而且如有必要的话，可以表达为温度和压强的多项式。Φ_B^i 和 ${}^r \Phi_B^{i,j}$ 在数据库中被称之为 MF 和 MQ 参数，需要通过对实验数据进行评估得来。

假设单一空位机制，示踪扩散系数可以与原子迁移率相关：

$$D_A^* = RT M_A \quad (5-49a)$$

$$D_B^* = RT M_B \quad (5-49b)$$

式中，D_A^* 和 D_B^* 分别是 A、B 元素的示踪扩散系数。如果热力学因子定义为：

$$F = \frac{x_A x_B}{RT} \left(\frac{\partial^2 G_m}{\partial x_A^2} + \frac{\partial^2 G_m}{\partial x_B^2} - 2 \frac{\partial^2 G_m}{\partial x_A \partial x_B} \right) \quad (5-50)$$

然后式 5-50 可以写成：

$$\widetilde{D} = (x_A D_B^* + x_B D_A^*) F \quad (5-51)$$

$\widetilde{D}$ 可以写成本征扩散系数的形式为：

$$\widetilde{D} = x_A D_B^I + x_B D_A^I \quad (5-52)$$

其中 A、B 元素的本征扩散系数为：

$$D_A^I = D_A^* F \quad (5-53a)$$

$$D_B^I = D_B^* F \quad (5-53b)$$

5.6.2 分散粒子系统的扩散模型

DICTRA 的分散粒子系统中的扩散模型就是为了解决之前的一些模型所处理不了的一些问题，比如高温材料的渗碳问题，这个涉及碳原子在含大量分散颗粒的奥氏体基体中的长程扩散[48]。在该模型中，假设连续基体中分布着一种或几种弥散的相颗粒，而扩散假定在基体相中进行。弥散相颗粒设定为溶质原子的点阱或点源，它们的体积分数和成分是模型中局部平衡时各节点的平均成分。

模型的计算方案如图 5–37 所示，它主要包括两个步骤。首先是扩散，由于假定所有的扩散发生在基体中，因而这部分仅为一个单相问题。然而，由扩散导致的基体成分变化导致了模型中各节点的平均成分都发生了变化，各节点新的局域平衡通过 Thermo-Calc 来进行计算，因而扩散部分的计算不断由于基体中新的浓度分布而反复进行，这是计算的第二步。这儿的"长程"意思是距离远大于颗粒间的间距，因而该模型不适用于快速温度变化的情况。

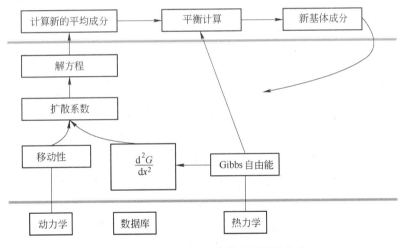

图 5–37　分散粒子系统模型的计算方案

5.6.3 耐热合金的渗碳过程模拟

乙烯裂解管用耐热合金在高温氧化渗碳环境下服役，普遍容易受到渗碳的影响。乙烯裂解管的高温渗碳过程是一种过饱和渗碳，其机理与内氧化类似，亦可称为内氧化型渗碳。由于合金中 Cr 含量较高，经常在 20% ~ 35% 之间，因而渗碳会造成合金内生成大量的碳化铬，使得合金脆化，并且其他力学性能也会下降。裂解炉管的高温渗碳过程属于多元多相反应扩散范畴，热力学及动力学过程较为复杂。目前，国外针对 Ni-Cr 合金已经开展了一系列的研究工作，并取得了积极的进展，并建立了有效的数学模型来描述渗碳中的碳及其他合金元素的分布、碳化物形成等特征。对乙烯裂解炉的渗碳过程进行模拟，可以预测渗碳层在渗碳过程中的推进程度，并且也可以预测渗碳时基体中合金元素浓度的变化情况，从而为炉管的应力场分析及服役寿命评估奠定了基础[49]。

Bongartz 在处理高温合金的渗碳问题时，采用了一套较为完善的数值算法。该算法中用到一些热力学和动力学数据，假设碳化物与基体是始终保持平衡的，在每一时间步长内通过平衡常数计算每种碳化物的生成量及其中的含碳量，进而从基体含碳量中减去。该方法将碳的扩散系数视为常数，并予以修正，但未考虑互扩散的影响。之后，Farkas 和 Ohla 在考虑互扩散的影响后，对扩散系数加以修正，使得模拟结果与实验数据较好吻合。Bongartz 对原模型又加以改进，使得模拟精度又有了进一步的提高。从理论上讲，该模型适用于任何合金体系的过饱和渗碳模拟，这种方法称为"平衡常数法"。

平衡常数法根据生成碳化物的化学反应平衡常数计算过饱和渗碳过程中碳化物的形成量，计算分两步交替进行[50]：第一步以 Fick 第二定律为基础，采用时间及空间的有限差分法计算碳的扩散；第二步利用平衡常数法计算碳化物的形成。其中，碳化物形成计算是该模型的关键。假设时间步长对碳化物析出并达到平衡而言足够长，并假设需要两个基础：（1）碳化物的形核及长大速度比碳的扩散快；（2）碳化物均匀形核，即不考虑晶界的优先形核。试验证实，上述假设基本可以满足，因为渗层深度是由扩散所控制的，当形成大量碳化物时，可以认为碳化物是均匀形核的。整个计算过程如图 5 – 38 所示。根据菲克第二定律，利用有限差分法计算各点的碳浓度 $c(t_1)$。然后将这个碳浓度与该时刻的平衡碳浓度 $c^*(t_1)$ 比较，若 $c(t_1) > c^*(t_1)$，则将多余部分 $\Delta c = c(t_1) - c^*(t_1)$ 作为析出的碳化物中包含的碳量，并利用计算析出的碳化物中包含的 Cr 和 Fe 的量。用原基体浓度减去析出的 C、Cr、Fe 的浓度，得到新的基体成分，然后进行下一步时间循环。应特别指出，碳化物析出后不仅基体中的碳浓度发生了变化，Cr 和 Fe 的浓度也发生了变化，故每经过一次时间循环都要重新计算平衡碳浓度 $c^*(t)$。渗碳过程中随碳化物的析出，基体 Cr 浓度不断降低，基体中碳的溶解度（平衡碳浓度）不断提高，所以基体中始终保持浓度梯度，渗碳得以持续进行。由于方程是非线性的，无法直接求解，因此多采用 Newton-Raphson 差分法。

近年来，Ågren 教授[51,52]对析出型多元扩散提出了一种模型，计算过程也主要分为扩散和碳化物形成两部分分别进行。其中，碳化物形成的计算以多元扩散基本的热力学数据为基础，参数不需要修正。该模型被植入 Dictra 软件中，并以 Thermo-Calc 数据库[53]为基础来处理热力学问题。用此软件对 Ni 基高温合金渗碳进行模拟时，取得了较好的效果。该方法称为"最小自由能法"。

最小自由能法的扩散计算与"平衡常数法"相同，也采用数值法求解，而

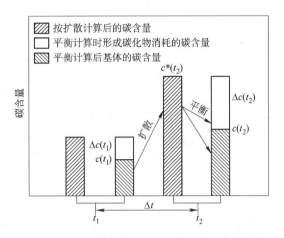

图 5-38 裂解管渗碳问题的有限差分法数值模拟

不同的是其考虑了碳化物析出对扩散的阻碍作用。假设扩散只发生在基体中，此时扩散通道会由于碳化物的析出而受到阻碍，扩散距离比没有碳化物析出的时候长。弥散的碳化物颗粒对扩散路径的阻碍效应一般通过引入所谓的迷宫系数（$(f^m)^2$，f^m 是基体相的体积分数）来调整，迷宫系数可以使得析出物体积增多时，扩散系数迅速下降。如图 5-39 所示，模型中迷宫系数的引用使得对含大量析出物的系统碳浓度分布的预测曲线更加合理，接近实验值。最小自由能法以相图为基础，因此是一种较为精确的模拟方法。然而，其最大缺陷在于所能描述的合金体系有限，而平衡常数法无此限制，因而在实际运用的时候可以互为补充。

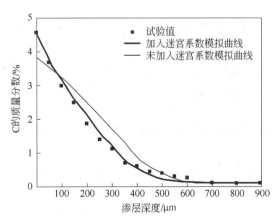

图 5-39 模拟过程中迷宫系数对预测碳浓度分布曲线的影响[54]

本研究中即采用分散粒子系统扩散模型来模拟耐热钢的渗碳行为。在计算过程中，定义组元 t 的 U-Fraction 为：

$$U_t = \frac{x_t}{\sum x_t} \tag{5-54}$$

式中，$\sum x_t$ 仅包含代位元素。体积固定参考系仅选用与体积相关的成分变量。在计算 U-Fraction 的过程中，假定 C 间隙原子对体积贡献可忽略，碳活度的一般定义为：

$$a_c = w(C)\Gamma \tag{5-55}$$

式中，Γ 为活度系数。Ni 可以提高活度系数，而 Cr 正好相反。正因为表面合金元素的存在，改变了表面反应过程中 C 扩散的驱动力。扩散过程采用 DICTRA 软件进行模拟，其中，热力学数据库为 ssol4，动力学数据库为 mob2。图 5-40 为 Ni-Cr-Fe-C 合金体系中碳在 fcc 基体内的扩散模型。在 fcc 基体中存在化学计量比的球形相颗粒 M_7C_3 和 $M_{23}C_6$。为了计算扩散方程，模型中设定的区域 "region" 被分为若干几何分布的节点 "grid" 来进行。对于渗碳而言，由于在渗碳表面过程较为复杂，因而在模型中设定一个大于 1 的几何因子 "geometric factor" 来分配给表面附近更密集的节点（图 5-40）。图 5-41 为以 Cr25Ni20 合金为例计算的碳质量浓度与渗层深度之间的关系（初始 $w(C) = 0.42\%$，1100℃，渗碳 20h，表面碳活度恒定）及表面碳活度分别为 1（虚线）和 0.45（实线）时的模拟曲线。

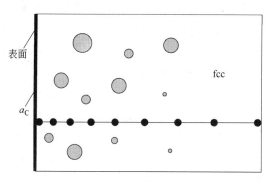

图 5-40 Ni-Cr-Fe-C 合金体系的扩散模型

利用 DICTRA 进行模拟计算，建立模型和设置时间条件的程序如下：

1. SYS：go da
2. TDB_ TCFE2：@@ USE SSOL DATABASE FOR THERMODYNAMIC DATA
3. TDB_ TCFE2：sw ssol4   @@ 选择 ssol4 热力学数据库
4. TDB_ SSOL4：def-species nicrfe c   @@ 定义含 Ni Cr Fe C 的体系
5. TDB_ SSOL4：rejph * all   @@ 拒绝体系下所有相
6. TDB_ SSOL4：res phfcc m23c6，m7c3，m3c2，grap@@ 体系存在 fcc，m7c3，m3c2，grap 相
7. TDB_ SSOL4：get
8. TDB_ SSOL2：@@ SWITCH TO MOBILITY DATABASE TO RETRIEVE MOBILITY DATA

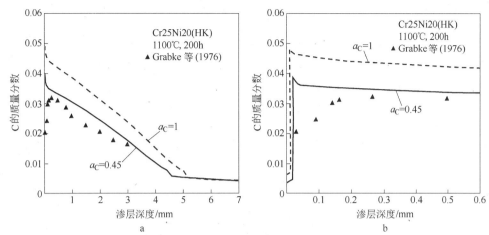

图 5-41 Cr25Ni20 合金的碳质量浓度与渗层深度之间的关系及表面碳活度分别为
1（虚线）和 0.45（实线）时的模拟曲线

9. TDB_ SSOL2：app mob2 @@ append 上动力学数据库，这里为 mob2

10. APP：def-spnicrfe c @@ 重复定义体系，这里为动力学体系

11. APP：rejph * all @@ 动力学体系设定必须和热力学体系完全一致，否则计算没有意义或者出错

12. APP：res phfcc m23c6，m7c3，m3c2，grap

13. APP：get

14. APP：@@ ENTER THE DICTRA MONITOR

15. APP：go d-m

16. DIC > @@ ENTER GLOBAL CONDITION T

17. DIC > set-cond glob T 0 1123；* N @@ 总体条件（global），温度，时间从 0 开始，温度随时间的函数为 T（TIME，X）=1323；* 表示最大时间为任意，N 表示除了温度没有其他函数继续表征

18. DIC > @@ SET REFERENCE STATE FOR CARBON

19. DIC > set-reference-state @@ 设置参考状态

20. Component：C

21. Reference state：grap

22. Temperature / * /： *

23. Pressure /101325/： 101325

24. DIC > enter-region aus@@ 设置区域 region，名字叫 aus

25. DIC > @@ ENTER GEOMETRICAL GRID INTO THE REGION

26. DIC > enter-grid aus 3e-3 geo 100 1.02 @@ 为 aus 区域设置节点，aus 长度为 3e-3 米，节点类型选择为对称型 geo。节点数量为 100，节点数越大计算越准确，但计算速度越慢。节点 Grid-point 距离为定值 R = 1.02

27. DIC > @@ ENTER MATRIX PHASE IN THE REGION

28. DIC > enter-phase act aus matrix fcc_ al#1 @@一次性将"定义奥氏体相"的命令输入完，顺序为输入相，激活的，区域，基体，fcc 结构

29. DIC > @@ ENTER THE START COMPOSITION FOR THE MATRIX PHASE

30. DIC > enter-composition @@定义成分，输入成分由于相对比较复杂，为避免出错，建议依顺序进行

31. REGION NAME：/AUS/： aus

32. PHASE NAME：/FCC_ A1#1/： fcc#1

33. DEPENDENT SUBSTITUTIONAL SPECIES？(CR，NI)：ni@@非独立组元。一般设定为基体元素

34. COMPOSITION TYPE /SITE_ FRACTION/： w-p @@元素浓度类型，如摩尔分数 m-f，质量百分数 w-p

35. PROFILE FOR /C/： cr@@确定针对某一组元进行浓度分布设定，首先设定 Cr

36. TYPE /LINEAR/： lin 25 25 @@用线型 linear 来表征 cr 的浓度分布。元素，线性（类型），最低端含量

37. PROFILE FOR /CR/： c @@再设定 c 的浓度分布

38. TYPE /LINEAR/： lin 1e- 4 1e- 4

39. DIC > @@ ENTER SPHEROIDAL PHASES IN THE REGION

40. DIC > ent-ph act aussph m3c2

41. DIC > ent-ph act aussph m7c3

42. DIC > ent-ph act aussph m23c6

43. DIC > @@ ENTER START COMPOSITION FOR SPHEROIDAL PHASES 输入球状相的初始含量

44. DIC > ent-com aus m3c2 Y @@Y 表示 M3C2 使用平衡值

45. DIC > ent-com aus m7c3 Y

46. DIC > ent-com aus m23c6 Y

47. DIC > @@ SET BOUNDARY CONDITION @@设置边界条件

48. DIC > set-cond

49. GLOBAL OR BOUNDARY CONDITION /GLOBAL/： boundary

50. BOUNDARY /LOWER/： lower

51. CONDITION TYPE /CLOSED_ SYSTEM/： mixed@@ 全称为 MIXED ZERO FLUX AND ACTIVITY，选中组分的流量将设置为 0，其他组分的活度将设为已经预设的值

52. TYPE OF CONDITION FOR COMPONENT C /ZERO_ FLUX/： activity

53. LOW TIME LIMIT /0/： 0

54. ACR (C) (TIME) =4；@@边界活度为 4

55. HIGH TIME LIMIT / ＊/： ＊

56. ANY MORE RANGES /N/： N

57. TYPE OF CONDITION FOR COMPONENT CR /ZERO_ FLUX/： zero-flux

58. DIC > @@ ENTER LABYRINTH FACTOR

59. DIC > enter-lab

60. f (T, P, VOLFR) = volfr ＊ ＊2；

61. DIC > set-simulation-time   @@设置模拟时间

62. END TIME FOR INTEGRATION /.1/：   3600000

63. AUTOMATIC TIMESTEP CONTROL /YES/：   YES   @@默认为自动控制时间步

64. MAX TIMESTEP DURING INTEGRATION /360000/：   1800   @@默认值为总时间的 1/10，
这里再降低一些

65. INITIAL TIMESTEP ：/1E-07/：   @@起始时间步。默认

66. SMALLEST ACCEPTABLE TIMESTEP ：/1E-07/：   @@最小时间步。默认

67. DIC > set-simulation-condition   @@需要修改默认的模拟条件时输入该项

68. NS01A PRINT CONTROL ：/0/：

69. FLUX CORRECTION FACTOR ：/1/：

70. NUMBER OF DELTA TIMESTEPS IN CALLING MULDIF：/2/：

71. CHECK INTERFACE POSITION /NO/：

72. VARY POTENTIALS OR ACTIVITIES ：/POTENTIAL/：

73. ALLOW AUTOMATIC SWITCHING OF VARYING ELEMENT ：/YES/：

74. SAVE WORKSPACE ON FILE (YES, NO, 0 – 99) /YES/：   99   @@Save every n：th
time on file

75. DEGREE OF IMPLICITY WHEN INTEGRATING PDEs (0 – > 0.5 – > 1)：/.5/：   @@0
代表模拟中积分过程更为准确但稳定性相对较差，而 1.0 则正好相反。默认为 0.5

76. MAX TIMESTEP CHANGE PER TIMESTEP ：/2/：

77. USE FORCED STARTING VALUES IN EQUILIBRIUM CALCULATION /NO/：

78. ALWAYS CALCULATE STIFFNES MATRIX IN MULDIF /YES/：

79. DIC > @@ SAVE THE SETUP ON A NEW STORE FILE AND EXIT

80. DIC > save exd1 y @@保存，y 表示同意覆盖以前的同名文件

81. DIC > set-inter @@模型和计算条件的设定完成

82. SYS：@@ READ THE SETUP FILE AND START THE SIMULATION

83. SYS：go d-m@@直接进入 Dictra 模块

84. DIC > read exd1@@读取上述保存的文件，调取模型建立的结果

85. DIC > sim@@开始模拟计算

……

……

86. DIC > set-inter@@计算后

87. SYS：@@ FOR GENERATING GRAPHICAL OUTPUT

88. SYS：go d-m

89. DIC > read exd1@@读取保存文件，此时计算结果已经存于该文件中。读取过程实现了结
果的调用

90. DIC > @@ GO TO THE POST PROCESSOR

91. DIC > post@@进入后处理

92. POST – 1：@@ LET US PLOT THE TOTAL CARBON CONCENTRATION PROFILE

93. POST – 1：s-d-a y w-p c@@设置 Y 轴为 c 的质量分数 w-p

94. POST – 1：s-d-a x distance global@@设置 x 轴为总体（global）的距离 distance

95. POST – 1：s-s-s x n 0 2e-3

96. POST – 1：s-p-c time 3600000@@别忘了 DICTRA 中还需要设置画图条件。3600000 表示显示在图上的曲线的时间点

97. POST – 1：@@ SET TITLE ON DIAGRAM

98. POST – 1：set-tit d1.1@@设置标题为 d1.1

99. POST – 1：plot SCREEN@@绘制 C 含量的分布

100. POST – 1：s-d-a y npm（∗）

101. POST – 1：s-s-s y n 0 0.4

102. POST – 1：set-tit d1.2

103. POST – 1：plot SCREEN @@绘制结果图

104. POST – 1：set-inter

5.6.3.1 HP40 合金的渗碳模拟

真空低压渗碳属于超饱和渗碳，其表面碳活度一般大于 1，以下模拟过程中设 $a_C = 4$。

图 5 – 42a 为采用 DICTRA 模拟的 HP40Nb 合金在 1080℃高碳活度下（$a_C = 4$）不同渗碳时间后的碳浓度分布曲线，由图可以看出来随着时间的延长，表面碳浓度分布的变化情况。图 5 – 42b 为表面附近的局部放大图，可见随着渗碳时间的延长，表面的碳浓度缓慢增长，变化不大；而在表层以下很小范围内，碳浓度即发生快速下降。结合渗碳后的微观组织可知，浅层区域范围内的晶内和晶界充满了大量粗大的碳化物，碳化物成分为 M_7C_3，因而表层会形成较高的碳浓度；而当深度略有增加时，合金组织中碳化物的含量减少，单位体积内奥氏体基体含量增加，因而碳浓度急剧下降。

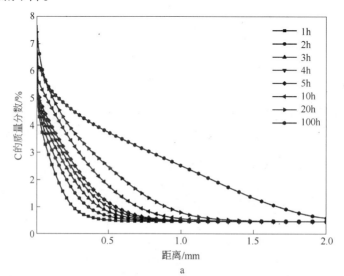

a

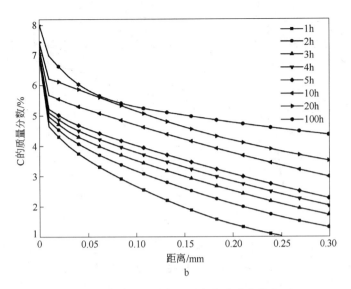

图5-42　HP40Nb 合金不同渗碳时间后表层下方的碳浓度分布（$a_C = 4$，$T = 1080℃$）

a—整体分布；b—表面附近局部分布

图5-43~图5-45 分别为对应的表层下方的 Cr、Fe 和 Ni 的浓度分布，可见，由于大量碳化物的析出占据了表层内的空间，表层单位体积内的各元素浓度皆逐渐升高，变化趋势基本相同。

图5-46 和图5-47 分别为 HP40Nb 合金在1080℃高碳活度下（$a_C = 4$）不同渗碳时间后表层下方 M_7C_3 和 $M_{23}C_6$ 的含量分布。渗碳后的组织分布较为明显，表层下方首先析出 M_7C_3，当表面渗层达到一定深度后，由于碳活度降低，M_7C_3 逐渐减少至不再析出，而 $M_{23}C_6$ 逐渐开始析出；或者可以认为，当达到某一深度

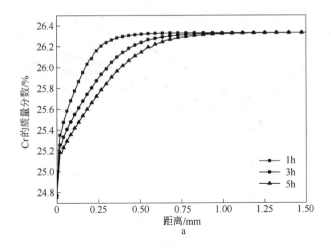

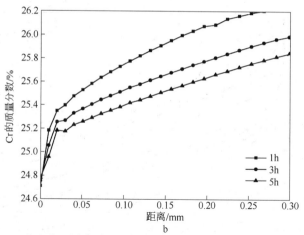

图 5-43 HP40Nb 合金在不同渗碳时间后表层下方的 Cr 浓度分布（$a_C = 4$，$T = 1080℃$）

a—整体分布；b—表面附近局部分布

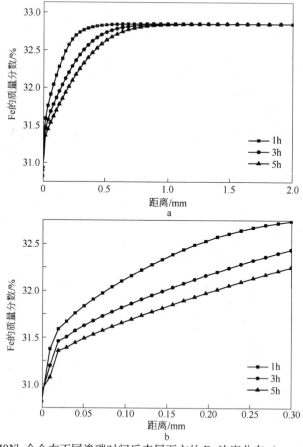

图 5-44 HP40Nb 合金在不同渗碳时间后表层下方的 Fe 浓度分布（$a_C = 4$，$T = 1080℃$）

a—整体分布；b—表面附近局部分布

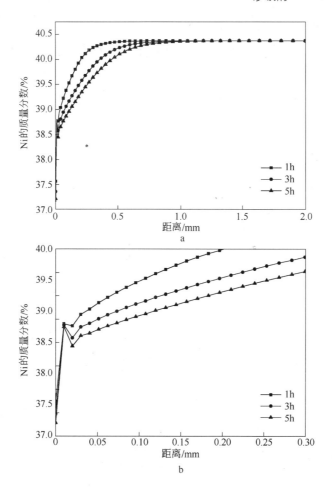

图 5-45 HP40Nb 合金在不同渗碳时间后表层下方的 Ni 浓度分布（$a_C = 4$，$T = 1080℃$）

a—整体分布；b—表面附近局部分布

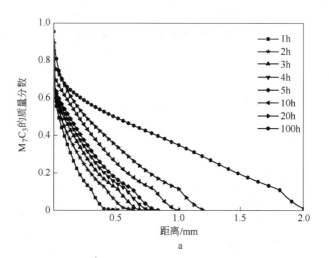

a

后，M_7C_3 逐渐向 $M_{23}C_6$ 转变；在 M_7C_3 消失的时候，$M_{23}C_6$ 含量达到最大值，然后随着深度的增加，$M_{23}C_6$ 的含量逐渐下降。因而表层的碳化物分布依次为 M_7C_3、M_7C_3 和 $M_{23}C_6$ 混合区、$M_{23}C_6$。

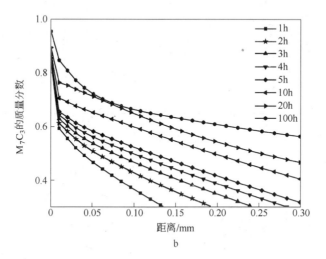

图 5-46 HP40Nb 合金在不同渗碳时间后表层下方的
M_7C_3 含量分布（$a_C = 4$，$T = 1080$℃）

a—整体分布；b—表面附近局部分布

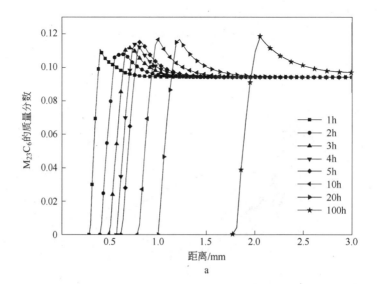

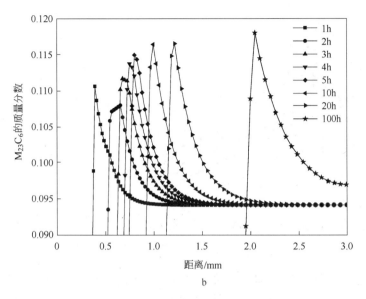

图 5－47　HP40Nb 合金在不同渗碳时间后表层下方的
$M_{23}C_6$ 含量分布（$a_C = 4$，$T = 1080℃$）

a—整体分布；b—表面附近局部分布

5.6.3.2　Cr35Ni45 合金的渗碳模拟

图 5－48 为 Cr35Ni45 合金在碳活度为 4、温度为 1080℃下渗碳不同时间后表层下方的碳浓度分布，同样，碳浓度分布曲线也呈现出随着渗层深度的增加碳浓度逐渐下降的趋势。

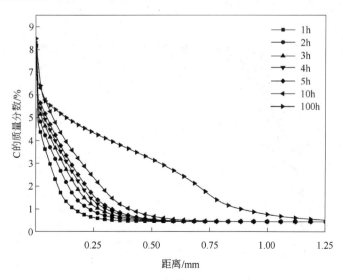

a

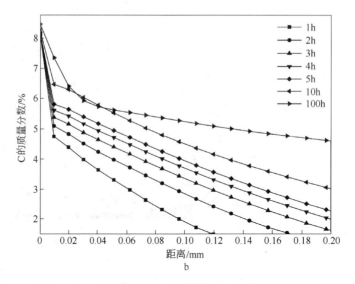

图 5 - 48　Cr35Ni45 合金在不同渗碳时间后表层下方的
碳浓度分布 ($a_C = 4$, $T = 1080$℃)

a—整体分布；b—表面附近局部分布

　　图 5 - 49 ~ 图 5 - 51 分别为 Cr35Ni45 合金在碳活度为 4、温度为 1080℃下渗碳不同时间后表层下方的 Cr、Fe 和 Ni 的浓度分布。与图 5 - 43 中 HP 规律不一致的是，Cr 浓度在表层达到一个较大值，且渗碳时间越长，表面浓度越大；当渗层深度增加时，Cr 浓度在小范围内急剧降低到最小值，且时间越长，Cr 浓度越小；随后随着深度的增加，Cr 的浓度又逐渐缓慢上升。由于碳化物形成元素 Cr 的分布特点，表层下方 Ni 的浓度分布曲线也出现一个转折点。

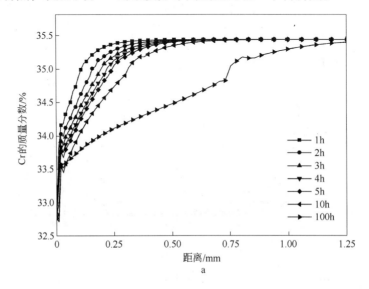

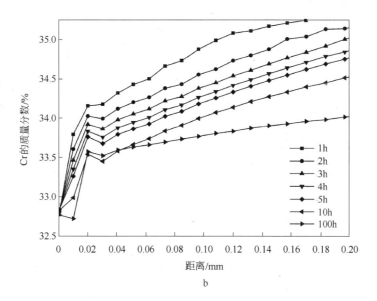

b

图 5 - 49 Cr35Ni45 合金在不同渗碳时间后表层下方的
Cr 浓度分布（$a_C = 4$，$T = 1080℃$）

a—整体分布；b—表面附近局部分布

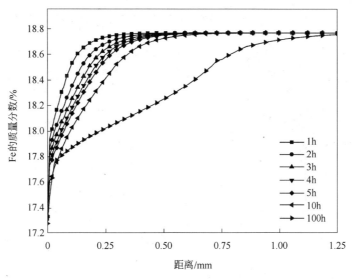

a

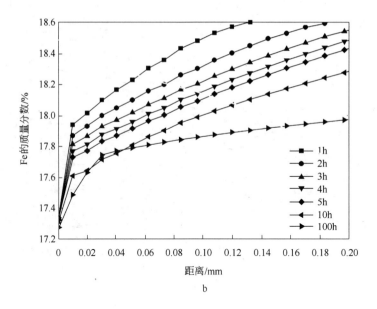

b

图 5-50 Cr35Ni45 合金在不同渗碳时间后表层下方的
Fe 浓度分布（$a_C = 4$，$T = 1080℃$）

a—整体分布；b—表面附近局部分布

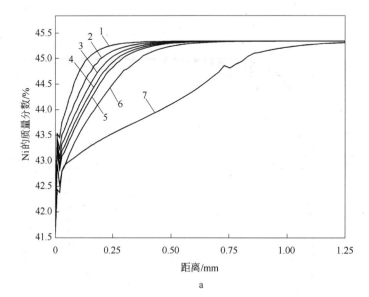

a

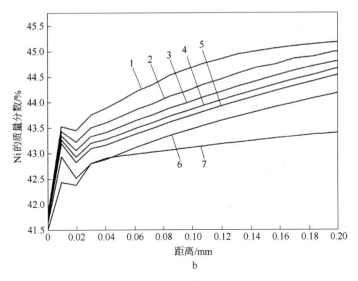

b

图 5－51　Cr35Ni45 合金在不同渗碳时间后表层下方的
Ni 浓度分布（$a_C = 4$，$T = 1080$℃）

a—整体分布；b—表面附近局部分布

1—1h；2—2h；3—3h；4—4h；5—5h；6—10h；7—100h

图 5－52 为 Cr35Ni45 合金在不同渗碳时间后表层下方的各相含量分布，图 5－53和图 5－54 为 M_7C_3 和 $M_{23}C_6$ 含量分布（$a_C = 4$，$T = 1080$℃）。

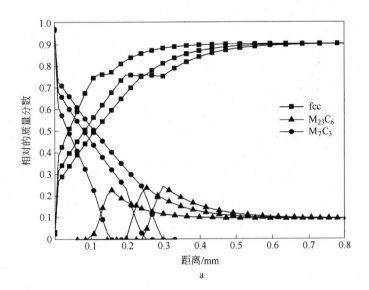

a

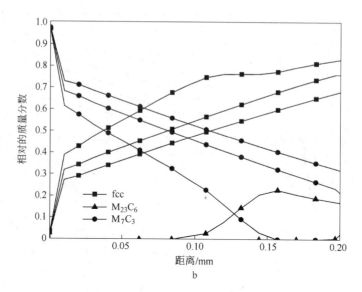

b

图 5 – 52 Cr35Ni45 合金在不同渗碳时间后表层下方的
各相含量分布 ($a_C = 4$, $T = 1080℃$)

a—整体分布；b—表面附近局部分布

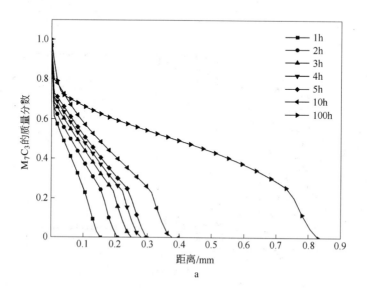

a

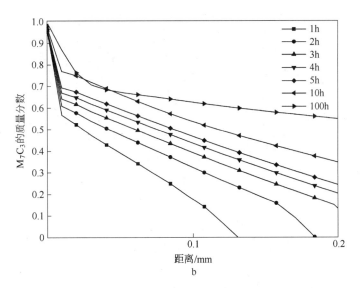

b

图 5 – 53 Cr35Ni45 合金在不同渗碳时间后表层下方的
M_7C_3 含量分布（$a_C = 4$，$T = 1080℃$）

a—整体分布；b—表面附近局部分布

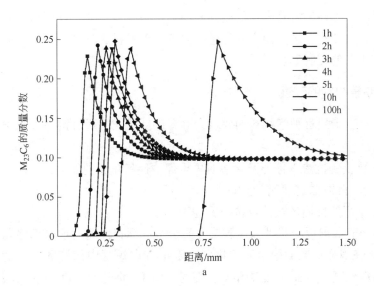

a

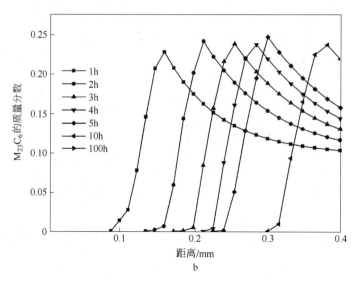

图 5 – 54 Cr35Ni45 合金在不同渗碳时间后表层下方的

$M_{23}C_6$ 含量分布（$a_C = 4$，$T = 1080℃$）

a—整体分布；b—表面附近局部分布

5.7 耐热合金的抗结焦及抗渗碳研究进展

为了减少乙烯裂解管内壁的结焦和渗碳，国内外已经在进行一系列相关的研究工作，目前在抗渗碳方面主要的思路包括炉管材料的改进、炉管的表面处理和乙烯裂解工艺的控制等。

5.7.1 炉管材料的改进

根据对乙烯裂解炉管材料的要求，具有优良性能的耐热钢合金必须满足以下条件[55]：

（1）优良的抗渗碳性能及除焦时再生保护性氧化膜的能力；

（2）良好的抗蠕变断裂能力；

（3）良好的抗循环载荷及抗疲劳性能。

在材料表面形成稳定性氧化膜是提高合金抗渗碳性能的重要思路和途径。合金中的 Cr 在表面形成的稳定氧化物可以阻止 C 向炉管内部扩散，但是由于环境中的碳活度较高，因而，在 1050℃以上时，Cr_2O_3 将与 C 发生反应形成 Cr_3C_2 和 Cr_7C_3 等。在合金表面形成高稳定性的致密、连续的氧化物膜可以提高合金的抗渗碳腐蚀性能。此外，在镍基合金中添加 W、Mo、Nb、Si 等合金元素均可以改善合金的抗渗碳性能。

5.7.2 炉管的表面处理

对炉管内壁的处理对于抗渗碳性能的提高具有重要的意义。由于催化结焦一般是因为炉管内壁含有活性中心，因而表面处理技术是在炉管内壁涂覆一层对结焦、渗碳催化作用弱且不利于焦炭黏附的物质，从而达到减少或消除催化结焦和抑制渗碳的目的。

涂层材料应该具有以下几个特点[56]：（1）不含对裂解有害的物质；（2）能承受高温并不发生有害的物理、化学变化，能承受热冲击；（3）其热膨胀需要与合金相匹配以防发生脱落；（4）加工温度低于炉管所能承受的最高温度，以免对炉管造成损害；（5）涂层与管壁之间要紧密贴附，均匀且无孔隙。

炉管的抗渗碳表面处理技术主要有表面化学热处理（粉末渗铝、热浸渗铝和气相扩散渗铝）、气相沉积（化学气相沉积、物理气相沉积、等离子体增强气相沉积）、表面喷涂等。运用表面处理技术提高金属材料抗渗碳性能的基本思路是在表面形成具有高稳定性的致密、连续氧化物。

对于抗渗碳而言，Al_2O_3 的抗渗碳能力高于 Cr_2O_3。Lai 等人[57]曾经在不同温度（870℃、930℃、980℃）下对不同成分的各种合金进行测试分析，碳活度和氧势为 1（防止 Cr_2O_3 的形成），最终发现 214 合金（Ni-16Cr-3Fe-4.5Al-Y）在 20 种商业应用合金（包括不锈钢、Fe-Cr-Ni 合金、镍基合金、钴基合金）中的抗渗碳能力最高，这是由于合金表面形成了稳定的 Al_2O_3 膜。近年来，一种商用离心铸造的含 Al 的镍基合金管材 60HT 被开发出来，研究中发现，与传统 HP 合金相比，含 Al 3.55% 和 4.81% 的 60HT 合金可以极大降低结焦速率[58]。

李处森等人[59]采用不会引起催化结焦及碳化反应的 SiO_2、BaO、CaO 及 Al 等无机材料，在高温下（1420℃）熔合并涂覆在试样表面，形成了一层玻璃涂层。随后进行了一系列结焦实验发现，玻璃涂层表面只有球状碳沉积，具备良好的抗催化结焦的能力。

在石油化工领域防止硫化氢、二氧化硫等腐蚀方面，渗铝已成为一种较为成熟的表面改性技术，可以提高多种合金的抗渗碳性能[60~63]。樊黑钦等人[64]曾经对利用测试挂片来对铝涂层、铝硅涂层、铬涂层、铝铬复合层的抑制结焦性能进行了综合分析，结果表明：铝硅涂层具有良好的抑制结焦的性能，在裂解温度的条件下，与空白实验相比，能降低结焦速率60%~80%。然而，在乙烯裂解炉管的实际应用中，渗铝处理层的抗渗碳作用表现得很不稳定[65]，并且由于气相沉积技术本身的局限性，绕镀性差，在用于小口径、长度很长的乙烯裂解炉管等零部件内表面的防护处理时，要获得分布均匀的膜层，难度较高[66]。并且，在炉管实际使用过程中，应力破坏、气流冲蚀、自身热膨胀等原因都非常容易造成氧化层的剥落（图5-55），因而使基体组织暴露，氧化膜损坏后不能通过自愈来进行恢复，从而炉管的持久抗氧化性难以保证。

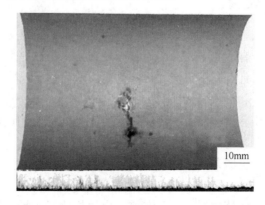

图 5 − 55　含涂层炉管（Cr35Ni45）内壁局部失效[67]

　　此外，对炉管内壁的预氧化技术也是提高炉管抗腐蚀性能的一个重要思路。预氧化技术是在炉管服役之前进行预氧化处理，从而在最外表面形成一层尖晶石 MCr_2O_4。然而，实际过程中，当炉管内服役环境中的氧势低于尖晶石膜的稳定值时，这种尖晶石膜会发生分解，反应如下：

$$MCr_2O_4 \Longrightarrow Cr_2O_3 + M + \frac{1}{2}O_2 \qquad\qquad (5 - 56)$$

这些分解出来的金属颗粒（如 Ni、Fe 等）会成为表面加速结焦的催化核心，从而反过来导致了氧化膜的失效。因而，为了避免发生这种效应，需要调整预氧化工艺参数以保持氧化膜在随后服役过程中的稳定。

　　其他表面影响因素还包括内表面的粗糙度，因而降低内表面的粗糙度对于抗渗碳性能的提高也具有非常显著的作用。长期使用后，炉管内壁的粗糙度一般都会发生严重的上升，这是由长期周期性的表面氧化、结焦、清焦过程所引起的。内表面下凹处会使裂解过程中该区域裂解气一定程度上的逗留，从而造成焦炭沉积和渗碳腐蚀。

5.7.3　乙烯裂解工艺的控制

　　前面提到结焦与渗碳有着一定的关系，通过对裂解原料及工艺的调整来抑制结焦，也可减少炉管的渗碳[56,68~70]：

　　（1）改变裂解反应条件：当原料一定时，低烃分压、短停留时间和低反应温度有利于改善结焦。采用稀释蒸汽的方法，不仅可以降低烃分压，降低结焦程度，抑制二次反应的进行，而且，水蒸气会氧化 Fe、Ni，从而也降低催化结焦。缩短停留时间，可以减少二次反应的发生，从而降低了结焦速度；缩短停留时间一般通过提高炉管温度、缩小炉管直径和提高流速等途径来实现。目前，裂解技术主要是以低烃分压和高温短停留时间为主。考虑到烯烃的收得率，通常是以降低烃分压来改善炉管结焦。

（2）添加结焦抑制剂：在裂解原料中加入结焦抑制剂可减少结焦量。这是一种最方便、最有效的方法，也是目前采用较多的。常用的结焦抑制剂有硫化物、碱金属或碱土金属化合物、含磷化合物等。比如，在裂解条件下，硫化物分解形成的硫氢基会与金属表面反应使表面钝化，不但覆盖了催化结焦的活化中心，也阻止了焦炭的附着；碱金属可催化焦炭的水煤气反应，并且覆盖、钝化炉管，从而达到抑制结焦的效果；磷化物主要是在裂解条件下发生分解，在金属表面产生致密的磷化物膜，其不仅抑制催化结焦，而且改变了焦的结构，使之疏松易于清除。目前结焦抑制剂存在的问题主要是含磷、氮较多，不利于环保。

参 考 文 献

[1] 张俊善. 材料的高温变形与断裂 [M]. 北京：科学出版社，2007.

[2] Rahmel A, Grabke H, Steinkusch W. Carburization-introductory survey [J]. Materials and Corrosion, 1998, 49 (4)：221~225.

[3] 沈利民，巩建鸣，唐建群，等. Cr25Ni35Nb 和 Cr35Ni45Nb 裂解炉管的抗高温渗碳能力 [J]. 上海交通大学学报，2010，44 (5)：48~52.

[4] 林学东，孙源. 乙烯裂解炉管材料高温渗碳行为研究 [J]. 机械工程材料，1994，18 (6)：28~30.

[5] Kaya A A. Microstructure of HK40 alloy after high-temperature service in oxidizing/carburizing environment：Ⅱ. Carburization and carbide transformations [J]. Materials Characterization, 2002, 49 (1)：23~34.

[6] Wolf I, Grabke H, Schmidt P. Carbon transport through oxide scales on Fe-Cr alloys [J]. Oxidation of Metals, 1988, 29 (3~4)：289~306.

[7] Giggins C, Pettit F. Corrosion of metals and alloys in mixed gas environments at elevated temperatures [J]. Oxidation of Metals, 1980, 14 (5)：363~413.

[8] Paz J N, Grabke H. Metal dusting [J]. Oxidation of Metals, 1993, 39 (5~6)：437~456.

[9] Al-Meshari A, Al-Rabie M, Al-Dajane M. Failure analysis of furnace tube [J]. Journal of Failure Analysis and Prevention, 2013, 13 (3)：282~291.

[10] Petkovic-Luton R, Ramanarayanan T. Mixed-oxidant attack of high-temperature alloys in carbon and oxygen-containing environments [J]. Oxidation of Metals, 1990, 34 (5~6)：381~400.

[11] Hermse C, Asteman H, IJzerman R, et al. The influence of surface condition on the metal dusting behavior of cast and wrought chromia forming alloys [J]. Materials and Corrosion, 2013, 64 (10)：856~865.

[12] 沈利民. 多因素耦合的乙烯裂解炉管损伤分析与寿命预测 [D]. 南京：南京工业大

学, 2012.

[13] 宫连春. 影响 HK-40 转化炉管使用寿命的原因及措施 [J]. 黑龙江石油化工, 2000, 11 (3): 25~27.

[14] Zhu S, Wang Y, Wang F. Comparison of the creep crack growth resistance of HK40 and HP40 heat-resistant steels [J]. Journal of Materials Science Letters, 1990, 9 (5): 520~521.

[15] Jahromi S J, Naghikhani M. Failure analysis of HP40-Nb modified primary reformer tube of ammonia plant [J]. Iranian Journal of Science and Technology, 2004, 28 (B2): 269~271.

[16] Khodamorad S H, Haghshenas Fatmehsari D, Rezaie H, et al. Analysis of ethylene cracking furnace tubes [J]. Engineering Failure Analysis, 2012, 21: 1~8.

[17] Alvino A, Lega D, Giacobbe F, et al. Damage characterization in two reformer heater tubes after nearly 10 years of service at different operative and maintenance conditions [J]. Engineering Failure Analysis, 2010, 17 (7): 1526~1541.

[18] Ul-Hamid A, Tawancy H M, Mohammed A-RI, et al. Failure analysis of furnace radiant tubes exposed to excessive temperature [J]. Engineering Failure Analysis, 2006, 13 (6): 1005~1021.

[19] 李海英, 祝美丽, 张俊善, 等. 渗碳、蠕变共同作用下 HK40 和 HP 钢乙烯裂解炉管损伤过程模拟 [J]. 机械工程材料, 2005, 29 (11): 17~20.

[20] Swaminathan J, Guguloth K, Gunjan M, et al. Failure analysis and remaining life assessment of service exposed primary reformer heater tubes [J]. Engineering Failure Analysis, 2008, 15 (4): 311~331.

[21] Ray A K, Kumar S, Krishna G, et al. Microstructural studies and remnant life assessment of eleven years service exposed reformer tube [J]. Materials Science and Engineering: A, 2011, 529 (0): 102~112.

[22] Steurbaut C, Grabke H, Stobbe D, et al. Kinetic studies of coke formation and removal on HP40 in cycled atmospheres at high temperatures [J]. Materials and Corrosion, 1998, 49 (5): 352~359.

[23] Zhu Z, Cheng C, Zhao J, et al L. High temperature corrosion and microstructure deterioration of KHR35H radiant tubes in continuous annealing furnace [J]. Engineering Failure Analysis, 2012, 21: 59~66.

[24] 刘仁家, 濮绍雄. 真空热处理与设备 [M]. 北京: 宇航出版社, 1984.

[25] 包耳. 真空热处理 [M]. 沈阳: 辽宁科学技术出版社, 2009.

[26] 薄鑫涛, 郭海祥, 袁凤松. 实用热处理手册 [M]. 上海: 上海科学技术出版社, 2009.

[27] 蔡千华. 最新的真空渗碳技术 [J]. 国外金属热处理, 2006, 26 (6): 23~27.

[28] 陈淑媛, 张仲麟. 真空渗碳的数值仿真计算及控制 [C]. 中国机械工程学会热处理学会第四届年会论文集, 1986: 587~596.

[29] 黄拿灿. 现代模具强化新技术新工艺 [M]. 北京: 国防工业出版社, 2008.

[30] 张建国. 真空热处理新技术 [J]. 金属热处理, 1998 (5): 2~5.

[31] 谭辉玲, 梅文麟. 真空渗碳及气体渗碳的物理化学 (一) (用热重法研究渗碳反应动力学) [J]. 重庆大学学报 (自然科学版), 1978, 2: 1~20.

［32］ Christ H J. Experimental characterization and computerbased description of the carburization behaviour of the austenitic stainless steel AISI 304L ［J］. Materials and Corrosion, 1998, 49 (4): 258 ~ 265.

［33］ 姜银方. 现代表面工程技术 ［M］. 北京: 化学工业出版社, 2006.

［34］ Ryzhov N, Smirnov A, Fakhurtdinov R, et al. Special features of vacuum carburizing of heat-resistant steel in acetylene ［J］. Metal Science and Heat Treatment, 2004, 46 (5 ~ 6): 230 ~ 235.

［35］ Young D J. High temperature oxidation and corrosion of metals ［M］. Elsevier, 2008.

［36］ Shatynski S R. The thermochemistry of transition metal carbides ［J］. Oxidation of Metals, 1979, 13 (2): 105 ~ 118.

［37］ Udyavar M, Young D. Precipitate morphologies and growth kinetics in the internal carburisation and nitridation of Fe-Ni-Cr alloys ［J］. Corrosion Science, 2000, 42 (5): 861 ~ 883.

［38］ Mitchell D, Young D, Kleemann W. Caburisation of heat-resistant steels ［J］. Materials and Corrosion, 1998, 49 (4): 231 ~ 236.

［39］ Ramanarayanan T, Petkovic R, Mumford J, et al. Carburization of high chromium alloys ［J］. Materials and Corrosion, 1998, 49 (4): 226 ~ 230.

［40］ Oquab D, Xu N, Monceau D, et al. Subsurface microstructural changes in a cast heat resisting alloy caused by high temperature corrosion ［J］. Corrosion Science, 2010, 52 (1): 255 ~ 262.

［41］ Sustaita-Torres I A, Haro-Rodríguez S, Guerrero-Mata M P, et al. Aging of a cast 35Cr-45Ni heat resistant alloy ［J］. Materials Chemistry and Physics, 2012, 133 (2): 1018 ~ 1023.

［42］ Becker P, Young D. Carburization resistance of nickel-base, heat-resisting alloys ［J］. Oxidation of Metals, 2007, 67 (5 ~ 6): 267 ~ 277.

［43］ Ramanarayanan T, Srolovitz D. Carburization mechanisms of high chromium alloys ［J］. Journal of the Electrochemical Society, 1985, 132 (9): 2268 ~ 2274.

［44］ Ribeiro A, De Almeida L, Dos Santos D, et al. Microstructural modifications induced by hydrogen in a heat resistant steel type HP-45 with Nb and Ti additions ［J］. Journal of Alloys and Compounds, 2003, 356: 693 ~ 696.

［45］ 徐瑞. 材料科学中数值模拟与计算 ［M］. 哈尔滨: 哈尔滨工业大学出版社, 2005.

［46］ Sundman B. DICTRA User's Guide ［M］. Sweden: Royal Institute of Technology, 1997.

［47］ 张伟彬. 多元 Al 合金扩散系数研究及扩散行为模拟 ［D］. 长沙: 中南大学, 2012.

［48］ Borgenstam A, Höglund L, Ågren J, et al. DICTRA, a tool for simulation of diffusional transformations in alloys ［J］. Journal of Phase Equilibria, 2000, 21 (3): 269 ~ 280.

［49］ 秦小燕. 乙烯裂解炉管渗碳模拟及多因素下应力场分析 ［D］. 南京: 南京工业大学, 2010.

［50］ 李宇, 徐洲. 过饱和渗碳浓度场的计算机模拟现状 ［J］. 上海金属, 1999, 21 (4): 25 ~ 29.

［51］ Engström A, Höglund L, Ågren J. Computer simulation of diffusion in multiphase systems ［J］. Metallurgical and Materials Transactions A, 1994, 25 (6): 1127 ~ 1134.

[52] Engström A, Höglund L, Ågren J. Computer simulation of carburization in multiphase systems [C]. Materials Science Forum, 1994, 163: 725~730.

[53] Sundman B, Jansson B, Andersson J O. The thermo-calc databank system [J]. Calphad-computer Coupling of Phase Diagrams and Thermochemistry, 1985, 9 (2): 153~190.

[54] Turpin T, Dulcy J, Gantois M. Carbon diffusion and phase transformations during gas carburizing of high-alloyed stainless steels: experimental study and theoretical modeling [J]. Metallurgical and materials transactions A, 2005, 36 (10): 2751~2760.

[55] 初蕾. Ni-Cr-Fe 合金高温氧化成膜特性及氧化/碳化临界条件下膜组织演变规律的研究 [D]. 青岛: 中国海洋大学, 2011.

[56] 李国威, 杨利斌, 田亮. 乙烯裂解炉的结焦及其抑制技术 [J]. 石化技术与应用, 2008, 25 (1): 75~79.

[57] Lai G. High temperature corrosion problems in the process industries [J]. Journal of the Minerals Metals and Materials Society, 1985, 37 (7): 14~19.

[58] Kirchheiner R R, Becker P, Young D J, et al. Improved oxidation and coking resistance of a new alumina forming alloy 60 HT for the petrochemical industry [C]. Corrosion, 2005.

[59] 李处森, 杨院生. 一种提高 FeCrNi 合金材料抗结焦能力的玻璃涂层 [J]. 材料保护, 2001, 34 (5): 13~14.

[60] McGill W. Aluminum diffused steels resist high temperatures in hydrocarbon environments [J]. Met Prog, 1979, 115 (2): 26~31.

[61] Klöwer J. High temperature Corrosion behaviour of iron aluminides and iron-aluminium-chromium alloys [J]. Materials and Corrosion, 1996, 47 (12): 685~694.

[62] Bangaru N, Krutenat R. Diffusion coatings of steels: formation mechanism and microstructure of aluminized heat-resistant stainless steels [J]. Journal of Vacuum Science & Technology B, 1984, 2 (4): 806~815.

[63] Bennett M J. New coatings for high temperature materials protection [J]. Journal of Vacuum Science & Technology B, 1984, 2 (4): 800~805.

[64] 樊黑钦, 崔德春, 李锐. 裂解炉管涂层材料的制备及其作用机理的研究 [J]. 乙烯工业, 2003, 1: 006.

[65] Ganser B, Wynns K, Kurlekar A. Operational experience with diffusion coatings on steam cracker tubes [J]. Materials and Corrosion, 1999, 50 (12): 700~705.

[66] Albright L, Mc Gill W. Aluminized ethylene furnace tubes extend operating life [J]. Oil and Gas Journal, 1987, 85 (34).

[67] Goswami A, Kumar S. Failure of pyrolysis coils coated with anit-coking film in an ethylene cracking plant [J]. Engineering Failure Analysis, 2014, 39: 181~187.

[68] 松汉. 乙烯装置技术 [M]. 北京: 中国石化出版社, 1994.

[69] 张翠翠, 李斌, 时维振. 乙烯裂解的结焦及抑制 [J]. 山东化工, 2009, 38 (7): 40~42.

[70] Grabke H. Adsorption, segregation and reactions of non-metal atoms on iron surfaces [J]. Materials Science and Engineering, 1980, 42: 91~99.

6　高温应力损伤

在持久载荷条件下的损伤主要有两种，一是由长期加热产生的组织不稳定性而导致性能的变化，对于耐热合金而言，组织变化主要为碳化物在枝晶间和晶内的沉淀以及合并粗化；二是由于应力对高温氧化的作用而影响耐热钢的腐蚀稳定性。这两种损伤都与温度和时间及外应力密切相关。

一般在高温服役环境下，腐蚀性气体会与合金作用发生高温氧化或腐蚀，在耐热合金管内壁形成一定厚度的氧化膜，保护材料不受到进一步的高温内氧化和腐蚀[1,2]。然而，实际服役的炉管承受了诸多应力的作用，如外应力、内外壁较大温差导致的热应力、氧化膜的生长应力等，应力会加速表面氧化膜的破裂损伤，从而加速材料的内氧化，使得耐热钢炉管的实际服役寿命与理论预测寿命存在较大的偏差。应力对氧化膜性质的影响成为合金使用寿命的影响因素之一。Nagl[3]从断裂力学角度总结了外加应力对氧化膜失效的影响；Evans[4]主要归纳了氧化膜内应力的产生和释放机制，同时也对氧化膜内应力的测量方法进行了总结；此外，钱余海等[5]从几个方面总结了外应力对合金氧化的影响。总之，高温氧化膜对合金使用寿命的影响，主要体现在以下几方面：（1）应力是促进还是抑制保护性氧化膜的形成；（2）氧化膜开裂、剥落与否及其失效机制；（3）氧化膜开裂后，氧化膜能否愈合继续保护合金基体[6]。

本章首先阐述了蠕变的基本概念，并对炉管服役过程中的典型应力状态进行分析，继而对持久实验过程中氧化膜破裂损伤、内氧化以及蠕变空洞形成和碳化物粗化等现象进行了深入研究，综合考虑高温腐蚀环境的化学损伤和机械应力损伤以及两者之间的交互作用对炉管材料持久寿命的影响。

6.1　乙烯裂解管的蠕变

6.1.1　蠕变的基本概念

金属在高温和应力作用下逐渐产生塑性变形的现象称为蠕变。按变形方式的不同，蠕变主要分为位错蠕变和扩散蠕变。

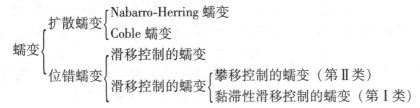

对于烃类蒸汽转化炉，高温蠕变破裂是转化炉管发生损坏的最主要形式，其比例高达70%以上。转化炉管基本上承受着不变的应力作用，由内压引起的一次应力中环向应力是轴向应力的2倍，转化炉管直管段的裂纹通常沿轴向延伸。

高温下蠕变的发展过程一般用"时间－变形量"曲线表示。图6－1是典型的高温蠕变曲线。该曲线 oa 段代表材料刚刚加上载荷时产生的弹性变形；ab 段是变形的"减速期"，在此段区域内蠕变速度由大变小；bc 段是"等速区"，在这一区域蠕变速度恒定不变；cd 段是引起破坏的区域，在此区域内蠕变速度迅猛升高，材料至 d 点时破断，此区域叫做"加速期"。通过"时间－变形量"曲线可以把高温蠕变分成三个阶段——减速期、等速期、加速期。

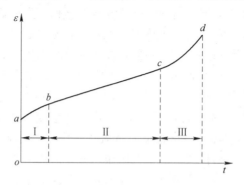

图6－1 典型的高温蠕变曲线

蠕变损伤形态具有如下特征：

（1）蠕变损伤的初始阶段一般无明显特征，但可通过扫描电子显微镜观察来识别。蠕变孔洞多在晶界处出现，在中后期形成微裂纹，最终形成宏观裂纹。

（2）运行温度远高于蠕变温度阈值时，可观察到明显的鼓胀、伸长等变形，变形量主要取决于材质、温度与应力水平三者的组合。

（3）承压设备中温度高、应力集中的部位易发生蠕变，尤其在三通、接管、缺陷和焊接接头等结构不连续处。

蠕变损伤的主要影响因素有：

（1）蠕变变形速率的主要影响因素为材料、应力和温度，损伤速率（或应变速率）对应力和温度比较敏感，比如合金温度增加12℃或应力增加15%可能使剩余寿命缩短一半以上。

（2）温度：高于温度阈值时，蠕变损伤就可能发生。在阈值温度下服役的设备，即使裂纹尖端附近的应力较高，金属部件的寿命也几乎不受影响。

（3）应力：应力水平越高，蠕变变形速率越大。

（4）蠕变韧性：蠕变韧性低的材料发生蠕变时变形小或没有明显变形。通常高抗拉强度的材料、焊接接头部位、粗晶材料的蠕变韧性较低。

常采用"在一定的工作温度下，在规定的使用时间内，使试件发生一定量的总变形的应力值"来表示转化管的蠕变极限，如 1/100000 表示经 10 万小时总变形为1%的条件蠕变极限。

6.1.2 乙烯裂解管的蠕变强度

HK、HP、Cr35Ni45 合金的许用蠕变应力的比较如图 6 - 2 所示。尽管乙烯生产主要采用离心铸管，但对于管径小、长度大的管子，由于难于铸造，也采用轧制的方法，如 800HT、803、HK4M、HPM 等轧制管，它们在 1100℃ 时仍有良好的蠕变强度。

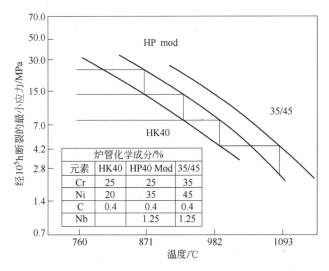

炉管化学成分/%			
元素	HK40	HP40 Mod	35/45
Cr	25	25	35
Ni	20	35	45
C	0.4	0.4	0.4
Nb		1.25	1.25

图 6 - 2　HK、HP、Cr35Ni45 许用应力对比[7]

6.1.3 炉管应力来源

6.1.3.1 内部应力

裂解炉内壁由于承受内部压力载荷而产生的应力，属于一次薄膜应力。管壁上任一点的应力状态可由 3 个相互垂直的主应力来表示：即环向应力 σ_θ，轴向应力 σ_z 和径向应力 σ_r。以原始 Cr35Ni45 炉管为例，外径 $D_o = 88.6mm$，内径 $D_i = 72.8mm$，由于 $K = D_o/D_i = 1.22 > 1.2$，因而可以认为是厚壁炉管。如图 6 - 3 所示，其应力表达式一般采用 Lamé 公式[8]，即：

$$\sigma_\theta = \frac{pD_i^2}{D_o^2 - D_i^2}\left(1 - \frac{D_o^2}{4r^2}\right) \tag{6-1}$$

$$\sigma_z = \frac{pD_i^2}{D_o^2 - D_i^2}\left(1 + \frac{D_o^2}{4r^2}\right) \tag{6-2}$$

$$\sigma_r = \frac{pD_i^2}{D_o^2 - D_i^2} \qquad (6-3)$$

式中，p 为炉管内压；D_i 为炉管内径；D_o 为炉管外径；m 为炉管壁厚。采用厚壁模型可以发现，各类应力沿着壁厚是变化的。径向应力小于或等于0，在内壁时为 $-p$，在外壁等于0；环向应力大于0，在内壁时最大，外壁时最小。同时可以发现，在三个应力中，数值上环向应力最大，因而对炉管的强度起着决定性的作用。

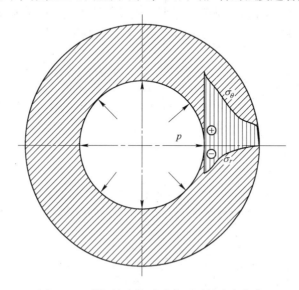

图6-3 裂解管内壁承受内压时的应力状态

6.1.3.2 热应力[9]

在开停车的过程中，乙烯裂解炉管的温度会发生迅速的上升（由室温上升至900℃甚至1000℃以上），因而产生的热应力是很大的，对炉管形成热冲击。裂解炉管服役过程中，渗碳及本身的时效作用使得二次碳化物不断析出，一次碳化物发生聚合粗化，从而造成炉管低温韧性明显下降。正是由低温韧性降低导致的材料脆化，使得炉管的抗冲击性能下降，使得升温过程中的热冲击伴随的较大热应力变化造成炉管的破裂。

在裂解炉运行过程中，由于高温裂解需要吸收大量热量，因而内外壁的温度不同，存在一定的温差，从而产生了一定的温差应力。内外壁温差越大，温差应力也随之升高。

服役过程中炉管内壁上会附着一层较厚的结焦层，结焦层的传热系数较低，造成炉管内壁的温度上升，使得炉管内的热应力分布变得较为复杂。

清焦过程中高温水蒸气与结焦层反应放出大量的热，使得炉管的内壁温度高于外壁的温度，从而产生与运行时相反的热应力。反复的结焦、清焦，也会使得炉管发生热疲劳损伤[10]。

由圆柱坐标系（图 6 - 4）的广义胡克定律，可以得到应力和温差之间的函数，即：

$$\sigma_r = \frac{E}{(1-2\mu)(1+\mu)}\left[(1-\mu)\varepsilon_r + \mu(\varepsilon_\theta + \varepsilon_z)\right] - \frac{E\alpha t}{1-2\mu} \quad (6-4\text{a})$$

$$\sigma_\theta = \frac{E}{(1-2\mu)(1+\mu)}\left[(1-\mu)\varepsilon_\theta + \mu(\varepsilon_z + \varepsilon_r)\right] - \frac{E\alpha t}{1-2\mu} \quad (6-4\text{b})$$

$$\sigma_z = \frac{E}{(1-2\mu)(1+\mu)}\left[(1-\mu)\varepsilon_z + \mu(\varepsilon_r + \varepsilon_\theta)\right] - \frac{E\alpha t}{1-2\mu} \quad (6-4\text{c})$$

$$\tau_{zr} = \frac{E}{2(1+\mu)}\gamma_{zr} \quad (6-4\text{d})$$

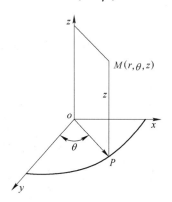

图 6 - 4　圆柱坐标系

圆柱坐标系中一点的 4 个应变分量和位移之间的关系为：

$$\varepsilon_r = \frac{\partial u}{\partial r}, \quad \varepsilon_\theta = \frac{u}{r}, \quad \varepsilon_z = \frac{\partial \omega}{\partial z}, \quad \gamma_{zr} = \frac{\partial \omega}{\partial r} + \frac{\partial u}{\partial z} \quad (6-5)$$

将式 6 - 5 带入式 6 - 4 中，可得位移与温差表示应力的关系式如下：

$$\sigma_r = 2G\left[\frac{1-\mu}{1-2\mu} \times \frac{\partial u}{\partial r} + \frac{\mu}{1-2\mu}\left(\frac{u}{r} + \frac{\partial \omega}{\partial z}\right)\right] - \beta t \quad (6-6\text{a})$$

$$\sigma_\theta = 2G\left[\frac{1-\mu}{1-2\mu} \times \frac{u}{r} + \frac{\mu}{1-2\mu}\left(\frac{\partial \omega}{\partial z} + \frac{\partial u}{\partial r}\right)\right] - \beta t \quad (6-6\text{b})$$

$$\sigma_z = 2G\left[\frac{1-\mu}{1-2\mu} \times \frac{\partial \omega}{\partial z} + \frac{\mu}{1-2\mu}\left(\frac{\partial u}{\partial r} + \frac{u}{r}\right)\right] - \beta t \quad (6-6\text{c})$$

$$\tau_{zr} = G\left(\frac{\partial \omega}{\partial r} + \frac{\partial u}{\partial z}\right) \quad (6-6\text{d})$$

式中，G 为切变模量，$G = \frac{E}{2(1+\mu)}$；β 为热应力系数，$\beta = \frac{\alpha E}{1-2\mu}$。

乙烯裂解炉管可认为是空心圆筒，外径为 r_o，内径为 r_i。由于温度变化 t 只是 r 的函数，且 $\tau_{rz} = 0$，因而有：

$$\frac{\partial \sigma_r}{\partial r} + \frac{\sigma_r - \sigma_\theta}{r} = 0 \qquad (6-7a)$$

$$\frac{\partial \sigma_z}{\partial z} = 0 \qquad (6-7b)$$

由式 6-6 和式 6-7 可得：

$$\frac{d}{dr}\Big[\frac{1}{r} \times \frac{d(ru)}{dr}\Big] = \frac{1+\mu}{1-\mu}\alpha \frac{dt}{dr} \qquad (6-8)$$

进一步积分和微分可得：

$$u = \frac{1+\mu}{1-\mu} \times \frac{\alpha}{r}\int_{r_i}^{r} trdr + C_1 r + \frac{C_2}{r} \qquad (6-9)$$

$$\frac{du}{dr} = \frac{1+\mu}{1-\mu}\alpha t - \frac{1+\mu}{1-\mu} \times \frac{\alpha}{r^2}\int_{r_i}^{r} trdr + C_1 - \frac{C_2}{r^2} \qquad (6-10)$$

将式 6-9 和式 6-10 代入式 6-6，并由内外表面边界条件求出 C_1 和 C_2 的值，并假设炉管不受外力作用，且两端自由，则整理结果可得：

$$\sigma_r = \frac{\alpha E}{1-\mu}\Big[-\frac{1}{r^2}\int_{r_i}^{r} trdr + \frac{r^2 - r_i^2}{r^2(r_o^2 - r_i^2)}\int_{r_i}^{r_o} trdr \Big] \qquad (6-11a)$$

$$\sigma_\theta = \frac{\alpha E}{1-\mu}\Big[\frac{1}{r^2}\int_{r_i}^{r} trdr + \frac{r^2 + r_i^2}{r^2(r_o^2 - r_i^2)}\int_{r_i}^{r_o} trdr - t \Big] \qquad (6-11b)$$

$$\sigma_z = \frac{\alpha E}{1-\mu}\Big(\frac{2}{r_o^2 - r_i^2}\int_{r_i}^{r_o} trdr - t \Big) \qquad (6-11c)$$

同时，有：

$$t_{V,m} = \frac{2}{r_o^2 - r_i^2}\int_{r_i}^{r_o} trdr \qquad (6-12)$$

其中，$t_{V,m}$ 为体积平均温度，则在内外表面处有：

$$\sigma_{zo} = \frac{\alpha E}{1-\mu}(t_{V,m} - t_o), \sigma_{zi} = \frac{\alpha E}{1-\mu}(t_{V,m} - t_i) \qquad (6-13)$$

由式 6-11b 可知，内外表面处有：

$$\sigma_{\theta o} = \frac{\alpha E}{1-\mu}(t_{V,m} - t_o), \sigma_{\theta i} = \frac{\alpha E}{1-\mu}(t_{V,m} - t_i) \qquad (6-14)$$

假设炉管为径向一维导热，若炉管内表面温度变化为 t_i，外表面温度变化为 $t_o = 0$，则有：

$$\frac{d^2 t}{dr^2} + \frac{1}{r} \times \frac{dt}{dr} = 0 \qquad (6-15)$$

其解为：

$$t = t_i \ln\frac{r_o}{r} \Big/ \Big(\ln\frac{r_o}{r_i} \Big) \qquad (6-16)$$

代入式 6-11，积分整理可得热应力的表达式为：

$$\sigma_r = \frac{\alpha E t_i}{2(1-\mu)\ln\frac{r_o}{r_i}}\left[-\ln\frac{r_o}{r} - \frac{r_i^2}{r_o^2 - r_i^2}\left(1 - \frac{r_o^2}{r^2}\right)\ln\frac{r_o}{r_i}\right] \qquad (6-17a)$$

$$\sigma_\theta = \frac{\alpha E t_i}{2(1-\mu)\ln\frac{r_o}{r_i}}\left[1 - \ln\frac{r_o}{r} - \frac{r_i^2}{r_o^2 - r_i^2}\left(1 + \frac{r_o^2}{r^2}\right)\ln\frac{r_o}{r_i}\right] \qquad (6-17b)$$

$$\sigma_z = \frac{\alpha E t_i}{2(1-\mu)\ln\frac{r_o}{r_i}}\left(1 - 2\ln\frac{r_o}{r} - \frac{2r_i^2}{r_o^2 - r_i^2}\ln\frac{r_o}{r_i}\right) \qquad (6-17c)$$

若 $t_i > 0$，从而可以得出在内外表面处的应力分别为：

$$\sigma_r\Big|_{r\in(r_i,r_o)} = \frac{\alpha E t_i}{2(1-\mu)\ln\frac{r_o}{r_i}}\left[-\ln\frac{r_o}{r} - \frac{r_i^2}{r_o^2 - r_i^2}\left(1 - \frac{r_o^2}{r^2}\right)\ln\frac{r_o}{r_i}\right] < 0, \sigma_r\Big|_{r=r_i} = \sigma_r\Big|_{r=r_o} = 0$$

$$(6-18a)$$

$$\sigma_\theta\Big|_{r=r_i} = \sigma_z\Big|_{r=r_i} = \frac{\alpha E t_i}{2(1-\mu)\ln\frac{r_o}{r_i}}\left(1 - \frac{2r_o^2}{r_o^2 - r_i^2}\ln\frac{r_o}{r_i}\right) < 0 \qquad (6-18b)$$

$$\sigma_\theta\Big|_{r=r_o} = \sigma_z\Big|_{r=r_o} = \frac{\alpha E t_i}{2(1-\mu)\ln\frac{r_o}{r_i}}\left(1 - \frac{2r_i^2}{r_o^2 - r_i^2}\ln\frac{r_o}{r_i}\right) > 0 \qquad (6-18c)$$

从而可以看出，三个应力呈现出如图 6-5 示意的曲线变化情况。

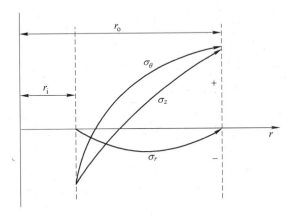

图 6-5　乙烯裂解管管壁内的热应力分布示意图

6.1.3.3　渗碳应力

由于炉管内外壁的碳浓度不同，从而使得不同区域的膨胀系数不同，在炉管中产生了较大的附加应力，称为渗碳应力。这里通过借鉴温度场求解温差应力的方法来计算渗碳应力，其三向应力如下所示[11]：

$$\sigma_r^C = \frac{E\alpha_C}{1-\mu} \times \frac{1}{r^2}\left[\frac{r^2-R_i^2}{R_o^2-R_i^2}\int_{R_i}^{R_o}C(r)r\mathrm{d}r - \int_{R_i}^{r}C(r)r\mathrm{d}r\right] \tag{6-19a}$$

$$\sigma_\theta^C = \frac{E\alpha_C}{1-\mu} \times \frac{1}{r^2}\left[\frac{r^2+R_i^2}{R_o^2-R_i^2}\int_{R_i}^{R_o}C(r)r\mathrm{d}r + \int_{R_i}^{r}C(r)r\mathrm{d}r - C(r)r^2\right] \tag{6-19b}$$

$$\sigma_z^C = \frac{E\alpha_C}{1-\mu}\left[\frac{2}{R_o^2-R_i^2}\int_{R_i}^{R_o}C(r)r\mathrm{d}r - C(r)\right] \tag{6-19c}$$

式中，α_C 为渗碳线膨胀系数，$10^{-3}/\%$；$C(r)$ 为距轴线 r 处的碳含量，%。

6.1.3.4　壁厚减薄造成的应力

炉管在长期服役过程中，由于内壁受到高温化学性腐蚀（氧化、渗碳等）以及热冲击、清焦等作用，管壁厚度逐渐降低。高温下使用的炉管内壁，由于渗碳作用生成了碳化物，碳化物相对于基体更容易氧化，从而使得裂纹沿着氧化后的碳化物扩展；并且某些区域如搭接焊缝或异性管件接头部由于热应力大，容易使得表面的氧化膜发生破裂和脱落，并进一步促进内部合金的氧化，也使得管壁发生减薄[10]。以未服役的 Cr35Ni45Nb 合金管为例，其初始外径为 88.6mm，初始壁厚为 8mm，仍考虑炉管为厚壁圆筒模型，则由式 6-18 可得如图 6-6 所示的曲线。此外，一般而言，炉管内压在 0.1~3MPa 区间内变化，因而图 6-6 还考虑了内管工作介质的压力对炉管工作压力的影响，可以发现，内压对炉管工作应力的影响还是非常显著的：在初始壁厚下，内压为 3MPa 时的工作应力为 8.05MPa，而内压降到 0.5MPa 时工作应力仅为 1.34MPa。

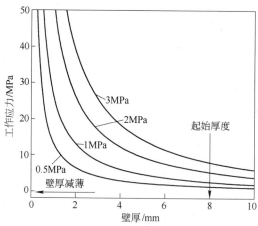

图 6-6　炉管的工作应力随着工作介质压力和壁厚的变化曲线

6.1.3.5　蠕变损伤应力

对于蠕变损伤应力，采用蠕变损伤方程：

$$\frac{\mathrm{d}D}{\mathrm{d}t} = H\frac{\phi(\sigma)^v}{(1-D)^m} \tag{6-20}$$

式中，D 为蠕变损伤因子；H 为材料蠕变损伤系数，对于 HP40Nb，$H = 2.597 \times 10^{-12}$；$v$，$m$ 为材料蠕变损伤系数，对于 HP40Nb，$v = 5.45131$，$m = 0.69412$；t 为时间，h；$\phi(\sigma)$ 为应力函数，对于 HP40Nb，$\phi(\sigma) = 0.25\sigma_e + 0.75\sigma_1$，其中 σ_1 为最大主应力，单位为 MPa，$\sigma_1 = \max(\sigma_r, \sigma_\theta, \sigma_z)$，$\sigma_e$ 为 Mises 等效应力，单位为 MPa，$\sigma_e = \dfrac{1}{\sqrt{2}}\sqrt{(\sigma_r - \sigma_\theta)^2 + (\sigma_\theta - \sigma_z)^2 + (\sigma_z - \sigma_r)^2}$。

在 $0 \sim t$ 和 $0 \sim D$ 范围内对蠕变损伤方程积分，得到蠕变损伤因子 D 与时间 t 的关系式为：

$$t = \frac{1}{H\phi(\sigma)^v(m+1)}\left[1 - (1-D)^{(m+1)}\right] \tag{6-21}$$

当 $D = 1$ 时，材料发生断裂，此时 $t = t_r$，则：

$$t_r = \frac{1}{H\phi(\sigma)^v(m+1)} \tag{6-22}$$

$$D = 1 - \left(1 - \frac{t}{t_r}\right)^{\frac{1}{m+1}} \tag{6-23}$$

蠕变应变本构方程的具体表达式为：

$$\frac{d\varepsilon_r^c}{dt} = A\frac{\sigma_e^{n-1}}{(1-D)^n}\left[\sigma_r - \frac{1}{2}(\sigma_\theta + \sigma_z)\right] \tag{6-24}$$

$$\frac{d\varepsilon_\theta^c}{dt} = A\frac{\sigma_e^{n-1}}{(1-D)^n}\left[\sigma_\theta - \frac{1}{2}(\sigma_r + \sigma_z)\right] \tag{6-25}$$

$$\varepsilon_z^c = -(\varepsilon_r^c + \varepsilon_\theta^c) \tag{6-26}$$

式中，A、n 为由蠕变试验确定的常数，对于 HP40Nb，$A = 3.63 \times 10^{-13}$，$n = 5.7$。

蠕变损伤残余弹性应力的计算公式如下：

$$\begin{aligned}
R_r = {}& \frac{E}{2(1-\mu^2)}\left(\int_{R_i}^r \frac{\varepsilon_r^c - \varepsilon_\theta^c}{r}dr - \frac{r^2 - R_i^2}{R_o^2 - R_i^2} \times \frac{R_o^2}{r^2}\int_{R_i}^{R_o}\frac{\varepsilon_r^c - \varepsilon_\theta^c}{r}dr\right) + \\
& \frac{E(1-2\mu)}{2(1-\mu^2)} \times \frac{1}{r^2}\left(\int_{R_i}^r r\varepsilon_z^c dr - \frac{r^2 - R_i^2}{R_o^2 - R_i^2}\int_{R_i}^{R_o}r\varepsilon_z^c dr\right)
\end{aligned} \tag{6-27}$$

$$\begin{aligned}
R_\theta = {}& \frac{E}{2(1-\mu^2)}\left(\int_{R_i}^r \frac{\varepsilon_r^c - \varepsilon_\theta^c}{r}dr - \frac{r^2 + R_i^2}{R_o^2 - R_i^2} \times \frac{R_o^2}{r^2}\int_{R_i}^{R_o}\frac{\varepsilon_r^c - \varepsilon_\theta^c}{r}dr\right) - \\
& \frac{E(1-2\mu)}{2(1-\mu^2)} \times \frac{1}{r^2}\left(\int_{R_i}^r r\varepsilon_z^c dr + \frac{r^2 + R_i^2}{R_o^2 - R_i^2}\int_{R_i}^{R_o}r\varepsilon_z^c dr\right) - \frac{E}{1-\mu^2}(\varepsilon_\theta^c + \mu\varepsilon_z^c)
\end{aligned} \tag{6-28}$$

$$\begin{aligned}
R_z = {}& \frac{E\mu}{1-\mu^2}\left(\int_{R_i}^r \frac{\varepsilon_r^c - \varepsilon_\theta^c}{r}dr - \frac{R_o^2}{R_o^2 - R_i^2}\int_{R_i}^{R_o}\frac{\varepsilon_r^c - \varepsilon_\theta^c}{r}dr\right) - \\
& \frac{E\mu(1-2\mu)}{1-\mu^2} \times \frac{1}{R_o^2 - R_i^2}\int_{R_i}^r r\varepsilon_z^c dr + \frac{E}{1-\mu^2}\left[\mu\varepsilon_r^c - (1-\mu)\varepsilon_z^c\right]
\end{aligned} \tag{6-29}$$

6.1.4　蠕变总应力的计算

蠕变损伤过程中的总应力为[11]：

$$\{\sigma\} = \{R\} + \{\sigma^p\} + \{\sigma^T\} + \{\sigma^C\} \tag{6-30}$$

式中，$\{R\}$ 为残余因子[12]；$\{\sigma^p\}$ 为内压引起的应力矩阵；$\{\sigma^T\}$ 为温差引起的热应力矩阵；$\{\sigma^C\}$ 为渗碳引起的应力矩阵，如下形式所示：

$$\{\sigma\} = \begin{Bmatrix} \sigma_r \\ \sigma_\theta \\ \sigma_z \end{Bmatrix}; \{R\} = \begin{Bmatrix} R_r \\ R_\theta \\ R_z \end{Bmatrix}; \{\sigma^p\} = \begin{Bmatrix} \sigma_r^p \\ \sigma_\theta^p \\ \sigma_z^p \end{Bmatrix}; \{\sigma^T\} = \begin{Bmatrix} R_r^T \\ R_\theta^T \\ R_z^T \end{Bmatrix}; \{\sigma^C\} = \begin{Bmatrix} R_r^C \\ R_\theta^C \\ R_z^C \end{Bmatrix}$$

采用数值方法计算某一时刻 t_N 的蠕变总应力，蠕变总应力的计算流程如图 6 - 7 所示。

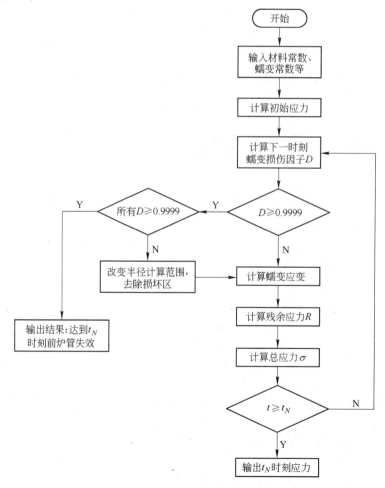

图 6 - 7　蠕变和内压作用下炉管应力的计算流程

取半径增量为 Δr，沿半径方向分成 M 个有限点 r_i；将时间 t_N 以时间间隔 Δt 分成 N 个有限点 t_j。

初始时刻 $j=1$，$D(i,j)=0$，蠕变损伤导致的应变总量 $\varepsilon^c(i,j)=0$，应变增量 $\Delta\varepsilon^c(i,j)=0$，残余弹性应力 $R(i,j)=0$，应力为初始时刻的应力矩阵 $\{\sigma(i,j)\}$，继而计算出 $\phi(\sigma)(i,j)$，作为下一时刻的应力值。

由式 6-23 计算下一时刻即 $j=j+1$ 时刻的蠕变损伤 $D(i,j+1)$，并由式 6-24~式 6-26 计算蠕变损伤应变增量 $\Delta\varepsilon^c(i,j+1)$ 和应变总量 $\varepsilon^c(i,j+1)$。将蠕变总量带入式 6-27~式 6-30 中，求得该时刻的残余弹性应力 $R(i,j+1)$、总应力 $\{\sigma(i,j+1)\}$ 及 $\phi(\sigma)(i,j+1)$。再重复计算下一时刻的蠕变损伤 $D(i,j+2)$，当某一半径处的 $D(i,j)\geqslant0.9999$，即发生破坏时，须改变计算半径的范围进行计算（即去除破坏区进行计算），直到 $t=t_N$ 或所有半径处的 $D(i,j)\geqslant0.9999$。

6.2 高温应力条件下氧化膜的破裂损伤及其对持久寿命的影响

在持久实验过程中试样周围为高温氧化环境，持久试样在不同应力下断裂后内部的氧化程度不尽相同，如图 6-8 所示。氧化区宽度与外应力之间一般呈先增后降的变化趋势，即存在一个临界应力值，结合图 6-10a 的组织分析可推测，临界应力值位于 3~10MPa 之间。在极低的应力环境下（如正常服役应力3MPa），氧化区一般只包括表面 $Cr_2O_3+SiO_2$ 复合氧化膜与亚表层的晶间氧化物；随着应力的升高，内氧化开始逐步向内部蔓延，所以在较高应力下的氧化区还包括分布在表面以下约 50~250μm 宽范围内密集分布的氧化斑点（见图 6-8a）。图 6-9a 是统计出的 1080℃ 下氧化区宽度随外应力变化的曲线，可知在同一温度下，高于临界应力值时，随着应力升高，平均氧化区宽度减小。在 10MPa 下合金已经开始发生了内氧化进程，但由于应力仍然较低，因此内氧化拥有充足的时间向内发展，试样最终的断裂与蠕变损伤和内氧化腐蚀损伤皆有很大的关系。随

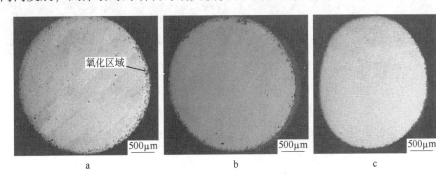

图 6-8 1080℃ 不同应力下的 Cr35Ni45Nb 持久试样的宏观组织

a—10MPa；b—17MPa；c—30MPa

着应力的增大蠕变加快，蠕变带来的损伤远大于氧化腐蚀损伤，因而试样没有充分内氧化即发生断裂（见图 6 – 8c）。

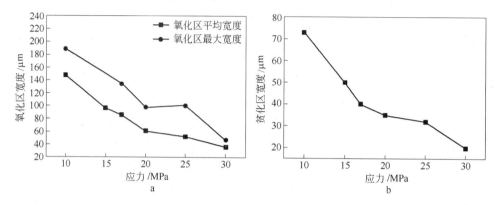

图 6 – 9　1080℃下氧化区（a）和贫化区（b）宽度随应力的变化曲线

图 6 – 10 是炉管材料在 1080℃不同应力下的氧化膜形貌，在高温氧化环境下，试样侧面形成了表面氧化膜及含晶间氧化的亚表层贫碳化物区。图 6 – 10a 为 1080℃下服役 6 年的内壁组织，由于服役应力只有 1MPa 以下甚至更低，氧化膜比较稳定，抗氧化性能很好；因亚表层贫 Cr 而形成的贫碳化物区域也有充分时间来发展，该区域较为纯净，主要为固溶体组织，内氧化物很少。随着应力的提高，炉管材料的持久寿命严重地下降，贫化区没有充分的时间来发展，如图 6 – 10c 所示，25MPa 下时贫化区宽度已经不足 10μm，因而贫碳化物区的宽度与应力的大小密切相关，其变化趋势如图 6 – 9b 所示，与平均氧化区的变化趋势相似。

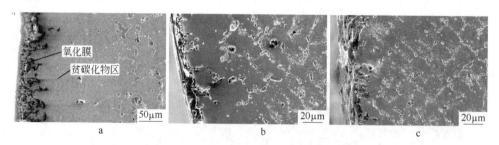

图 6 – 10　1080℃不同应力下的氧化膜形貌
a—小于 1MPa；b—10MPa；c—25MPa

由应力导致的表面氧化膜的连续性和致密性下降，使得其抗高温氧化性能急剧退化。

应力会对氧化膜/金属界面反应及合金元素的扩散产生影响。界面反应的快慢直接影响到合金元素的扩散，若界面反应较慢，就会增加元素扩散的势垒，而降低氧化膜的生长速度。应力对界面反应的影响主要是对金属离子、金属离子空位在氧化膜/金属界面的湮灭作用的改变[6]。Gibbs 和 Hales 给出了氧化膜生长与界面处空位浓度关系[13]：

$$\frac{\mathrm{d}x}{\mathrm{d}t} = B\Omega (p_{O_2})^{-1/n} \left[\frac{(V_\mathrm{L})_\mathrm{e}}{(V_\mathrm{L})^2} \right] \cdot \frac{D_\mathrm{L}}{x} \qquad (6-31)$$

式中，Ω 为原子体积；(V_L) 为金属中的平衡空位浓度；V_L 为氧化膜与金属界面的过饱和空位；D_L 为离子通过氧化膜的自扩散速率；x 为氧化膜厚度；n 和 B 为常数。由式 6-31 可知，只要能够降低氧化膜/金属界面空位的浓度，就能够提高合金的氧化速率。另外，从理论上来讲，应力不但对固体中的扩散动力学亦对扩散热力学产生影响，外加应力越大，对原子的自扩散系数影响越明显[14]。应力还可以通过增加氧化膜晶界处过量空位及短路扩散途径来增强元素的扩散。因为在应力作用下，合金基体伸长会导致氧化膜的开裂，在裂纹或晶界处快速氧化，而促进合金的氧化[15]。

因此，提高氧化膜的连续致密性对提高 Cr35Ni45Nb 合金的抗高温氧化性能及延长持久寿命至关重要。高温应力环境下氧化膜对持久寿命的影响，主要取决于氧化膜破裂损伤及失效机制和氧化膜损伤后能否自愈从而继续保护内部合金。合金表面的氧化膜由最外层的 Cr_2O_3 和内层的 SiO_2 复合而成，在恒温持久实验过程中，氧化膜的形成伴随着内部生长应力的增加，生长应力主要是由 Cr_2O_3/SiO_2 复合氧化膜和形成该氧化膜所消耗的合金的体积不同而导致的，这个比例称为 PBR（即 Pilling-Bedworth ratio）[16]。若考虑氧化膜的各向同性，则 PBR 引起的体应变为：

$$\varepsilon_V = 1 - \left[\omega \cdot \phi_{Cr_2O_3} + (1 - \omega) \cdot \phi_{SiO_2} \right]^{1/3} \qquad (6-32)$$

式中，ω 是 Cr_2O_3 的体积分数；$\phi_{Cr_2O_3}$ 和 ϕ_{SiO_2} 分别为 Cr_2O_3 和 SiO_2 的 PBR 值。由于 Cr_2O_3 的 PBR 为 2.07，SiO_2 的 PBR 为 1.88，因而 $\varepsilon_V < 0$；若不考虑外应力存在的情况，复合氧化膜内部呈压应力。图 6-10a 对应的外应力为 1MPa 以下，较低的外应力使得内壁上的氧化膜仍为压应力状态，使得复合氧化膜可以较为致密、连续地覆盖在合金表面上，不易发生脱落。而且在 1080℃下 Cr_2O_3 金属离子的扩散系数仅为 $6.72 \times 10^{-14} \mathrm{m^2/s}$，$SiO_2$ 中 O 的扩散系数仅为 $1.48 \times 10^{-17} \mathrm{m^2/s}$，Si 的扩散系数比氧更低，因而该状态下的复合氧化膜具有良好的保护性。

然而，对比图 6-10a~c 的组织即可发现，由于持久实验设定的最低应力 10MPa 相对于实际服役应力而言仍较高，最终内氧化的程度出现巨大差异；这种差异源于外应力使得复合氧化膜内应力发生转变，即压应力转变为张应力。张应力极易导致氧化膜内裂纹的萌生，即氧化膜与基体之间变形不协调，使得氧化膜逐渐开裂和剥离，如图 6-13a 和图 6-11 中的示意图所示。

Evans[4,17]最早从断裂力学角度提出了氧化膜在拉应力下的失效机制。认为

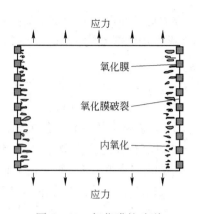

图 6 – 11　氧化膜的破裂

在氧化膜的表面或者内部缺陷处首先发生裂纹的生长而贯穿氧化膜，降低局部应力集中，实现氧化膜弹性应力松弛。当氧化膜与金属界面发生滑移时，如果氧化膜具有一定的塑性，则可实现氧化膜塑性应力松弛，导致氧化膜分层。氧化膜的开裂和剥离使得边缘附近合金内的氧化速率加快，从而形成一段较宽的内部氧化区。由 Wagner 理论[6] 可知，使合金表面形成连续致密的 Cr_2O_3 氧化膜需要基体的 Cr 含量大于某一临界浓度，从而表面氧化膜局部发生破坏后，仍可以通过短程扩散快速愈合，阻止对内部的进一步氧化。图 6 – 10a 中的氧化膜在 6 年服役过程中不断发生破坏和重建后仍保持连续而致密，说明 Cr35Ni45Nb 基体的 Cr 浓度足以保持表面氧化膜的高温完整性，自愈能力很强；而确实根据 Petkovic-Luton 和 Ramanarayanan[2,18] 的研究，只要毗邻表面的合金基体中的 Cr 浓度大于 10%，保护性的 Cr_2O_3 层就会重新恢复，因此氧化膜发生破裂后可以通过自修复功能使裂纹愈合。这种开裂 – 自修复过程周期性地反复发生，其造成的内部氧化损伤程度取决于氧化膜开裂速率与自修复速率的主次性。若氧化膜开裂剥离速率低于材料的自修复速率，则快速自愈的氧化膜会阻止合金内部进一步的内氧化腐蚀，材料最终失效的主要原因是蠕变导致的断裂。若氧化膜开裂剥离速率高于材料的自修复速率，新修复的氧化膜也会迅速发生开裂，使得氧化膜丧失了保护性（见图 6 – 12c），合金内部则不断暴露在氧化气氛中，氧将沿晶界或蠕变产生的高密度位错向内快速扩散，促进晶界氧化，从而得出结论：内氧化及蠕变耦合导致的断裂是材料失效的主因。

　　值得进一步指出的是，Cr_2O_3 本身还有一个重要的特性是随着氧分压的变化，膜的塑性变形能力也将不同[19]：在低氧分压下（如 $1.1 \times 10^3 Pa$ 以下），塑性变形能力极强；而在高氧分压环境下（如 $10^5 Pa$），氧化膜的塑性变形能力较差。因而 Cr35Ni45Nb 持久试样的高氧压环境使得表面氧化膜具有很高的脆性，不易变形。再结合图 6 – 13a 可以推知，Cr_2O_3 的开裂剥落属于强氧化膜/弱界面类型，即氧化膜本身强度比较高，在应力作用下，裂纹首先在界面形成和扩展，当氧化膜发生开裂后，大片氧化膜发生整体脱落，露出内部的合金基体及部分 SiO_2 颗粒。由于合金中 Si 含量较低，并且氧化膜处于不断的动态剥落和重建中，因此无法形成连续的 SiO_2 氧化膜，SiO_2 主要以颗粒状群集在表面晶界附近。

　　蠕变使得晶界缺陷增多，也会使得晶界氧化加快，$M_{23}C_6$ 在高氧势的环境下发生氧化，逐渐由碳化铬变成氧化铬，如图 6 – 13b 所示。氧化使得晶界脆性增加，同时带来更多的缺陷，最终结果使得晶界氧化对晶界强度具有非常明显的弱化作用。如图 6 – 13c 所示，由于晶界强度降低，试样外表面呈现晶粒松散堆砌的现象，在裂纹附近甚至存在整个晶粒沿晶脱落的情况。在蠕变应力下，裂纹从试样外边缘开始沿着弱化的晶界逐渐向内部扩展，裂纹扩展过程中，尖端前沿新鲜的碳化物或合金基体因高氧势也会发生快速氧化，为裂纹的继续扩展奠定了基础。由于枝晶间一次碳化物在长时间高温环境下会逐渐发生粗化和连续，也间接地促进了碳化物的氧化和裂纹的扩展进程。加之由合金蠕变造成的内部空洞及缺陷的增多，氧化能够蔓延至试样心部（图 6 – 12a）。

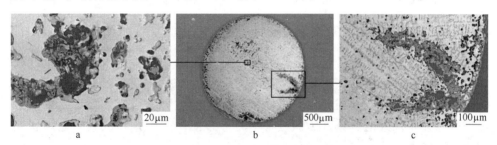

图 6 – 12　1040℃/15MPa 条件下持久试样的横截面形貌

a—中心氧化；b—整体形貌；c—边缘氧化

　　无论是氧化膜破裂损伤还是内氧化损伤，其皆会导致内部承载面积的损失。设损伤变量 D 为损伤面积率，λ 为内氧化损伤的影响权重，则有[20]：

$$dD = \frac{2}{R}\left[\frac{\lambda k_1}{RD} + (1-\lambda)\left(\frac{2k_p\dot{\varepsilon}}{\varepsilon_{Cr}}\right)^{1/2}\right]dt \tag{6-33}$$

式中，R 为试样半径；$\dot{\varepsilon}$ 为蠕变速率；ε_{Cr} 为氧化膜开裂时的应变；k_1、k_p 为动力学常数。上式损伤微分方程的第一部分为内氧化损伤，第二部分为氧化膜破裂损伤。对上式积分可得：

$$t_c = \frac{\lambda D_c^2 R^2}{4k_1} + \frac{(1-\lambda)R}{n+2}\left(\frac{\varepsilon_{Cr}}{2k_p\dot{\varepsilon}_{Cr}}\right)^{1/2}\left[1-(1-D_c)^{n/2}\right] \tag{6-34}$$

式中，n 为稳定蠕变速率的应力指数；D_c 为 Cr35Ni45Nb 材料的临界损伤值。

　　因此，减少 Cr35Ni45Nb 合金的内氧化，抑制氧化腐蚀与蠕变的交互作用，关键在于氧化膜黏附性能的改善，陈永翔等人[14]从理论上分析降低氧化膜的厚

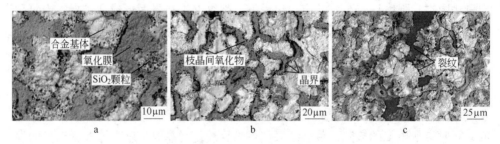

图 6 - 13　持久试样外表面形貌

a—氧化膜剥落；b—晶间氧化；c—裂纹

度可以显著提高其黏附性能的原因，因为降低厚度有益于氧化膜破裂时临界应变的提高；而实践过程中，一般通过加入稀土元素（如 Ce）或离子注入 Y 等方式，其主要作用是这些元素偏聚在氧化膜 - 基体界面，改变了氧化膜的生长机制，细化氧化膜颗粒，从而提高氧化膜的高温塑性及蠕变性能，并降低了氧化膜 - 基体界面的缺陷数目[21~23]，从而抑制贯穿裂纹的萌生和扩展。

6.3　合金内部组织变化及其对持久性能的影响

贫化区的断口形貌出现典型的沿晶断口，如图 6 - 14 所示。在服役过程中形成的贫碳化物区的碳化物几乎全部溶解，因而抗蠕变能力迅速下降，从而成为炉管组织中的薄弱部位；然而结合前面的应力分析可知，炉管内壁附近是应力分布最大的区域，因而这种应力分布使得贫碳化物区域弱化炉管性能的程度加大。

图 6 - 14　持久试样的贫化区断口形貌

图 6 - 15a 为持久组织各相中元素的面分布，图 6 - 15b 是图 6 - 15a 中箭头1、2、3 所指物相所对应的能谱分析。可以看出箭头 1 处灰色枝晶间的连续块状相富 Cr 和 C，还含有少量 Fe、Ni 元素，枝晶间的碳化铬在高温低碳活度环境下

会以 $M_{23}C_6$ 相稳定存在，因而该相为 $M_{23}C_6$ 相；而箭头2所指的白色孤岛状块状相富 Ni、Nb 和 Si 元素，这是一种铌镍硅化物，本研究中这种硅化物为 Nb_3Ni_2Si，即常说的 η 相；而且一般 $M_{23}C_6$ 和 η 相在空间上常出现共生的位置关系。此外，内部组织中还有箭头3所示分散的含圆弧边的内氧化物，经图6-15b的能谱分析可知该氧化物为 SiO_2。内氧化物颗粒主要是 SiO_2 而不是有大量 Cr 补给的 Cr_2O_3，其原因是合金内部氧分压较低，Si 与 O 的亲和力比 Cr 强，使得 Cr 和 Si 在形成氧化物的竞争性生长中优先形成 SiO_2，SiO_2 的形成消耗了大量的氧，使得 Cr 的氧化物无法形核生长。

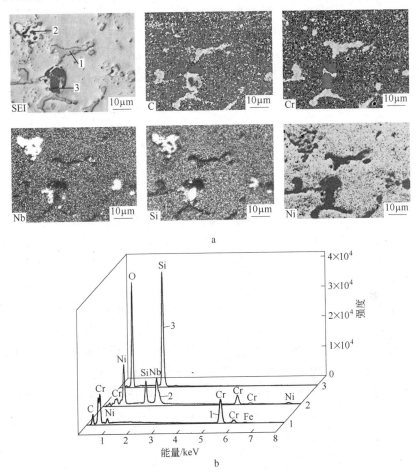

图6-15 持久组织各相中元素的面分布（a）及相应的能谱分析（b）

此外我们发现，在同一应力下，随着温度的升高，奥氏体晶界碳化物开始变粗。图6-16是应力为20MPa温度分别为1000℃（图6-16a）和1125℃（图6-16b）下的持久样品的金相组织。可以看出，一次碳化物发生了粗化，晶内的二次碳化物随着温度升高也发生了聚集长大，数量减少，使得弥散强化和晶界碳化物强化作用减弱，从而降低了抗高温变形的能力。尤其是 20MPa/1125℃下碳化物粗化更为明显，宽度约为 4.3μm，且二次碳化物也有所减少，这些组织退化是其持久寿命低于同压力下其他炉管的一个重要原因。

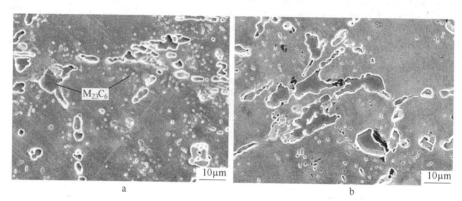

图 6-16　在 20MPa 不同温度下的持久样品组织

a—1000℃；b—1125℃

在碳化物粗化的同时，蠕变空洞增加。Cr35Ni45Nb 持久试样中的蠕变空洞较多（图 6-17c），直径约 5~10μm。蠕变空洞一般位于晶界位置，包括 3 种情况：2 个晶粒交界面、3 个晶粒交界线和 4 个晶粒的交点，如图 6-18 所示。蠕变空洞一般形核于晶界粗大的一次碳化物边缘，而在基体内部或二次碳化物颗粒周围却基本没有空洞的存在，如图 6-17a、b 所示。这是因为块状碳化物周围的无析出物区域容易变形，且该区域与块状碳化物的线膨胀系数不同，导致蠕变过程中碳化物与基体的变形不一致，在晶内滑移带与粗大的 $M_{23}C_6$ 交会处容易形成空洞，使得局部应力集中得以释放。一般认为蠕变空洞的形核机理有以下几种[20,24,25]：一是蠕变过程中碳化物阻碍晶界滑动从而产生应力集中；二是碳化物－基体间的结合力较弱，应力诱导碳化物－基体附近的化学键发生断裂从而形成空位，空位最终凝聚形核；三是碳化物－基体结合面容易发生空位沉淀，大量空位沉淀凝聚后形成空洞。图 6-19 和图 6-20 为 Wahab 和 Kral 等人[26,27] 使用 NIH ImageJ 1.3 建立的 HP 炉管材料内部的蠕变空洞及 3D 模型，其中，3D 模型参数（包括空洞尺寸、晶粒数量、晶粒枝晶、晶界面积等）均通过 SEM 和 EBSD 统计获得。图 6-19 中的蠕变空洞以无规则形态的黑色区域呈现，图 6-19a 为等轴晶区，图 6-19b 为柱状晶区；从图 6-20 可以形象地看出蠕变空洞的大小、形状及分布情况。

空洞的形核长大使试样的承载面积减小，实际应力增大，蠕变逐渐加速，而蠕变的加速又反过来加速了空洞的长大。蠕变空洞最后会逐渐连接扩展形成裂纹，由于 $M_{23}C_6$ 的边界较为连续，应力集中不易松弛，易于形成裂纹；值得指出的是，实验中观察到的与 $M_{23}C_6$ 保持共生关系的 η 相，细化了粗大的块状 $M_{23}C_6$ 相，使得相界更加曲折，不利于裂纹的连接和扩展，因而 Cr35Ni45 钢中 Nb 的增加对持久寿命的提高在一定程度上起到了积极的作用。

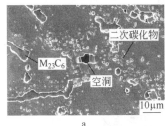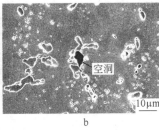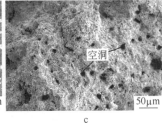

图 6-17　1080℃不同应力下持久组织中的蠕变空洞
a—10MPa；b—30MPa；c—30MPa（断口）

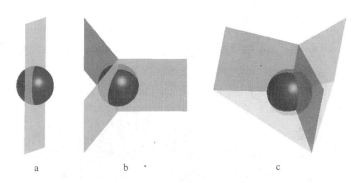

图 6-18　蠕变空洞形成位置示意图[26]
a—2 个晶粒交界面；b—3 个晶粒交界线；c—4 个晶粒交界点

　　实际操作中使用 Larson-Miller 参数法外推 Cr35Ni45Nb 炉管的持久寿命。L-M 法在外推持久寿命方面获得了广泛的应用，但是其自身的局限性也不可忽略。Larson-Miller 法外推的持久寿命是温度、应力的函数，它所考虑的主要是跟蠕变有关的机械损伤，这意味着如果温度不变时应力为零的话，则持久寿命将一直不会降低。而从上面分析可知，Cr35Ni45Nb 在长期服役过程中，会发生碳化物的合并、粗化以及 NbC 向 η 相的转化等，这些组织老化在无应力条件下也会发生，却会严重恶化材料的力学性能。同时，蠕变与内氧化的相互促进，也使得理论持久寿命与实际情况发生了较大偏离，因此，在外推持久寿命过程中，需要考虑一次碳化物聚合粗化、析出相粒子减少以及内氧化这些化学损伤对持久寿命的影响，从而获得合理的矫正。

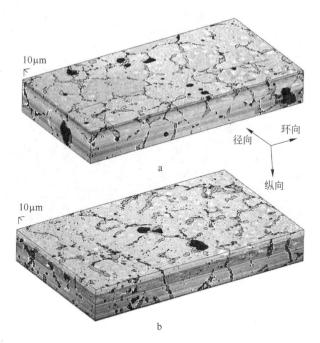

图 6 – 19   炉管材料蠕变组织的 3D 重构模型[27]

a—等轴晶区域；b—柱状晶区域

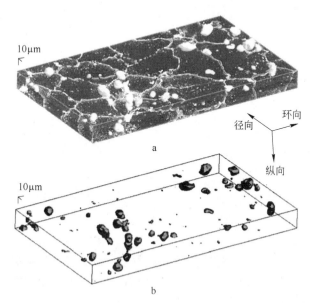

图 6 – 20   炉管材料的蠕变空洞 3D 重构模型[26]

a—含奥氏体（黑色）、碳化物（灰色线条）、蠕变空洞（灰色块状）；b—只含蠕变空洞（灰色块状）

参 考 文 献

[1] Zhu Z, Cheng C, Zhao J, et al. High temperature corrosion and microstructure deterioration of KHR35H radiant tubes in continuous annealing furnace [J]. Engineering Failure Analysis, 2012, 21: 59~66.

[2] Petkovic-Luton R, Ramanarayanan T. Mixed-oxidant attack of high-temperature alloys in carbon- and oxygen-containing environments [J]. Oxidation of Metals, 1990, 34 (5~6): 381~400.

[3] Nagl M, Evans W. The mechanical failure of oxide scales under tensile or compressive load [J]. Journal of Materials Science, 1993, 28 (23): 6247~6260.

[4] Evans H. Stress effects in high temperature oxidation of metals [J]. International Materials Reviews, 1995, 40 (1): 1~40.

[5] 钱余海, 李美栓. 力学载荷作用下合金的高温氧化行为研究状况 [J]. 腐蚀科学与防护技术, 2001, 13 (6): 342~346.

[6] 周长海, 马海涛, 王来. 外加应力下合金高温氧化膜的生长及其失效愈合研究现状 [J]. 腐蚀科学与防护技术, 2010 (6): 558~562.

[7] 陈嘉南, 巩建鸣, 宋颖坚, 等. 高温裂解炉炉管设计的选材原则 [J]. 材料工程, 1998 (4): 36~38.

[8] 唐永进. 压力管道应力分析 [M]. 北京: 中国石化出版社, 2010.

[9] 李维特, 黄保海, 毕仲波. 热应力理论分析及应用 [M]. 北京: 中国电力出版社, 2004.

[10] 崇凤娇. TP304H 服役炉管的组织变化研究及寿命预测 [D]. 兰州: 兰州理工大学, 2012.

[11] 赵涛, 周昌玉. 裂解炉管的蠕变应力计算模型 [J]. 化工机械, 2005, 31 (6): 344~347.

[12] Boyle J T, Spence J. Stress analysis for creep [M]. Butterworths, 1983.

[13] Gibbs G, Hales R. The influence of metal lattice vacancies on the oxidation of high temperature materials [J]. Corrosion Science, 1977, 17 (6): 487~507.

[14] 陈永翀, 黎振华, 其鲁, 等. 固体中的扩散应力研究 [J]. 金属学报, 2006, 42 (3): 225~233.

[15] Kusabiraki K, Tsujino H, Saji S. Effects of tensile stress on the high-temperature oxidation of an Fe-38Ni-13Co-4.7 Nb-1.5 Ti-0.4 Si superalloy in air [J]. ISIJ International, 1998, 38 (9): 1015~1021.

[16] Young D J. High temperature oxidation and corrosion of metals [M]. Elsevier, 2008.

[17] Evans H. Spallation of oxide from stainless steel AGR nuclear fuel cladding: mechanisms and consequences [J]. Materials Science and Technology, 1988, 4 (5): 414~420.

[18] Ling S, Ramanarayanan T, Petkovic-Luton R. Computational modeling of mixed oxidation-carburization processes: Part 1 [J]. Oxidation of Metals, 1993, 40 (1~2): 179~196.

[19] 李美栓. 金属的高温腐蚀 [M]. 北京: 冶金工业出版社, 2001.

[20] 张俊善. 材料的高温变形与断裂 [M]. 北京: 科学出版社, 2007.

[21] 钱余海, 李美栓. 氧化膜开裂和剥落行为 [J]. 腐蚀科学与防护技术, 2003, 15 (2):

90 ~ 93.

[22] 靳惠明. 离子注钇对镍900℃高温氧化行为及氧化膜性能的影响研究 [J]. 物理学报, 2006, 55 (11): 6157 ~ 6162.

[23] 辛丽, 李铁藩. 离子注入 Y⁺ 对 Ni30Cr 定向凝固合金氧化膜界面缺陷与剥落机制的影响 [J]. 金属学报, 1997, 33 (8): 851 ~ 862.

[24] Riedel H. Fracture at high temperatures [M]. Berlin: Springer-Verlag 1987.

[25] 林明通, 蒋丹宇. 空洞蠕变的理论模型 [J]. 硅酸盐通报, 2001, 20 (5): 16 ~ 21.

[26] Wahab A A, Kral M V. 3D analysis of creep voids in hydrogen reformer tubes [J]. Materials Science and Engineering: A, 2005, 412 (1): 222 ~ 229.

[27] Wahab A A, Hutchinson C R, Kral M V. A three-dimensional characterization of creep void formation in hydrogen reformer tubes [J]. Scripta Materialia, 2006, 55 (1): 69 ~ 73.

7 剩余寿命评估

近半个世纪以来，高温构件的剩余寿命预测一直是学术界与工程界极为关注的问题。寿命预测技术的发展起因于在役设备的延寿问题，它可能获得可观的经济效益。剩余寿命评估是保证设备安全运行、充分发挥材料潜力、合理安排生产的依据。早期对高温构件的研究，主要集中在航空、冶金和发电行业。随着石油化工装置长周期运行目标的提出，如何保证长周期运行过程中设备的本质安全成为人们关注的焦点。管式加热炉是乙烯裂解等装置中的重要设备，而炉管系统则是加热炉的关键构件，其工况条件严苛，如高温、承压、介质易燃易爆等，潜在的危险性极大，一旦发生事故往往是灾难性的，皆为各有关企业的危险源。炉管更换周期的科学合理性是保证加热炉安全运行的根本，因此如何科学预测炉管的剩余寿命成为当前亟待解决的问题，学术界和工程界在高温炉管寿命预测方面开展了广泛的研究。为预测高温高压构件的剩余寿命，人们建立了多种材料性能模型以进行分析计算，如蠕变模型、低周疲劳模型、高周疲劳模型、腐蚀模型等。当评估服役构件的残余寿命时，最典型的方法就是选取苛刻运行条件下损伤相对严重的管子，通过研究微观组织，尤其是蠕变断裂试验，借助主曲线的曲线外推来评估残余寿命。

7.1 剩余寿命评估的基本方法

最近十几年发展起来的炉管剩余寿命预测方法，归纳起来可以分为两类：

（1）采用无损检测法，如超声检测裂纹长度、涡流检测渗碳层厚度评价高温炉管的剩余寿命。第一种方法虽然积累了大量的资料，但建立起定量关系的比较少见。第二种方法是近年来发展起来的，目前只能做粗略的评价，还不能定量地确定炉管的剩余寿命，并且无损检测技术有待进一步完善，在实际炉管中复杂的多裂纹扩展行为、失稳扩展判据等方面还要做大量的理论分析和实验研究。另外，裂纹扩展速度除受裂纹长度的影响外，还受材料组织的影响，但用无损检测方法预测寿命，组织和性能的关系仍是重要的一环。其次，由于合金离心铸造管的化学成分波动很大，其持久强度和各种力学性能的分散度也很大，炉管内大量炉管和管段的原始强度及损伤程度也是随机分布的，抽样检测的结果实际上也就只具有统计意义。因此，根据抽样检测的结果预测炉内其他炉管的剩余寿命时，应用统计分析的方法比较合理。

（2）根据运行一段时间后炉管的性能和状态（如材料的显微组织、持久强度、蠕胀、空洞或裂纹等），通过实验建立这些参数和短时持久强度的关系，再利用外推法确定实际使用温度及应力下的剩余寿命。

下面介绍目前常用的剩余寿命预测方法。

7.1.1　空洞面积率法

笠原晃明[1]建立了空洞面积率与残余寿命之间的对应关系，把用空洞面积率来研究炉管失效发展成为定量估算残余寿命的方法。笠原晃明认为：空洞的产生和成长是炉管蠕变第三阶段最重要的特征，而空洞的面积率是最好的指标。在此基础上根据空洞面积率和短时持久强度之间的关系，导出了对于 HK40 钢来说设备维护所必需的，精度约为一年的推算剩余寿命的经验公式。设蠕变空洞面积率为 V，同时试样断裂的 Larson-Miller 参数 P 关系为：

$$P = C(\sigma) - 0.6V \tag{7-1}$$

式中，σ 为工作应力，MPa；$C(\sigma)$ 为回归的与应力水平有关的系数。从显微空洞面积比率推断炉管残余寿命经验公式如下：

$$\log\sigma = -0.7374 + 0.29947P_0 - 0.0113P_0^2 \tag{7-2}$$

其中

$$P_0 = P + 0.60 + 0.60V \tag{7-3}$$

$$P = T \times 10^{-3}(\lg t + 15) \tag{7-4}$$

式中，T 为工作温度，K；t 为剩余寿命，h。对此，有些研究者认为：用空洞面积率来评述材料损伤是不严格的，因为有裂纹的部位，空洞率不一定高，而用空洞形态和分布特征更能反映材料的蠕变损伤程度。另外一些研究者在剖析工作时发现：空洞面积率与蠕变持久寿命及微裂纹多少的关系并无明显规律。Bahaa 等人对离心铸造 HK-40 炉管进行蠕变断裂研究认为：稳态蠕变阶段空洞的形成数量随蠕变时间的延长而增加，此时裂纹数量也增加，在蠕变第三阶段之初这些空洞连接，趋向于生成裂纹，空洞数反而减少，裂纹数量仍然增加。所以，利用空洞面积率研究高温失效仅适用于蠕变第三阶段之前，而且还要很好地解决定量的精确度问题。

7.1.2　金相法

金相法是利用现代金相技术，直接观测材料的显微组织，获得表征材料状态的相关信息，如强化相的大小、数量、分布、空洞与裂纹情况等，建立显微组织与剩余寿命关系的评定方法。

根据国内相关权威学者[2]的研究成果，将蠕变损伤和组织损伤相结合，综合判断炉管的损伤级别和剩余寿命，具体方法如下：

Ⅰ级：没有孔洞产生，一次碳化物沿晶呈条状析出，二次碳化物在晶内弥散分布，但在晶界附近呈现聚集状态，对应的已服役寿命占总寿命的20%。

Ⅱ级：晶界上有很少量的孔洞散乱分布，一次碳化物沿晶界呈链状块状分布，二次碳化物在晶内发生明显的合并，对应的已服役寿命占总寿命的20%～40%。

Ⅲ级：孔洞沿晶界成串排列，有少量的孔洞连接形成微裂纹，一次碳化物沿晶呈块状，合并后的二次碳化物在晶内逐渐消失，已服役寿命占总寿命的40%～60%。

Ⅳ级：部分孔洞沿晶界连接形成微裂纹，有的微裂纹和内壁渗碳引起的开裂连接，形成小的宏观裂纹，裂纹扩展，当长度达到壁厚的1/3～1/2时，已服役寿命占总寿命的60%～75%。

Ⅴ级：微裂纹之间相互连接所形成的宏观裂纹从内壁向外壁扩展，其长度达2/3壁厚时，炉管服役寿命终了。

7.1.3 L-D法持久强度外推模型

张俊善等人[3]通过测定炉管硬度和含碳量对炉管寿命进行预测，取得了较为明显的成果。应力、温度和蠕变断裂时间之间的关系为：

$$t_r = Ap(\sigma)\exp\left(\frac{Q}{RT}\right) \tag{7-5}$$

式中，t_r 为断裂时间；$p(\sigma)$ 为应力的函数；A 为与材料特性有关的函数。将上式中与表示材料特性的项与关于组织特性（硬度和晶界碳化物体积分数）的函数联系起来，有：

$$\lg t_r = P(\sigma) + \frac{C}{T} + f(\text{HV}, C_{gb}) \tag{7-6}$$

式中，$P(\sigma) = \lg p(\sigma)$；$C = \dfrac{Q}{2.3R}$；HV 为试样的维氏硬度；$C_{gb}$ 为晶界碳化物含量（体积分数）。

将式7-6改写为多项式进行回归，可得HK40炉管的寿命回归方程为：

$$\lg t_r = -12.15 - 4.791\lg\sigma + 2.23\times10^{-3}\text{HV}\cdot C_{gb} - 0.49C_{gb} + 19979.41\frac{1}{T} \tag{7-7}$$

基于上式的运算简称为L-D法。L-D法用试验材料的持久数据整理出L-D法综合曲线，可通过曲线图求出材料常数 Q 及所需的 P 值，进而可以估算出剩余寿命，其计算过程类似于L-M法。

7.1.4 断裂力学方法

裂纹是最终决定炉管寿命的重要因素，而且蠕变裂纹扩展占据炉管总寿命的一半以上。研究表明：C^* 是一些炉管材料蠕变裂纹扩展的控制参数。处于平面应变状态下的炉管，裂纹扩展速率 $da/dt(\mathrm{mm/h})$ 与 $C^*(\mathrm{J}/(\mathrm{m}^2 \cdot \mathrm{h}))$ 之间的关系为：

$$\frac{da}{dt} = AC^{*\,0.87} \tag{7-8}$$

式中，a 为常数，对于 HK40 合金，$a = 0.0099047$；C^* 为积分速率。

对式 7-8 进行积分可得到裂纹长度 a 与寿命 t 的关系。由于蠕变是时间的相关过程，但 C^* 是服役时间 t 及裂纹长度 a 的函数，对式 7-8 采用普遍积分方法是不适用的，采用数值算法计算结果比较符合实际。这种方法从断裂力学的角度出发，综合考虑了炉管的当前性能及裂纹的扩展，比较客观地反映了炉管达到破坏的过程，C^* 法有大量蠕变断裂扩展工作的基础，寿命预测精度比较准确。

实际上，乙烯裂解炉管在运行中可发生腐蚀减薄、热疲劳、热冲击失效、炉管的弯曲、蠕胀变形及开裂等各种损伤。因此，在寿命预测时应当针对不同的损伤形式分别采用不同的评定方法。然而，由于炉管渗碳后各种性能均会发生变换，上述损伤的发生多少都与炉管渗碳有关。因此，对炉管剩余寿命的预测，单从某一方面加以研究和预测是不科学的，也是偏离实际结果的。渗碳和蠕变是裂解炉管主要的潜在失效模式，考虑蠕变和渗碳联合作用的寿命评定是裂解炉管寿命评定的重点和难点。

7.1.5　基于可靠性的寿命评估方法

失效被认为是随机事件，该方法的基础是高温构件蠕变损伤的随机计算。假定构件的高温持久强度和应力均符合正态分布，以应力和强度为随机变量作为出发点，利用强度和应力干涉的概率求解操作工况下运行不发生失效的概率[4]。基于概率的寿命预测方法是炉管寿命预测的一种新思路。

7.1.6　Larson-Miller 参数外推法

金属的持久极限是在给定的温度下，试件经过一定时间不发生断裂的最大应力，它表示在一定温度和应力下材料抵抗断裂的能力。持久极限是反映材料抗破坏能力和进行寿命预测的重要参数。在实际运行条件下，金属材料往往受力很小，温度也较低，用这样的条件做实验，虽然可以直接得到在服役条件下的使用寿命，但要耗掉大量的时间，有时是几年，甚至十几年。为了缩短时间，通常采用加速试验法，即提高实验应力或温度，然后用外推的方法确定使用条件下的剩余寿命。常用的外推方法主要有等温线外推法和时间－温度参数法。等温线外推法要求试验时间不少于 3.3 万小时才能外推 10 万小时的持久极限，因此与等温线外推法相比，时间－温度参数法的应用更为广泛。

Larson-Miller 参数法是一种应用最为广泛的温度－时间参数法。基本思想是

认为温度 $T(K)$ 与断裂时间有补偿关系，即对于一定的断裂应力，只对应一个 P，基于温度和时间的补偿关系，利用加速实验条件下的蠕变断裂数据进行应力外推，从而获得使用条件下的断裂时间。

高温材料的蠕变速率方程为：

$$V = A\exp\left(-\frac{Q}{RT}\right) \tag{7-9}$$

式中，V 为蠕变速度；Q 为蠕变激活能；T 为绝对温度；R 为气体常数。

对于持久性而言，假定断裂时间（t_r）反比于蠕变速度，则：

$$\frac{1}{t_r} = A\exp\left(-\frac{Q}{RT}\right) \tag{7-10}$$

两边取对数：

$$\lg t_r = -\lg A + \frac{Q}{RT\ln 10} \tag{7-11}$$

由式 7-11 可知，在应力一定的条件下，持久断裂时间 t_r 的对数（$\lg t_r$）与绝对温度的倒数（$1/T$）有明显的线性关系。

Larson-Miller 理论认为：式 7-11 中的常数 A 是与材料有关的常数，令 $\lg A = C$，蠕变激活能 Q 是与应力有关的函数，式 7-11 简化为：

$$T(C + \lg t_r) = P(\sigma) \tag{7-12}$$

基于式 7-12 的运算称为 Larson-Miller 参数外推法，又称 L-M 法。做出 Larson-Miller曲线（L-M 曲线），利用式 7-12 可以预测炉管使用温度和应力下的剩余寿命。

综上，指数 P、温度 T 及断裂时间 t 有一定的函数关系，可以将从较高温度、较短断裂时间的实验中得到的数据换算成较低温度、较长时间下的数据，这是使用 L-M 曲线的优点。但应指出，低应力、长时间的试验值，对 L-M 法来说会向下稍微偏离曲线，需对 L-M 曲线进行修正。尽管进行修正，外推法的误差总是存在的。另外，高温下进行低应力长时间试验还会加速碳化物的聚集和氧化，改变材料的组织结构和性能，而且当裂纹长度超过一定值后，外推精度会大大降低。可见，精确评价蠕变断裂数据是比较困难的。

常数 C 的值与材料相关，为确保对剩余寿命进行科学合理而准确的预测，首先需要得到具体材料的 C 值。在 API579 中，仅按照材料相态粗略地给出了铁素体 C 值的推荐值为 20，奥氏体 C 值的推荐值为 15。HP40Nb 系列耐热合金钢具有良好的抗氧化性、抗蠕变性，成为转化炉和裂解炉炉管的首选材料。但是，目前还没有文献专门给出这类钢准确的 C 值，因此，确定此类钢合适的 C 值，对获取这类钢服役状态下的持久性能以及相对准确地预测炉管的剩余寿命具有非常重要的意义。

NIMS 机构对 HP40Nb 铸造材料进行了大量的持久性能试验，蠕变断裂数据如表7-1所示。

表7-1　NIMS蠕变断裂数据

编　号	测试温度/℃	断裂时间/h	应力/MPa
1	900	88.8	53
2	900	3275.5	33
3	900	18057.4	26
4	950	2455.9	26
5	1000	21.4	33
6	1000	3306.3	20
7	1000	16286.3	14
8	1000	54144.3	10
9	1100	31.6	20
10	1100	627.5	14
11	1100	2449.8	10
12	850	62.5	69
13	850	525.6	53
14	900	322.1	53
15	900	2498.2	33
16	900	6161	26
17	900	35141.6	20
18	950	2167.1	26
19	1000	149.8	33
20	1000	2296.2	20
21	1000	8687.2	14
22	1000	25191.4	10
23	1100	132.7	20
24	1100	459.4	14
25	1100	1469.6	10
26	850	190	69
27	850	1065.9	53
28	900	66.3	53
29	900	2484.8	33
30	900	9845.2	26
31	900	30243.6	20

编 号	测试温度/℃	断裂时间/h	应力/MPa
32	950	1515.2	26
33	1000	58.6	33
34	1000	2284.2	20
35	1000	6169.7	14
36	1000	20070.8	10
37	1100	65.8	20
38	1100	338.4	14
39	1100	970.3	10
40	850	99.1	69
41	850	693.9	53
42	900	108.2	53
43	900	2485.6	33
44	900	8806.5	26
45	900	33152.3	20
46	950	1877.1	26
47	1000	85.6	33
48	1000	1737.5	20
49	1000	4328.8	14
50	1000	19532.7	10
51	1100	62.4	20
52	1100	174	14
53	1100	443.3	10
54	850	142.7	69
55	850	1125.4	53
56	900	219.1	53
57	900	2449.4	33
58	900	6692.3	26
59	900	34735.9	20
60	950	1823.2	26
61	1000	201.9	33
62	1000	2091.1	20
63	1000	6243	14
64	1000	23249.2	10

编　号	测试温度/℃	断裂时间/h	应力/MPa
65	1100	105. 2	20
66	1100	480	14
67	1100	1419	10
68	850	229. 5	69
69	850	972. 4	53
70	900	122. 9	53
71	900	2249	33
72	900	7800. 6	26
73	900	32713. 3	20
74	950	1984. 7	26
75	1000	94. 4	33
76	1000	1418. 3	20
77	1000	3996. 6	14
78	1000	20286. 6	10
79	1100	89. 2	20
80	1100	379. 5	14
81	1100	1464. 5	10
82	850	143. 2	69
83	850	647	53
84	900	3702. 7	33
85	900	12261. 9	26
86	950	2930	26
87	1000	104	33
88	1000	2956	20
89	1000	10574. 2	14
90	1000	50190	10
91	1100	124. 1	20
92	1100	645. 1	14
93	1100	2483. 2	10
94	900	48. 8	53
95	850	186. 8	69
96	850	1068. 3	53

为了得到更加精确的 C 值，基于表 7-1 中 NIMS 的数据，参照 API579 的推荐值，研究了 C 值为 15、15.5、16、16.5、17、18、19、20 时对 HP40Nb 钢 Larson-Miller 曲线的影响，并寻求最优的 C 值。

首先，根据不同的 C 值分别求得相应的 P 值，绘制 P-σ 曲线。采用表 7-1 中 96 个数据点，用三次多项式对数据进行拟合。拟合的结果表明，$C=16.5$ 时，拟合后的相关系数 R 最高，为 0.979。表 7-2 中给出了 C 值为 15、16.5 和 18 时的拟合结果。

表 7-2　不同 C 值下 L-M 公式的拟合结果

C	$\sigma = A + B_1 P + B_2 P^2 + B_3 P^3$				
	A	B_1	B_2	B_3	R
15	1589.17753	−164.95252	5.76573	−0.06777	0.97819
16.5	1995.53268	−200.59730	6.82582	−0.07851	0.97900
18	2417.22640	−232.98005	7.60632	−0.08395	0.97779

由此可知，$C=16.5$ 时，曲线与实验结果的相符程度最大，拟合曲线见图 7-1。拟合后的 Larson-Miller 公式为：

$$\sigma = 1995.53268 - 200.59730P + 6.82582P^2 - 0.07851P^3 \qquad (7-13)$$

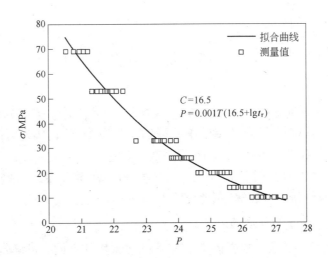

图 7-1　$C=16.5$ 时的 Larson-Miller 拟合曲线

总之，Larson-Miller 参数外推法的结果比较可靠，使用较广泛，但也有其不足之处。

7.2 根据扩散方程评估渗碳损伤炉管的剩余寿命

7.2.1 渗碳层厚度的计算

7.2.1.1 渗碳过程的描述及表达式

渗碳的产生是由碳原子在炉管中的扩散造成的。碳原子的整个扩散过程包含三个阶段：1）气体在边界层中的扩散；2）通过表面与气相之间的吸附或者反应，使碳从气相传递到工件表面；3）固相中的碳由表面向内部扩散。其中，第一个阶段进行得很快，不是影响整个扩散过程的主要环节；第二阶段进行的速度与传递系数 β 和渗碳气体碳含量及工件表面碳含量之差（$C_g - C_s$）有关；第三个阶段进行的速度主要与扩散系数相关。

根据扩散定律有：

$$\frac{\partial C}{\partial t} = \frac{\partial}{\partial x}\left(D\frac{\partial C}{\partial x}\right) \tag{7-14}$$

已知初始条件和边界条件为：

（1）$t = 0$ 且 $0 < x < \infty$ 时，炉管材料中碳的含量为 C_0，即 $C(x, 0) = C_0$。

（2）$t > 0$ 时，$x = 0$，炉管表面碳的浓度为 C_s，即 $C(0, t) = C_s(0, t)$，实际渗碳过程中，炉管表面的含碳量随着渗碳过程的进行是不断增加的，由气相中碳的传递规律决定。

将上述初始条件和边界条件带入式7-14中，积分后得：

$$C(x,t) = C_0 + (C_g - C_0)\left[\operatorname{erfc}\left(\frac{x}{2\sqrt{Dt}}\right) - \exp\left(\frac{\beta x + \beta^2 t}{D}\right) \cdot \operatorname{erfc}\left(\frac{x}{2\sqrt{Dt}} + \frac{\beta\sqrt{t}}{\sqrt{D}}\right)\right] \tag{7-15}$$

式中，$C(x, t)$ 为时间为 t 时距表面 x 处碳的质量分数，%；C_0 为材料原始含碳量（质量分数），%；C_g 为气相中单质碳的质量分数，%；D 为碳的扩散系数，m^2/s；β 为气体和固体界面反应的传递系数，m/s。

根据 HP 耐热钢系列炉管的成分分析可知，材料中碳的初始质量分数为 $C_0 = 0.5\%$，经调研，取裂解炉中裂解气中碳的质量分数 $C_g = 3\%$。

7.2.1.2 渗碳层厚度的表达式

对于渗碳后的炉管，根据渗碳层与基材含碳量的不同，可确定渗碳层的厚度。根据式7-15可知，渗碳层厚度与渗碳时间 t 及扩散系数 D 和传递系数 β 相关。根据相关参考文献给出了裂解炉管渗碳层厚度的表达式为：

$$x = Kt^n = 1.32879 \times 10^{-5}t^n \tag{7-16}$$

式中，x 为渗碳层深度，mm；t 为渗碳时间，h；K 为与扩散系数和传递系数相关的参数。

7.2.2 基于渗碳层厚度的寿命评定

根据裂解炉管更换的一般要求，渗碳层厚度接近炉管壁厚的 60% 时，炉管的热疲劳性能严重恶化，故认为渗碳层厚度达到炉管壁厚 x_0 的 60% 时，炉管报废。设运行时间为 t_1 时，渗碳层的厚度为 x_1，渗碳层厚度为炉管壁厚的 60% 时，所对应的运行时间为炉管的使用寿命 t_0，则有：

$$x_1 = Kt_1^n \tag{7-17}$$

$$60\% x_0 = Kt_0^n \tag{7-18}$$

则炉管的剩余寿命为：

$$t_r = t_0 - t_1 \tag{7-19}$$

根据式 7-19 及实测结果，厚度 8mm 的 Cr35Ni45Nb 炉管在服役 2.5 年以后，氧化碳化损伤层的厚度约为 0.931mm，代入式 7-16 及式 7-17 可得，$n = 1.11634$；进而根据式 7-18 计算可得，厚度 8mm 的 Cr35Ni45Nb 炉管的设计更换寿命约为 95181h，约 10.8 年；服役 2.5 年炉管的服役时间约为 21900h。由式 7-19 可知，基于渗碳因素的炉管剩余寿命为：95181h-21900h=73281h，约 8.3 年。

需要说明的是，由于炉管渗碳过程的影响因素非常多，既受炉管工作温度、介质成分、炉管材料等因素的影响，又受到炉管表面状态、介质的流量及结焦情况的影响，并且各个部位的渗碳情况也不相同。因此，简单的扩散方法不能对炉管的渗碳过程作出准确的描述和计算，在裂解炉管寿命评定中计算值仅可作为参考。应通过金相、无损检测、光谱测试等方法获取准确的服役炉管的渗碳层厚度及含碳量，并通过定期跟踪检测来获得裂解炉管运行过程中的渗碳速率。

7.3 基于渗碳和蠕变损伤的 Larson-Miller 剩余寿命评估

对以上服役两年半的炉管，在 UHRD304-B1 型试验机上进行高温持久试验，试验温度和应力如表 7-3 所示。

表 7-3 持久试验参数 （h）

温 度		1000℃	1040℃	1080℃	1125℃
应力	10MPa	789		350.4	
	15MPa		830	72.5	
	17MPa		110.8	30.3	
	20MPa	137.5	64.5	11.7	
	25MPa	12.5	4.0	1.3	0.25
	30MPa			0.5	0.06

Larson-Miller 参数法用 Arrhenius 方程[22,23]：$v = A\exp\left(-\dfrac{Q}{RT}\right)$ 来描述材料在稳态蠕变阶段的变化过程。式中，v 是蠕变速度，Q 是蠕变激活能，T 是绝对温度，R 是气体常数。

根据式 7 – 10 和式 7 – 11，结合上述试验结果，可以得到式 7 – 12 所示的材料高温服役过程中温度、应力及服役时间三个参量间的解析关系。为：

$$T(C + \lg t_r) = p(\sigma) \tag{7 - 20}$$

7.3.1 C 参数的估算

从式 7 – 12 中可以看出，在温度一定的情况下，决定 Larson-Miller 参数 P 的是时间和 C 常数。即使试样的持久时间达到 10000h，式 7 – 20 中的这一项也只有 5，而根据相关文献，C 值一般介于 20～30 之间，远远大于这一项，因此准确地确定 C 常数是运用 Larson-Miller 参数法进行寿命预测的一个关键步骤。

C 值是与材料本身有关的一个量，不同材料的 C 值不一样，并且即使是同样一种材料，即使成分基本相同，但是热处理等工艺不同，也会造成持久性能的差异，即 C 值的差异。正确的 C 值的算法，需要根据理论推导出 C 值的计算方法，再代入具体的实验数据，从而求得正确的结果。

根据式 7 – 20：$T(C + \lg t_r) = p(\sigma) = P$，即 $\lg t_r = P/T - C$，因此，C 值的正确求法应该是将相同应力下，对应的不同温度和持久时间的点在 $1/T - \lg t_r$ 坐标上线性回归出一条直线，该直线与 y 轴的交点就是 $-C$，如图 7 – 2 所示。

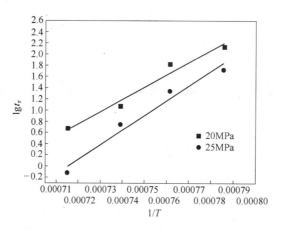

图 7 – 2　等应力线性回归图

图 7 – 2 中的两条直线的线性回归方程分别为：

| 20MPa | $Y = -15.119 + 22041.76x$ | (7 – 21) |
| 25MPa | $Y = -18.7673 + 2.49675x$ | (7 – 22) |

两条直线与 y 轴的交点是 $-C$，因此，两个线性回归方程计算得出的 $-C$ 分别是 -15.119 和 -18.7673，考虑到试验结果中存在不可避免的离散性，结合相关资料中耐热钢的取值经验，这里 C 值取 17.5。

7.3.2　P 参数与应力 σ 的关系

L-M 法蠕变、持久外推模型如下所示：

$$T(C + \lg t) = a_0 + a_1\lg\sigma + a_2\lg\sigma^2 + a_3\lg\sigma^3 = P \qquad (7-23)$$

式中，C 和 a_i（$i = 0$, 1, 2, 3）为待定参数。

将表 7-1 中的试验结果代入式 7-23 中，计算各应力下的 P 值，然后将 P 值和对应的 $\lg\sigma$ 在坐标上作图，并应用线性回归方法求出两者之间的关系，如图 7-3 所示。

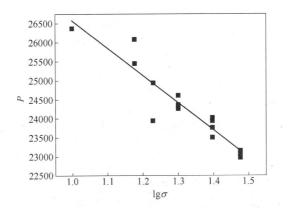

图 7-3　P 值与 $\lg\sigma$ 的关系

从图 7-3 可以看出，P 值和 $\lg\sigma$ 几乎呈线性关系，两者的线性回归结果如下：

$$P = 33792.17 - 7209.78\lg\sigma \qquad (7-24)$$

将其代入式 7-23 得：

$$T(17.5 + \lg t_r) = 33792.17 - 7209.78\lg\sigma \qquad (7-25)$$

上式即为 Cr35Ni45 耐热钢基于持久试验数据的 Larson-Miller 参数方程。通过上式可以在一定的时间和应力范围内进行不同温度和应力下的剩余寿命预测而不会引起太大误差，由于该方程是基于所有的持久试验结果得到的，其准确性较高。

根据式 7-25 对本持久试验的结果进行验证，实验值与预测值的符合度见图 7-4。从图 7-4 可以看出，各温度下实验值和预测值都有较好的符合度。

Larson-Miller 参数法通过建立应力、温度和持久时间三者之间的解析关系从而实现了不等温的寿命预测，但与其他的寿命评价方法一样，Larson-Miller 参数法也存在一些固有的缺陷，寿命预测不可避免地存在一定程度上的误差。在 Larson-Miller 理论中，将材料在蠕变过程中稳态蠕变阶段的持久时间等同于总的持

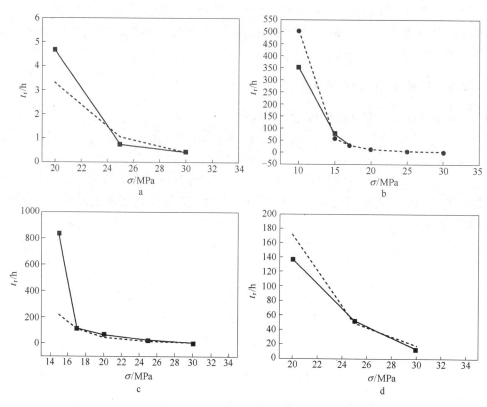

图 7-4   不同温度下实验值（实线）与预测值（虚线）的符合度
a—1125℃；b—1080℃；c—1040℃；d—1000℃

久时间，持久时间越长，这种近似带来的误差就越小，而对于持久时间相对较短的蠕变试验来说，稳态蠕变阶段的持久时间和总持久时间的误差就会相对较大一些，因此，Larson-Miller 参数法的运用最好建立在长时持久试验的基础之上。其次，持久试验数据的稳定性与可靠性对试验结果同样会产生重要影响，日本国家材料试验室（NIMS）在进行持久蠕变试验的时候，一种材料在同一温度、同一应力下取 6 根平行试样，这样就尽可能地避免了试验数据的波动，最大程度地减小了数据的误差。国内持久蠕变试验能力虽然已经大大增强，但与国外最先进水平相比仍有一定差距，一般平行试样有两根或者三根，试验数据不可避免的离散性也会影响到预测的准确性。

7.3.3   渗碳和蠕变损伤的综合影响

考虑到上述分析结果及实际服役情况，这儿主要以服役 2.5 年的持久结果作为寿命预测模型的基础，同时将渗碳氧化等现象引起的炉管损伤以炉管服役过程的净截面尺寸形式考虑。综合考虑了实际服役过程中氧化渗碳等因素后的寿命预测模型如下：

$$T(17.5 + \lg t_{\text{r-LM-sc}}) = 33792.17 - 7209.78 \lg \sigma(L_{\text{max-sc}}) \qquad (7-26)$$

式中，$L_{\text{max-sc}}$ 为不同服役时间后实际炉管的损伤层厚度（包括氧化、渗碳及其影响区）；$t_{\text{r-LM-sc}}$ 为综合考虑了蠕变损伤及渗碳损伤的炉管剩余寿命。

式 7 - 26 中，与损伤层厚度（包括氧化、渗碳及其影响区）相关的实际损伤蠕变应力函数可表示为：

$$\sigma(L_{\text{max-sc}}) = \frac{p_o(D - t + L_{\text{max-sc}})}{2(t - L_{\text{max-sc}})} \qquad (7-27)$$

式中，σ 为炉管周向应力，MPa；p_o 为炉管操作压力，MPa；t 为炉管管件计算壁厚，mm；$L_{\text{max-sc}}$ 为炉管的损伤层厚度（包括氧化、渗碳及其影响区），mm；D 为炉管外径，mm。

将式 7 - 26 和式 7 - 27 合并，如下所示：

$$T(17.5 + \lg t_{\text{r-LM-sc}}) = 33792.17 - 7209.78 \lg\left[\frac{p_o(D - t - L_{\text{max-sc}})}{2(t - L_{\text{max-sc}})}\right] \qquad (7-28)$$

式 7 - 28 即为评价炉管服役不同年限后的剩余寿命的参考依据。

例如，对本书中服役 2.5 年的炉管，从图 7 - 5 可测量得知损伤层的总厚度约为 $L_{\text{max-sc}} = 1479 \mu\text{m} = 1.479\text{mm}$，炉管外径 $D = 96\text{mm}$，厚度 $t = 7.75\text{mm}$，工作压力 $p_o = 0.5\text{MPa}$，工作温度 $T = 1080\text{℃} = 1353\text{K}$。代入式 7 - 28 可得，服役 2.5 年炉管的剩余寿命为：$t_{\text{r-LM-sc}} = 40722\text{h}$，约 4.65 年。

需要说明的是，对于服役其他时长的炉管，也可以借助式 7 - 28 进行剩余寿命评价。原因在于：在进行服役 2.5 年炉管的持久样品加工时，标距部分直径为 3mm，持久样品基本包含了 2.5 年服役过程的组织损伤及蠕变损伤，对于服役其他时长的炉管，这两种因素的影响较小。因此，可以测量其他不同时段的炉管样品的损伤层厚度，直接代入式 7 - 28 估算其剩余寿命。

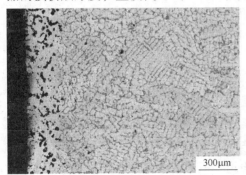 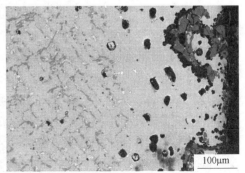

300μm   100μm

a   b

图 7 - 5 服役两年半炉管内外壁的组织

a—内壁；b—外壁

7.3.4 其他因素的影响

实际服役过程中，渗碳、炉管内外壁温差等附加应力均对炉管使用过程的失效有一定的贡献。据有关文献，如果将炉管简化为厚壁筒，则由渗碳、温差等导致的厚壁筒周向应力沿径向的分布可分别采用式 7 − 29 和式 7 − 30 进行估算：

$$渗碳应力：\sigma_\theta^{cn} = \frac{E\alpha_{cn}}{1-\mu} \times \frac{1}{r^2} \left[\frac{r^2 + R_i^2}{R_o^2 - R_i^2} \int_{R_i}^{R_o} C(r)r\,dr + \int_{R_i}^{r} C(r)r\,dr - C(r)r^2 \right]$$

$$(7-29)$$

$$温差应力：\sigma_\theta^{T} = \frac{E\alpha(\Delta T)}{2(1-\mu)\ln k} \left[1 - \ln\left(\frac{R_o}{r}\right) - \frac{\left(\frac{R_o}{r}\right)^2 + 1}{k^2 - 1}\ln k \right] \qquad (7-30)$$

有关资料表明，服役过程中，裂解炉管内外壁的周向蠕变应力为拉应力，且随着运行时间的增加，外壁周向拉应力逐渐增大；渗碳使得炉管内壁受压应力，外壁受拉应力；炉管升温和正常运行时，内壁受拉应力，外壁受压应力，而降温烧焦时，内壁受压应力，外壁受拉应力。综上所述，裂解炉管降温清焦时，外壁的蠕变应力、热应力及渗碳应力均为拉应力，在三者共同作用下，炉管外壁极易发生开裂。因此，在预测裂解炉管剩余寿命时，应综合考虑腐蚀减薄、热疲劳、热冲击失效、炉管的弯曲、蠕胀变形及开裂等各种损伤的影响，这需要做进一步的工作来对式 7 − 28 进行修正。

7.4 渗碳处理对 Cr35Ni45Nb 合金持久寿命的影响

常见的耐热钢包括 HK40 系列、HP40 系列及近些年应用较为广泛的 Cr35Ni45 系列合金，主要通过提高铬镍含量及适当添加一些 Nb、Si、Mo 等微量元素，在提高蠕变强度的同时，保证服役时在氧化渗碳气氛下高的抗腐蚀性[5~7]。近年来，随着裂解装置规模的增大以及裂解温度的日益提高（可达1150℃），对长期服役炉管合金的抗蠕变性能的要求也越来越高[8,9]。尽管乙烯裂解炉管一般在低应力环境下服役（环境载荷通常在 0.5 ~ 3.5MPa 之内，一般不会高于 5MPa），炉管蠕变速率较低，蠕变裂纹扩展较慢[10~12]，但实际服役过程中，由炉管渗碳及渗碳导致的其他性能的恶化，使得炉管经常发生低于正常服役寿命的失效，在所有炉管失效案例中占有很大比例[13~15]。目前，已有一定量关于服役条件影响炉管材料服役寿命的报道，但大多为对服役炉管的失效分析，多局限于单个因素（如结焦、周期性清焦、热冲击以及热腐蚀等）对炉管寿命的影响[16~19]。研究者大多认为，裂解炉管钢高温服役过程的失效主要源于高温氧化及高温渗碳，但对有关高温渗碳因素的影响机理研究得较少，徐自立等人[20]曾发现蠕变试验中 HP-Nb 合金随着碳含量升高持久强度也升高的反常现象，但并未给出具体解释。加之，实际裂解炉管的服役环境复杂，炉管的失效往往是多种因素综合作用的结果。因此，如何从材料学的角度，分析炉管服役过程中单个或多个环境因素对裂解炉管用钢的影响机理，是乙烯裂解装置设计及管材修复、替换等亟须解决的关键。

7.4.1 渗碳层深度与持久寿命的关系

图 7-6 为将持久试样分别真空渗碳 1h、3h、5h 后的试样边缘横截面组织特征。可以看出，随着渗碳时间的延长，渗层深度逐渐增加，并且枝晶间碳化物逐渐粗化，晶内二次碳化物也逐渐发生 Ostwald 熟化。碳化物强烈析出区域的深度和单位面积的渗碳增重与渗碳时间的关系如图 7-7 所示。由于表面没有保护性氧化层的阻碍作用，因而渗碳动力学的规律呈典型的抛物线的趋势，即：

$$\lambda_C^2 = k_C t \tag{7-31}$$

式中，k_C 为渗碳速率常数；λ_C 为渗层深度或渗碳增重。

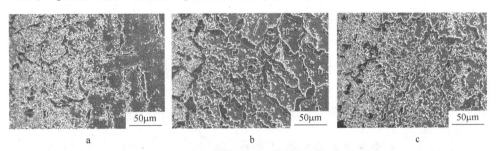

a   b   c

图 7-6 渗碳后的持久试样边缘横截面组织形态
a—1h；b—3h；c—5h

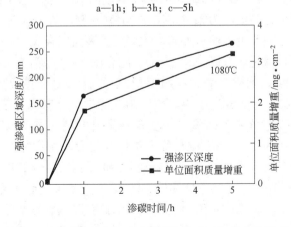

图 7-7 强渗区宽度和渗碳增重与渗碳时间的变化关系

图 7-8 为温度在 1080℃和应力分别在 15MPa 和 17MPa 时，持久寿命随着渗

碳时间的变化曲线。可以看出，在不同应力下，随着渗碳时间的延长，持久寿命皆呈逐渐上升的趋势；尤其在15MPa下未渗碳的Cr35Ni45Nb持久样品的持久寿命为72.5h，而渗碳5h的样品的持久寿命已经增至340.75h，是未渗碳样品寿命的近5倍。所以对于Cr35Ni45Nb合金，渗碳是对合金的一种强化，提升了抗蠕变性能。同时也可以看出，对于低应力环境下服役的炉管，在高温条件下（1080℃）材料对应力变化非常敏感，17MPa相对于15MPa虽然应力仅增加了2MPa，然而对应的持久寿命却降低了近50%。

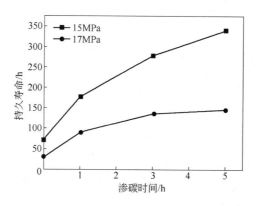

图7-8　持久寿命与渗碳时间之间的关系

7.4.2　长时高温应力条件下Cr35Ni45Nb钢的组织演化特征

7.4.2.1　表面及近表面的组织演化特征

图7-9为持久实验后样品组织的边界横截面氧化区形态及相应区域的元素面分布。可以看出，高温应力条件对Cr35Ni45Nb钢的表面及近表面组织形态影响很大。材料的表面及近表面从外到内主要分为表面复合氧化层、贫碳化物区和内部渗碳区。复合氧化层较厚，约45μm，结合图7-9中箭头①、②所示不同位置所对应的电子探针分析（表7-4）可知，复合氧化层主要由最外层较厚的Cr_2O_3和亚表层非连续的SiO_2组成。然而结合能谱面分布图及表7-2中位置③的定量电子探针成分分析可以发现，复合氧化层中经常出现贯穿氧化膜的石墨（图7-9）。氧化层中石墨的形成与贫碳化物区的形成密切相关：虽然硅和氧的亲和力很高，但Si浓度较低，使得氧在对Cr和Si的选择性氧化过程中快速在表面形成较厚的Cr_2O_3层，并将不连续的SiO_2覆盖在底部。表面保护性Cr_2O_3膜的不断生长消耗了下方奥氏体基体中大量的Cr，降低了碳化物的稳定性，使得碳化物不断发生分解，形成了约24μm宽的贫碳化物区。碳化物的大量分解使得碳重新固溶入固溶体中，但是Cr的减少使得Ni含量相对升高，降低了C在奥氏体中的饱和固溶度，向表面扩散的碳由于无法继续固溶因而在氧化层-奥氏体界面以石墨的

形式析出。当然，石墨的析出并不只出现在外侧复合氧化层－奥氏体基体界面处，真空渗碳后的渗碳区在持久试验过程中也发生内氧化，使得碳化物的稳定性降低，多余的碳既无法结合 Cr 固定进入碳化物中，也无法固溶入基体，从而直接在枝晶间位置形成石墨，如图 7－10b 所示。石墨的析出是一种脱碳现象，特别是渗碳区枝晶间析出的石墨，在一定程度上降低了材料的抗高温蠕变能力。

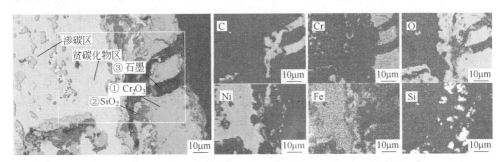

图 7－9　渗碳后的持久试验样品表层氧化区形态及元素面分布

表 7－4　电子探针定点分析结果（原子分数）　　　　　　　（%）

	元　素	C	Cr	Si	Ni	Fe	Nb	O	相
位置	①	7.08	28.55	0.03	0.08	0.55	0	63.71	Cr_2O_3
	②	3.85	0.17	31.57	0.16	0.13	0.00	64.12	SiO_2
	③	96.06	0.38	0.13	0.58	0.41	0.30	2.12	石墨
	④	0.96	0.72	27.78	0.94	0.79	0.06	68.75	SiO_2
	⑤	6.87	30.19	0.05	0.12	0.95	0	61.87	Cr_2O_3
	⑥	21.56	73.25	0	0.89	1.48	0.1	2.72	$M_{23}C_6$
	⑦（质量分数）	3.45	14.58	1.11	65.31	15.35	0	0.20	蠕虫状的 γ 析出物

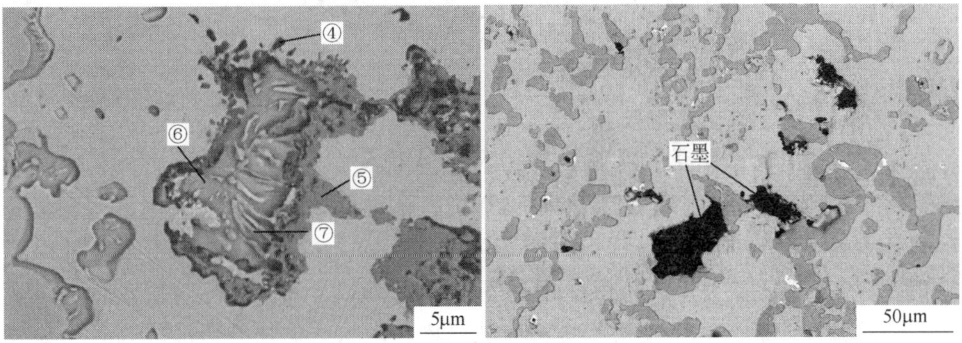

图 7－10　枝晶间碳化物的氧化行为

a—组织转变；b—内氧化区中的石墨析出

　　在贫碳化物区下方，蠕变应力的作用使得枝晶间产生大量空位和缺陷，在外界高氧势的环境下，氧原子逐渐沿着枝晶间碳化物 - 基体界面向内扩散。在毗邻贫化区的正下方，由于内扩散的氧通量比较高，在碳化物 - 基体交界面的氧原子与基体中的 Cr 或者碳化铬发生氧化作用，也形成类似表面氧化膜结构的 Cr_2O_3 连续氧化膜以及 SiO_2 颗粒（见图 7 - 10a 中箭头④、⑤及其对应表 7 - 4 中的定量显微化学分析）。同样，氧化膜的生长消耗了周围基体中的 Cr 元素，使得图 7 - 10中晶内的二次碳化物颗粒大量溶解。在被氧化膜包围的碳化物内部，由于氧浓度逐渐升高（见表 7 - 4 中位置⑥），碳化铬逐渐发生富氧，原来溶解在碳化铬中的合金元素逐渐发生出溶，在碳化物内部形成了较多如图 7 - 10 中位置⑦所示的蠕虫状析出物，结合表 7 - 4 的定量电子探针分析可知，该蠕虫状的析出物与奥氏体基体具有相似的成分，因而称为蠕虫状 γ 相[21]。

　　然而，奥氏体对氧的固溶量极其微量，使得扩散入合金内部的氧基本沉淀在碳化物中；枝晶间碳化物作为"氧沉"，随着深度的增加，氧含量逐渐减少，碳化物 - 基体界面也无氧化物生成。在一定深度下氧在晶间碳化物内部的扩散具有一个晶间氧化前沿，背散射显微组织照片如图 7 - 11 所示，箭头所指方向为氧扩散方向。

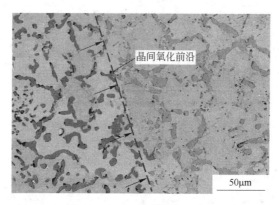

图 7 - 11　持久试样内氧化照片

7.4.2.2　碳化物断裂及内部空洞及裂纹扩展

　　在试样内部，高温下长时间的蠕变变形，使得枝晶间块状的碳化物与合金基体界面形成了较多的蠕变空洞，如图 7 - 12a 所示。空洞一般形成于蠕变的第三阶段：高温下晶界存在一定的黏滞性，易使相邻晶粒之间产生相对滑动。可以看出，块状碳化物相互连接形成半连续网状结构，网状碳化物的强度较高且不易变形，在晶界滑动过程中，碳化物突起阻碍晶界滑动从而引起应力集中，同时碳化物 - 基体的结合力较弱，在应力集中下容易发生断键从而形成空洞。此外，枝晶间与碳化铬共生的其他相的存在也打破了碳化铬的连续性，使得晶界或相界不规则，也会影响到晶界的滑移[22]。在高温和低应力下以大量原子定向流动为特征的 Nabarro-Herring 扩散蠕变也会加剧[23]。因而整个蠕变过程可以认为是扩散蠕变与晶界滑动共同作用的结果。

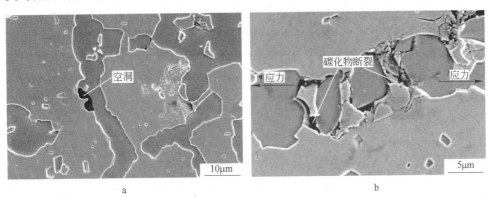

图 7-12 持久样品中的枝晶间蠕变空洞（a）以及碳化物断裂（b）

在高温应力条件下，平行于应力 σ 方向的碳化物（或碳化物轴向存在较大分应力）在局部地区会直接发生断裂，如图 7-12b 所示。而实际上，从图7-13可以看出，连续的枝晶间碳化物其实并非呈完整的一整块，而是由一粒粒具有一定规则几何形态的等轴碳化物颗粒前后搭接而成。因而，碳化物本身也具有自己的界面，在很低的应力下碳化物颗粒之间的结合力强，不会轻易发生断裂。然而在高温和相对较高的应力环境下，局部碳化物颗粒界面容易萌生裂纹，推测存在两种可能：（1）若碳化物界面与拉应力 σ 垂直或存在较大的正应力，碳化物界面的裂纹也会扩展从而发生碳化物断裂；（2）蠕变过程中晶界滑动不均衡，使得垂直于滑动方向的枝晶间碳化物受到一定的剪应力，碳化物颗粒界面受侧向剪应力能力较差从而发生断裂。

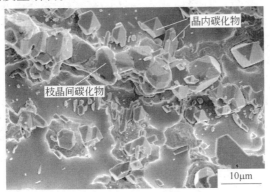

图 7-13 枝晶间碳化物深浸蚀形态

7.4.3　炉管在高温应力条件下的断裂特征

对于铸态组织的持久试样，其蠕变断裂伸长率很低，颈缩很小，如图7-14a所示；由图7-14b及图7-15可以明显看出，蠕变端口附近出现大量的蠕变空洞及二次裂纹，蠕变现象较为明显，可以认为Cr35Ni45Nb合金的主断裂面以穿晶断裂为主，并伴随着断口附近沿枝晶间碳化物（或发生氧化的碳化物）开裂的二次裂纹。图7-14b中，团簇状的边缘为断口氧化后的晶界或枝晶间。

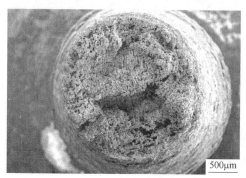

图7-14　持久样品的断口形态

a—宏观断口；b—微观断口

图7-15是正在扩展的宏观裂纹，已经蔓延截面的2/3左右。从图7-15a可以看出，左侧柱状晶区裂纹扩展呈现一定规律：如白色箭头所示，主裂纹沿一次枝晶轴的方向进行扩展，并伴随着严重的晶间氧化。由于枝晶间碳化物与基体的结合力弱，当碳化物形成的连续结构与外力方向垂直或呈很高的角度时，裂纹源一旦形成，在合适的环境下就会发生迅速扩展而导致炉管失效。

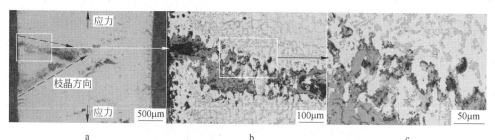

图7-15　持久试样的裂纹扩展

a—宏观形貌；b—裂纹形貌；c—裂纹边缘形貌

7.4.4 渗碳对高温蠕变断裂的影响机理

7.4.4.1 渗碳对持久寿命的影响

综合上述实验结果，Cr35Ni45Nb 奥氏体耐热钢渗碳过程中的主要特点为晶界或枝晶间析出了大量铬的碳化物，根据高温蠕变变形的基本原理，晶界或枝晶间相在合金高温蠕变过程中起重要作用，这种基体/晶界联合强化蠕变模型[24]的蠕变速率可以用下列表达式定性表征：

$$\dot{\varepsilon} = a\left(\frac{\sigma - \sigma_{\mathrm{b}}}{E}\right)^{n}\exp\left(-\frac{Q}{RT}\right) \qquad (7-32)$$

$$\sigma_{\mathrm{b}} = \beta_{\mathrm{C}}\left(\frac{2kGb\sigma}{d}\right)^{1/2} \qquad (7-33)$$

式中，σ_{b} 为在远场应力 σ 作用下由于晶间碳化物析出而形成的背应力；Q 为蠕变激活能；β_{C} 为晶间碳化物密度；k 为常数；G 为切变模量；b 为柏氏矢量的模；d 为平均晶粒尺寸。

由式 7-32、式 7-33 可知，当枝晶间存在碳化物时，可以降低合金的蠕变速率，从而增加合金的抗蠕变性能，延长剩余寿命；而且，晶间碳化物密度 β_{C} 越高，含晶界碳化物的晶粒尺寸 d 越小，抗蠕变性能越高。

实际高温应力条件下，由于空洞及裂纹容易在碳化物 - 基体界面萌生扩展，而真空渗碳造成的枝晶间及晶内大量碳化物的析出，在增加蠕变阻力的同时也提供了大量裂纹萌生的位置。随着渗碳时间的延长，碳化物析出加剧，枝晶间碳化物的网状程度升高，使得蠕变裂纹形成几率增加，从而降低了合金的塑性。换句话说，对于 Cr35Ni45Nb 耐热钢，渗碳是强化合金的，但是会丧失高温塑性。另外需要指出的是，合金渗碳后晶内二次碳化物细小弥散（如图 7-6 所示），使得合金强度很高；然而，在 1080℃ 高温环境下碳化物逐渐发生 Ostwald 熟化（见图 7-10 和图 7-12），使得合金强度降低。但由于碳化物析出产生的渗碳应力随着 Ostwald 熟化也渐渐减少，该渗碳应力相当于合金的内部摩擦力，抵消了外部应力的作用，从而成为渗碳增加合金抗蠕变性能的内部原因。

V. Guttmann 等[25]和 Taylor 等[26]曾研究了在 800℃ 下渗碳对乙烯裂解炉下猪尾管材料 800H 蠕变断裂行为的影响。研究中分别采用了完全预渗碳、部分预渗碳和预时效（作为参照）的 800H 合金。完全预渗碳在 1000℃、碳势 a_{c} 为 0.8 的 H_2-CH_4 混合气体中热处理 1200h 实现，使得合金内部含 30% 左右的 M_7C_3；部分预渗碳在同样环境中热处理 100h 实现，使得合金内部渗层横截面积 56% 左右的 M_7C_3；预时效是在 1000℃ 下的空气中加热 100h，以提供作为对照的组织。结果发现：完全预渗碳的样品比预时效样品显著表现出更高的蠕变断裂强度，如图 7-16 所示，渗碳提高了蠕变断裂强度，延长了持久寿命。

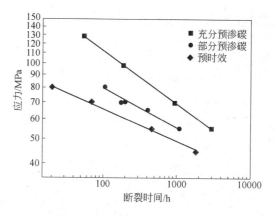

图 7 – 16　不同渗碳程度的 800H 合金应力 – 断裂时间的对比曲线

7.4.4.2　渗碳对热疲劳性能的影响

从渗碳后的持久寿命（见图 7 – 8）可知，渗碳本身对合金抗蠕变性能的提升是很明显的，渗碳深度越大，持久寿命越长。但是，实验室模拟环境较为单一，炉管在实际服役环境下不仅受到内氧化、内渗碳等化学腐蚀，还经常受到由周期性清焦所带来的温度、载荷变化所导致的热应力及热疲劳损伤[27]，而且炉管内部某些转弯处还经常受到裂解气的热冲击，这些综合因素的影响使得渗碳引发其他性能尤其是高温塑性的降低和热疲劳性能的恶化。

生产中热疲劳是重要的影响因素之一。国内林学东、孙源等人[28]曾对渗碳对乙烯裂解管材料的热疲劳性能的影响进行了一系列研究，发现了裂纹长度与热疲劳周次变化之间为线性关系：

$$L = a + bN \tag{7-34}$$

式中，L 为裂纹长度；N 为循环周次。由各种状态的回归方程可知，其方程斜率代表裂纹扩展速率，并且，取 $L = 0$ 时的裂纹理论萌生周次 N_i^0 及 $L = 0.2$ 时裂纹条件萌生周次 $N_i^{0.2}$ 作为评定其热疲劳性能的指标，如表 7 – 5 所示。可以发现，渗碳后炉管材料的裂纹萌生周次下降，裂纹扩散速率升高，从而使得材料的抗热疲劳性能明显降低。

表 7 – 5　渗碳前后的 da/dN、N_i^0 及 $N_i^{0.2}$ 的值

项目	HK40 改良			HP + Nb			HP + Nb + W		
	$\frac{da}{dN}$/μm·周$^{-1}$	N_i^0/次	$N_i^{0.2}$/次	$\frac{da}{dN}$/μm·周$^{-1}$	N_i^0/次	$N_i^{0.2}$/次	$\frac{da}{dN}$/μm·周$^{-1}$	N_i^0/次	$N_i^{0.2}$/次
未渗碳	23.7	6	14	8.8	22	44	45	24	28
渗碳①	58.0	0	0	24	12	21	93	21	23

①渗碳条件：1100℃，固体渗碳20h，碳活度 $a_C = 1$。

亦有一些研究发现，热疲劳和渗碳层深度之间的关系为随着渗碳层的加深，热循环周次下降，如图 7 – 17 所示。

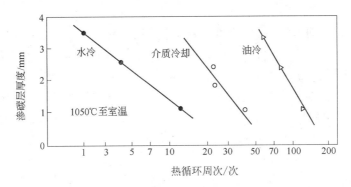

图 7 – 17　热循环周次与渗碳层厚度之间的关系[29]

图 7 – 18 为蠕变 – 疲劳断裂机制示意图，可以看出，炉管材料的蠕变和疲劳是交互作用的。渗碳会降低蠕变速率，但另外却增加了疲劳裂纹的扩展速率，使得材料过早发生断裂。由于在运行过程中为防止炉管局部超温而需要进行周期性的清焦处理，因而炉管内壁经常受到由变温、变载引起的热应力及热疲劳损伤，因而由渗碳造成的炉管材料热疲劳性能的下降可能是导致炉管早期失效的主要原因。因此，为延长炉管的使用寿命，开发具有优良抗热疲劳性能的炉管材料应该成为一个值得注意的方向。

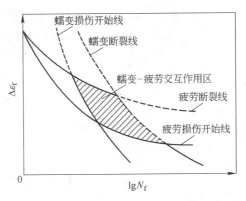

图 7 – 18　蠕变 – 疲劳断裂机制示意图[30]

7.4.4.3　渗碳后持久试样蠕变裂纹扩展机制

由图 7 – 14 和图 7 – 15 可知，Cr35Ni45Nb 钢持久断裂后裂纹主要是沿着枝晶间进行扩展。根据细观断裂力学的基本理论，材料的断裂一般需要经过空洞形成、裂纹萌生和裂纹扩展等阶段，材料通过原子键断裂形成空洞所需的应力称为理论断裂强度，如下式所示：

$$\sigma_{FS} = \left(\frac{E\gamma_s}{b}\right)^{\frac{1}{2}} \qquad (7-35)$$

式中，γ_s 为单位面积表面能；E 为材料的弹性模量；b 为柏氏矢量的模。当空洞在晶界形核时，则 γ_s 为 $(2\gamma_s - \gamma_B)/2$，由于该能量一般较高，在低应力下一般难以发生。研究中发现空洞一般在碳化物 – 基体界面形核，则 γ_s 为 $(\gamma_s + \gamma_c - \gamma_i)/2$，其中 γ_c 为碳化物表面能，γ_i 为碳化物 – 基体界面能；当氧化膜在碳化物基体界面形成以后，γ_s 变为 $(\gamma_s + \gamma_0 - \gamma_{i'})/2$（氧化物 – 基体界面断裂）或 $(\gamma_c + \gamma_0 - \gamma_{i''})/2$（氧化物 – 碳化物界面断裂）或 γ_0（氧化物内部断裂）。定性而言，由于碳化物与基体的结合力仍较强，而氧化物与基体的结合力较弱，并且氧化膜本身强度不高，因而当界面生成氧化物后，空洞容易在氧化物 – 基体界面，或者氧化物与它包围的碳化物界面，或者直接在氧化物内部发生断裂（如图 7 – 19c 所示）。这是因为当相界面氧化物形成后，低应力下也较容易形成空洞，并逐渐相互融合、连接形成宏观裂纹。由于持久试样边界附近的内氧化较为严重，因而这种裂纹一般都从边缘的碳化物 – 基体界面形成，裂纹尖端不断发生氧化形成相界氧化膜，从而加速裂纹的向内扩展；同时，裂纹的向内扩展也会加速合金的内部氧化。两者相互促进，使得蠕变裂纹持续发展。

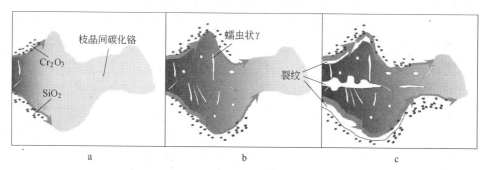

图 7 – 19　渗碳后持久试样蠕变裂纹扩展过程示意图
a—内氧化初始阶段；b—内氧化深入阶段；c—萌生裂纹阶段

与此同时，一个非常重要却又容易忽略的现象是，随着内氧化的蔓延，氧化铬的生长消耗了周围大量的 Cr 元素，使得内氧化周围一段区域大量碳化物发生分解，形成了一定宽度的贫碳化物区。贫碳化物区的晶界碳化物消失，使得该区域在蠕变应力下的抗蠕变性能大大下降，从而也一定程度上加快了合金的蠕变断裂速率。

此外，从图 7 – 15a 可知，相对于右边的等轴晶，裂纹更容易在左边的柱状晶内萌生和扩展，说明等轴晶区域比柱状晶区域的裂纹扩展速率低。这种现象可以从两个方面来解释：（1）等轴晶晶界分枝较多会耗散掉裂纹扩展的驱动力，尤其三叉晶界也会阻碍裂纹扩展，从而降低裂纹扩展速率；（2）枝晶间内氧化程度也不同，在数学上可以用无规行走模型来简化模型，即氧在等轴晶区枝晶间的扩散是一种三维无规行走情况，由于其每一步行走可以选择的方向比柱状晶区的二维行走多，因而行走距离要短得多。由于柱状晶的枝晶间碳化物更为连续，无规行走可选择的较少，从而最终整体表现为柱状晶区枝晶间内氧化向内扩展得更加迅速，由此带来的裂纹扩展与之同步，使得裂纹从柱状晶区发展并扩展至整个试样截面，使得持久试样发生断裂。这对实际生产工艺的启发是可以通过对离心铸造的控制（如增加电磁搅拌强度）使等轴晶方向倾斜，或者控制工艺过程使等轴晶区宽度减小，都可以有效地降低裂纹扩展速率，从而提高炉管的抗蠕变断裂能力。

参 考 文 献

[1] 笠原晃明. HK-40 制改制炉管の残存寿命推定法 [J]. 鉄と鋼，1979.

[2] 张忠政，巩建鸣，姜勇，等. 新旧 HP. Nb 炉管焊接后剩余寿命评价 [J]. 南京工业大学学报（自然科学版），2005，4：6.

[3] 张俊善，王富岗. HK-40 转化炉管的组织与性能的关系及剩余寿命预测方法 [M]. 大连：大连理工大学出版社，1998.

[4] 周昌玉，涂善东. 高温构件的概率寿命预测与可靠性 [J]. 化工机械，2002，29（1）：18～22.

[5] Das A, Roy N, Ray A K. Stress induced creep cavity [J]. Materials Science and Engineering：A, 2014, 598：28～33.

[6] Whittaker M, Wilshire B, Brear J. Creep fracture of the centrifugally-cast superaustenitic steels, HK40 and HP40 [J]. Materials Science and Engineering：A, 2013, 580：391～396.

[7] Grabke H, Wolf I. Carburization and oxidation [J]. Materials Science and Engineering, 1987, 87：23～33.

[8] Wang W, Xuan F, Wang Z, et al. Effect of overheating temperature on the microstructure and creep behavior of HP40Nb alloy [J]. Materials & Design, 2011, 32 (7)：4010～4016.

[9] Chen T, Chen X, Lu Y, et al. Creep and fracture behavior of centrifugal cast HP40Nb alloy containing lead [C]. ASME 2012 Pressure Vessels and Piping Conference, 2012：301～307.

[10] 沈利民. 多因素耦合的乙烯裂解炉管损伤分析与寿命预测 [D]. 南京：南京工业大学，2012.

[11] 宫连春. 影响 HK-40 转化炉管使用寿命的原因及措施 [J]. 黑龙江石油化工，2000，11（3）：25～27.

[12] Zhu S, Wang Y, Wang F. Comparison of the creep crack growth resistance of HK40 and HP40 heat-resistant steels [J]. Journal of Materials Science Letters, 1990, 9 (5)：520, 521.

[13] Jahromi S J, Naghikhani M. Failure analysis of HP40-Nb modified primary reformer tube of am-

monia plant [J]. Iranian Journal of Science and Technology, 2004, 28 (B2): 269~271.

[14] Khodamorad S H, Haghshenas Fatmehsari D, Rezaie H, et al. Analysis of ethylene cracking furnace tubes [J]. Engineering Failure Analysis, 2012, 21: 1~8.

[15] Alvino A, Lega D, Giacobbe F, et al. Damage characterization in two reformer heater tubes after nearly 10 years of service at different operative and maintenance conditions [J]. Engineering Failure Analysis, 2010, 17 (7): 1526~1541.

[16] Swaminathan J, Guguloth K, Gunjan M, et al. Failure analysis and remaining life assessment of service exposed primary reformer heater tubes [J]. Engineering Failure Analysis, 2008, 15 (4): 311~331.

[17] Ray A K, Kumar S, Krishna G, et al. Microstructural studies and remnant life assessment of eleven years service exposed reformer tube [J]. Materials Science and Engineering: A, 2011, 529 (0): 102~112.

[18] Steurbaut C, Grabke H, Stobbe D, et al. Kinetic studies of coke formation and removal on HP40 in cycled atmospheres at high temperatures [J]. Materials and Corrosion, 1998, 49 (5): 352~359.

[19] Zhu Z, Cheng C, Zhao J, et al. High temperature corrosion and microstructure deterioration of KHR35H radiant tubes in continuous annealing furnace [J]. Engineering Failure Analysis, 2012, 21: 59~66.

[20] 徐自立, 原进秋. 国产 HP-Nb 合金离心铸管的持久性能 [J]. 化工机械, 1994, 21 (2): 89~92.

[21] Kaya A A. Microstructure of HK40 alloy after high-temperature service in oxidizing/carburizing environment: Ⅱ. Carburization and carbide transformations [J]. Materials Characterization, 2002, 49 (1): 23~34.

[22] 宋若康. Cr35Ni45 钢服役条件下的组织损伤及剩余寿命评估 [D]. 北京: 北京科技大学, 2014.

[23] 张俊善. 材料的高温变形与断裂 [M]. 北京: 科学出版社, 2007.

[24] Zhang J, Li P, Jin J. Combined matrix/boundary precipitation strengthening in creep of Fe-15Cr-25Ni alloys [J]. Acta metallurgica et materialia, 1991, 39 (12): 3063~3070.

[25] Guttmann V, Beck K, Bürgel R. A comparison of the creep behaviour of various austenitic steels under carburising conditions [J]. Materialwissenschaft und Werkstofftechnik, 1988, 19 (3): 104~111.

[26] Taylor N, Guttmann V, Hurst R. The creep ductility and fracture of carburised alloy 800H at high temperatures. High Temperature Alloys [M]. Berlin: Springer, 1987.

[27] 孙国豪. 乙烯裂解炉管性能及失效分析研究 [D]. 大连: 大连理工大学, 2001.

[28] 林学东, 孙源. 乙烯裂解炉管材料高温渗碳行为研究 [J]. 机械工程材料, 1994, 18 (6): 28~30.

[29] 涂善东. 高温结构完整性原理 [M]. 北京: 科学出版社, 2003.

[30] Hockberger P E. A quantitative metallographic assessment of structural degradation of type 316 stainless steel during creep-fatigue [J]. Fatigue & Fracture of Engineering Materials & Structures, 2007.